应用型本科系列教材

“十三五”江苏省高等学校重点教材(编号：2019－2－219)

移动通信概论

主　编　俞　洋

副主编　罗印升　薛波　陆骐

西安电子科技大学出版社

内 容 简 介

本书共六章，第一章主要介绍了通信的发展历程及移动通信技术的学习方法，第二章主要介绍了移动通信的基础知识，第三章主要介绍了移动通信网络，第四章主要介绍了从第一代移动通信到第五代移动通信的演进历程，第五章主要介绍了新一代移动通信技术，第六章拓宽了读者对移动通信行业的认知。

通过学习本书，读者能对移动通信技术相关专业知识和行业发展有系统的认知，了解专业课程体系及行业发展对人才的知识与能力的需求，提高专业学习兴趣。

本书可作为电子信息类本科专业的专业引导课程和非电子信息类专业的公共选修课程的教材，也可作为电子信息行业专业技术人员和广大移动通信爱好者的自学参考书。

图书在版编目(CIP)数据

移动通信概论/俞洋主编. --西安：西安电子科技大学出版社，2023.8
ISBN 978-7-5606-6819-2

Ⅰ.①移… Ⅱ.①俞… Ⅲ.①移动通信 Ⅳ.①TN929.5

中国国家版本馆 CIP 数据核字(2023)第 039866 号

策　　划　高　樱
责任编辑　高　樱
出版发行　西安电子科技大学出版社(西安市太白南路 2 号)
电　　话　(029)88202421　88201467　邮　　编　710071
网　　址　www.xduph.com　电子邮箱　xdupfxb001@163.com
经　　销　新华书店
印　　刷　咸阳华盛印务有限责任公司
版　　次　2023 年 8 月第 1 版　2023 年 8 月第 1 次印刷
开　　本　787 毫米×1092 毫米　1/16　印张　12.5
字　　数　292 千字
印　　数　1～2000 册
定　　价　35.00 元
ISBN 978-7-5606-6819-2/TN
XDUP 7121001-1

前　言

信息化技术和科学技术的迅猛发展，对电子信息领域应用型人才的培养提出了更高的要求。对此，高校深化机制体制改革，推进人才培养模式的创新，进一步深化产教融合、校企合作、协同育人，促进人才培养与产业需求的紧密结合。其中较为关键的举措就是通过校企联合制订培养目标和培养方案，共同建设专业课程和开发课程资源，共同建设行业技术实验室和实训实习基地等，鼓励行业企业参与到教育教学的各个环节中，从而构建符合工程逻辑和教育规律的人才培养体系。

本书是由高校教学一线经验丰富的教师和具有多年工作经验与技术积累的技术专家联合编写的。这使得本书开发团队既能把握行业、企业最新的技术发展趋势，又能遵循教育教学和学生学习成长的规律。

本书是为电子信息类专业新生开设的专业引导课程而编写的，也可以用于非电子信息类专业学生的公共选修课程。为了使读者对移动通信技术的发展历史、发展现状及发展趋势等有一个比较全面的认识，本书将移动通信技术的基础知识、发展历程、关键技术、技术展望、行业发展等知识点整理融合，在知识讲述时注重与电子信息类专业课程的衔接。在学习完本书后，读者能对移动通信技术相关专业知识和行业发展有一个系统的认知，了解专业课程体系和行业发展对人才的知识与能力的需求，从而提高专业学习兴趣，为后续专业课程的学习奠定基础。

本书共六章，其中第一章至第三章由俞洋编写，第四章由薛波编写，第五、六章分别由罗印升和陆骐编写。全书由俞洋统编并定稿。本书可作为高等学校电子信息类专业的本科教材，也可作为其他专业技术人员的自学参考书。

由于编者水平有限，书中难免存在不足之处，恳请读者批评指正。

编　者

2023 年 2 月

目　录

第一章　走进移动通信

知识引入

通信是我们生活中再正常不过的活动，但如果要问通信是什么？可能很多人都回答不上来。在我们的生活中，一提起通信大家首先想到的就是手机，作为在现代大行其道的移动通信工具，它是目前最为便利、最为有效的通信工具。

通过本章的学习，读者可对移动通信的定义有基本的认识，并对通信发展的历史有全面的了解。

1.1　初识通信

1.1.1　通信概述

通信(Communication)就是信息的传递，通常是指人与人或人与物乃至物与物之间通过某种行为或媒介进行的信息交流和传递。随着时代和技术的发展，现代通信正在从“人联”向“物联”演进，从“万物互联”向“万物智联”演进，其中主要的技术手段就是移动通信。

从上述定义可以看出，通信通常发生在两个或两个以上的人或者物之间，因此必然包含发送方和接收方。发送方发出可以承载信息的信号，接收方在正常接收信号后从中解析出承载的信息，这就是通信的实现过程。从这个过程中可以归纳出两个重要的名词：信号和信息。

信号是运载消息的工具，是消息的载体。从广义上讲，它包含光信号、声信号和电信号等。古代人们利用点燃烽火台产生的滚滚狼烟向远方军队传递敌人入侵的消息，这属于光信号；当人们说话时，声音传递到其他人的耳朵，使其他人了解我们的意图，这属于声信号；遨游太空的各种无线电波、四通八达的电话网中的电流可以用来向远方传递各种消息，这属于电信号。人们通过对光、声、电信号进行接收和处理，知晓对方想要表达的消息。

信息是指以某种形式的承载方式所传递的有效消息内容。信息具有客观性、价值性、时效性、共享性以及与信息载体的不可分性等特性。不同的通信方式，实际上就是指它们承载信息的媒介是不同的，也就是将想要传递的内容编写成信息的方式是不同的。在通信系统内部传递的消息都可以称为信息，包括各种业务流程中的各种消息。

随着社会生产力的发展，人类实践过程中对信息传递的要求不断提高，而通信手段不断推陈出新，这使得人类文明不断进步。自古以来，在物质交换过程中，文化交流与物质交流的不便捷，已成为制约人类经济发展的一大障碍。为了更好交流信息，人们不断地探索新的通信方式，从古代的飞鸽传书、快马驿站、烽火狼烟等早期通信方式，发展到现代的电报、电话、传真等电子通信方式。现代电子通信技术的诞生与发展拉近了人与人之间的距离，提高了联系的效率，改变了人类的沟通方式，对人类社会的发展起到了不可替代的作用，促使人类进入了电子信息通信的新时代。

在电子信息通信时代，我们常用的一个术语就是“电信”。那什么是“电信”呢？按照世界贸易组织的《服务贸易总协定》中“关于电信服务的附件”的规定，电信是指以任何电磁方式传递或接收的信号。按照我国2000年9月20日通过且施行的《电信条例》的规定，电信是指利用有线、无线的电磁系统或者光电系统，传送、发射或者接收语音、文字、数据、图像以及其他任何形式信息的活动。这种活动表现为电信业务经营者提供各种电信业务的行为，如电话服务、电报服务、数据服务、图像服务以及多媒体通信服务等。从这些定义和规定可以看出，电信是通信的一种方式。

由于电信这种利用“电”传输信息的通信方式具有快速、准确、可靠的特点，几乎不受时间、地点、空间和距离的限制，因此在现代社会得到了迅速发展和广泛应用。目前在实际生活中，人们采用的通信方式大都属于电信的范畴。

1.1.2 通信的历史

通信本身不是目的，而是一种手段。它是为了服务人们的需求而产生的。在古代，人们通过驿站、飞鸽、烽火、符号、语言、眼神、触碰等方式进行信息传递。到了今天，随着科技水平的飞速发展，通信则是利用有线或无线的电信方式完成的，相继出现了无线电报、有线电话、网络通信、移动电话以及视频电话等各种通信方式。因此，通信技术的发展过程是人类实践过程中随着社会生产力的发展，对传递消息要求不断提升的过程。

1. 古代通信

古代通信方式

古代通信主要是人与人之间的信息交流。当人与人距离比较近时，在话音可以传播到的范围内，人们可以直接通过语言来交流。但是当人与人之间的距离增大到人类的声音无法传播到的时候怎么办呢？古代封建王朝的统治疆域辽阔，中央政府如何实现与地方之间的政令传递，如何实现与边疆军队之间互通军事信息呢？普通的平民百姓又如何实现和远方亲戚朋友的通信交流呢？让我们来看看古代的人们都使用了哪些方法。

1）快马驿站

驿站是指古代专供传递文书的人员和来往的官吏住宿、休息、更换马匹的场所。我国是世界上最早使用驿站实现通信、传递消息的国家。在3000年前的周朝，我国就建立起了完备的邮驿系统。秦汉时期邮驿系统得以进一步完善，秦始皇统一中国后设置了“十里一亭”，汉初“改邮为置”，即改人力步行递送为骑马快递，并规定“三十里一驿”，提高了传递信息的速度，扩大了传递的范围。驿站的建设在历朝历代都得到了重视，据马可波罗的记载，在元朝时期，中国共有大型驿站上万处，驿马30万匹。尽管这里的统计数字不一定准确，但是当时驿站的发达程度也可见一斑了。至今在江苏高邮和河北怀来还保存着完整的古代驿站遗址，古代帝王就是靠着邮驿系统来发布政令和收集各地的信息反馈，从而实现自己的统治。

驿站在古代组织得非常严密，并且覆盖水平也不亚于现代物流系统。一旦需要传递的公文上注明“马上飞递”的字样，就必须按规定以每天300里的速度传递，如果遇到紧急情况，则传送的速度可达到每天400～800里等。朝廷的通信官员骑着快马呼啸而至，驿站的工作人员把提前备好的马匹换上，通信官员上马飞驰，向下一个驿站飞奔而去。传递紧急文件时，每个驿站都备有快马，换马不换人，可以“一日千里”，因此“八百里加急”就专用于表示紧急情况下的信息传递。

驿站本身不只是传递官方的政令和军队的战事信息，有时还可以承担一定的经济作用。唐朝时，唐明皇李隆基为了爱妃杨玉环能吃到新鲜的荔枝，专门从今天的四川到西安设置一路邮驿，这正是“一骑红尘妃子笑，无人知是荔枝来”的由来。

快马驿站可看作是中国最古老的有线通信方式。为何说是有线通信呢？因为驿站的通信是送信人骑着快马沿着驿道前行，在传送过程中尽管马匹不停地换，但是驿道是不变的。这就和现代通信中的电话有些类似，电话传递的信息沿着电话网在跑，最终到达通信的另一个电话端；而古代的送信人也是沿着一条条的驿道组成的驿道网来实现通信，最终把信送到目的地。

和现代通信系统中的鉴权认证系统一样，驿站的使用也是需要凭证的，官方对这种凭证有着严格的管理。官府使用的凭证叫勘合，军方使用的凭证叫伙牌，而紧急公文上标几百里加急是文件重要程度的体现，这点类似于现代通信系统中对不同业务优先级的设置。

2）烽火狼烟

古代的有线通信是随着驿站的出现而出现的，主要的传递手段是书信。书信传递的信息量没有问题，可是最大的问题是传递速度慢。于是，几乎与邮驿系统同期还出现了一种传递速度更快的通信方式——烽火台，图1.1所示即为某烽火台的遗址。

图1.1 某烽火台遗址

烽火台是一个通过点燃烟火传递重要消息的高台，又称烽燧，俗称烽堠、烟墩、墩台。作为古代重要的军事防御设施，是为防止敌人入侵而建的，当有敌情发生时，白天点燃狼烟发信号，晚上点燃柴草发信号。白天用狼烟的原因是由于狼粪点燃后产生的烟具有发烟浓、升得高、不容易散的特点，便于被观察到，而晚上点燃柴草发出的火光同样也容易被人

发现。这样台台相连，逐台传递，形成了最古老但行之有效的消息传递方式。我国从商周时期就开始使用烽火台了。到了汉朝，烽火台上有兵丁把守，朝廷专门设置了管理烽火台的各级官吏，当时甚至可以用烽火的道数来表示进犯敌人的数目。烽火台作为我国最早的军用通信网，在每个朝代都得到了很好的沿用。

在烽火台这种通信方式中，信息的发送者(信源)是烽火台，信息的最终接收者(信宿)是朝廷或者诸侯们，信息的传播途径(信道)是空气。它的优点是可以非常迅速地传递消息。但这种通信方式也存在缺点，例如无法精确地描述来犯敌人的方位、人数、兵种、进犯的目标等，同时烽火台的通信方式是单工的，只能将敌人的进犯消息传递出去，而无法把后方的作战指令等信息传递回来。

3）飞鸽传书

除了驿站和烽火台，古代的人们还积极地探寻其他的通信方式。人们发现鸽子飞行比较快且会辨认方向，就尝试驯化鸽子用来传递书信，即信鸽，如图 1.2 所示。

图 1.2　信鸽

信鸽主要是利用鸽子无论飞多远都能够归巢的特性来传递书信的。信鸽的优点是速度快，信息传递时间短，不受天气、地形、距离等限制，或者说限制相对少得多，尤其适合用于军事上的情报传递。但是信鸽传递信息存在很大的不确定性，比如被人射杀、被其他动物捕获等意外都会导致信息无法传递，因此信鸽的应用不是很广泛，主要用于紧急情况。公元前 3000 年左右，古埃及人就开始用鸽子传递书信了。我国也是养鸽古国，有着悠久的历史。隋唐时期，在我国南方广州等地就已开始用信鸽传递书信了。

信鸽在现代通信技术诞生之后，在紧急情况下还发挥过重要作用。1897 年，日本东京市郊发生大火灾，东京各报馆记者纷纷前往采访。因通信和交通断绝，众多记者采写的稿件无法发出，唯有朝日新闻社的记者利用信鸽迅速将新闻稿传回报社，该报社也因此成为此次火灾报道的领先者。1942 年，一艘英国潜艇被德国施放的深水炸弹击中，沉入海底。水兵们用一个特制的密封舱将一对信鸽保护好，用鱼雷发射器投放到水面，信鸽带着写有紧急呼救信号“SOS”和潜艇方位的情报飞向基地。有一只信鸽成功飞抵目的地，使潜艇乘员得救。为表彰这只信鸽，英国还建了一座信鸽纪念碑。

4）古代民间通信

我国古代官方通信用的是驿站，那么民间如何通信呢？当时民间远距离通信主要靠托人顺路捎信的方式，有钱人也可以通过雇用别人去送信。

在魏晋南北朝时期，一些大官僚办过供自己使用的邮驿机构，各地的富商们也开始筹建以沟通物价信息为主要内容的邮驿组织。在唐朝，传说当时在四川住着一批湖北移民，他们很思念自己的故乡，于是每年推选出代表，带上信件、特产等回乡探望，时间长了，就形成了一种通信组织。到了明朝时期，组织比较严密的民间通信组织——民信局开始出现。

民信局是一种商业组织，由商人出资，雇用店员经营，专为民间投递信件、汇款和邮包。民信局诞生于沿海沿江经济比较发达、通商比较方便的城市和地区，逐渐发展到内地，

直到东北和西北各省。到了清朝咸丰、同治、光绪年间，全国大小民信局达数千家，机构遍布国内及华侨聚居的亚洲、澳大利亚和太平洋地区，形成了内地信局、轮船信局和侨批局。较大的民信局在商业中心上海设总店，各地设分店和代办店，各民信局之间还联营协作，构成了民间通信网。

2. 近现代通信

随着18世纪工业革命的爆发，人类的生产力得到了极大的提升，相关的科技创新也如火如荼，而古代的通信方式渐渐地无法满足人们生活生产的需求，于是新的通信方式应运而生。

1）有线电报

早在1753年莫里森(Morrison)就发明了电报的第一代原型机，它采用包含26根导线的金属电线，里头的每根导线都代表着一个字母，末端连接着一个金属小球，小球下挂着一张写有对应字母的纸条。要发报时，就在一端用静电机连接导线，由于导线能够传递静电，因此末端的纸条就会因为静电而被吸附起来，收信的人只要将字母纸片被吸附起来的顺序记录下来，就能够组成完整的文字。这个想法看上去很巧妙，但实际使用上却有很大的问题。首先静电的产生很麻烦；其次，静电的功率较小，在传递过程中很容易被损耗，传递不了多远；最后，电报收发的工作烦琐又容易出错，效率不高。

1831年，俄罗斯外交家席林把线圈和磁针组合在一起，做出了电报的第二代原型机。它利用改变通电电流的强度，使得磁针发生不同角度的偏转，再利用不同的角度代表不同的字母。但是这种指针式电报机所表示字母的复杂性和精度不够，所以也未实际投入商用，随着席林因病去世而终止了研究与改进。之后电报发明的接力棒又传递给了英国人查尔斯·惠斯通(Charles Wheatstone)和威廉·库克(William Fothergill Cooke)。

查尔斯·惠斯通于1802年出生在一个艺术气氛浓郁的家庭。惠斯通15岁开始就进入乐器制作坊，成为一位乐器制造师。在制造乐器的过程中，他为了了解音调和音色的特性，对声学产生了浓厚的兴趣，同时对声音的传播、振动等进行了一系列的研究。在研究过程中，他不仅改进了乐器，还通过实验展示声音振动、传播等现象，并取得了令世人瞩目的学术成就。惠斯通创造的"旋转镜测量"技术首次测量了电的传播速度，虽然存在误差，但是该技术为后续正确测量光速提供了方向。威廉·库克是英国驻印度殖民地军队中的一名军官，曾经做过医学研究。1836年，他偶然看到一款试验型电报机的展示，立刻意识到这是个巨大的商机，于是他放弃医学研究，把所有的精力都投入电报的研究工作中。

1837年，查尔斯·惠斯通在席林关于电报的演讲中得到了启发，了解了指针式电报机的相关原理，从中看到了电报的广阔前景，之后全身心地投入电报的研究。惠斯通很快就掌握了磁针式电报的基本原理，并做了改进，还制定了实验方案，但他的研究很快陷入了瓶颈。这时，威廉·库克出现了。虽然库克中途才开始研究，但靠着灵活的头脑和一些粗浅的电磁学知识，他也独自研究出了一些成果。1837年，库克发明了三针电报。但是他觉得自己的专业知识还很缺乏，如果想要在电报的研究上更上一层楼，只能寻求专业人士的帮助。他找到了惠斯通寻求合作。两人很快就合作制作出了一台五针式电报机。这是历史上第一款具备实用价值的电报机。五针式电报机拥有5根磁针，它们排列在一个菱形刻度盘的中心线上，刻度盘上绘有字母，发报者通过控制其中任意两根磁针的偏转，通过排列组合的方式组成特定的字母。这是一个非常巧妙的设想，融合了数学、物理等学科知识，但这个机器始终只能传送20个字母，字母表中J、C、Q、U、X、Z无法被表达。两人在伦敦火车站开启了第一次电报实验，通信距离为2.4 km。在社会各界的注目下，库克成功地给惠斯通发去了一封电报，5分钟后收到了对方的回复，实验大获成功。1839年，他们得到了政府许可，成功地修建了一条从帕丁顿到西德雷顿的电报线。1841年，这条电报线又延伸到了斯劳站，全长大约25 km。1845年，这条电报线在一次抓捕逃犯的过程中立下了大功，在伦敦城引起了轰动，各大报纸纷纷以黑体字标题渲染这一次案件的告破，如《科学的胜利》《神奇的远程通信仪器揪出了凶手》。原本就快黯然退场的五针式电报机靠着这次凶杀案，戏剧性地扭转了局面，引起了公众的极大关注。

我们现在所熟知的电报发明者是被誉为"电报之父"的塞缪尔·芬利·布里斯·莫尔斯(Samuel Finley Breese Morse)，他于1791年4月27日出生在美国马萨诸塞州(见图1.3)。

图1.3　塞缪尔·莫尔斯

塞缪尔·莫尔斯曾经在耶鲁学院修读宗教哲学、数学及有关马匹知识，学习期间曾经出席本杰明·西利曼有关电的知识讲座。1810年毕业后，他前往欧洲进行过一段时间的艺术研究。在从法国返回美国的轮船上，他学习到了电磁学的相关知识，开始了电报的研究。

1836年，莫尔斯发现"电流只要停止片刻，就会出现火花。可以将有火花出现看成是一种符号，没有火花出现看成是另一种符号，没有火花的时间长度又看成是第三种符号。这3种符号组合起来可代表字母和数字，就可以通过导线来传递文字"。由此，莫尔斯成为世界上第一个想到用点、短线和空白的组合来表示字母的人。这样只要发出两种电符号就可以传递信息，大大简化设计和装置。莫尔斯的这一奇特构想，即著名的"莫尔斯电码"，如图1.4所示。这是电信史上最早的编码，也是电报发明史上的重大突破。

·—	a	··	i	·—·	r
·—·—	ä	·———	j	···	s
—···	b	—·—	k	—	t
—·—·	c	·—··	l	··—	u
—··	d	——	m	··——	ü
·	e	—·	n	···—	v
··—··	é	———	o	·——	w
··—·	f	———·	ö	—··—	x
——·	g	·——·	p	—·——	y
····	h	——·—	q	——··	z

图1.4　莫尔斯电码

1843年，莫尔斯用美国国会赞助的3万美元建起了从华盛顿到巴尔的摩之间长达64 km的电报线路。1844年5月24日，莫尔斯在美国国会大厅亲自按动电报机按键，向巴尔的摩发送了世界上第一封电报，电文内容是《圣经·旧约申命记》中的一句话："上帝啊，你创造了何等的奇迹。"随着一连串"嘀嘀嗒嗒"声响起，电文通过电线很快传到了数十公里

外的巴尔的摩。莫尔斯的助手准确无误地把电文译了出来。莫尔斯电报的成功在全世界引起了轰动，是人类电信史上光辉的一页。

2）无线电报

莫尔斯电报成功以后，人们很快就建立了长距离的通信网和横跨大西洋的电缆，但是架电线、铺电缆都是很麻烦的事情。如果能不经电线电缆而直接传递信息，那是不是更为方便呢？

1894 年，年满 20 岁的伽利尔摩·马可尼(Guglielmo Marconi)了解到德国物理学家海因里希·鲁道夫·赫兹(Heinrich Rudolf Hertz) 所做的一些电磁实验，这些实验以实验的方法证明了电磁波的存在，且电磁波以光速传播，可以穿透真空、空气、液体和固体。根据这些实验结果，马可尼很快就想到了可以利用电磁波远距离发送信号而又不需要有线线路，这就使有线电报完成不了的许多通信场景有了实现的可能，譬如利用这种手段可以把信息传送到在海上航行的船上。马可尼通过不懈的努力，终于制作出了无线收发报机，并且突破了两个实用性关键技术：增强灵敏度和天线。

当时，马可尼所遭遇的最大困难是接收机的灵敏度不高。法国一位物理学家白兰利发明了一个“凝聚检波器”(COHERER)，这是一个内装有金属粉末的玻璃管，两端接电线，平时不通电，当受电波影响通电时，管内的粉末就会凝聚。马可尼将它改良后用来替代接收机上的火花隙，使得接收机的灵敏度大大增加。

当时对电磁波的理论观念是波长短的电磁波只能直线传播，而且距离有限；波长长的电磁波则可以翻山越岭。波长长的电磁波要用大而长的导体，才能有效地发射出去，因此马可尼用一大片金属接在火花隙的一端，并高高地挂在树上，火花隙的另一端则接在地上，电磁波的强度竟然增加数倍，发射距离超过 2 km，这就是天线的起源。

1895 年，马可尼在自家的花园里成功地进行了无线电波传递实验。1896 年，他在英国做了无线电波传递的演示，并首次获得了这项发明的专利权。1898 年，马可尼在英吉利海峡两岸进行无线电报跨海试验且获得成功，通信距离达到了 45 km。

1894 年，英国科学家洛奇爵士发现使用电容器和线圈可以变更电磁波的波长，也就是今天我们所说的谐振线路。马可尼灵机一动，将这个线路应用在无线电报机上，发明了谐振式火花发射机和接收机，只要将两者调至同一频率就能实现通信。使用多架收发组合，使用各自的频率来通信，不会互相干扰，同时保密性相对更好。该技术一经试验成功，马可尼立即申请专利，1900 年 4 月 26 日，马可尼发明的调谐式无线电报机获得了英国政府授权的第 7777 号专利。这便是极其著名，俗称“四个七日”(FOUR SEVENS)的专利。这一成就，是无线电设计的一个大突破，也使得马可尼公司独霸市场，而这个谐振线路在一百多年后的今天仍在使用。

在 20 世纪之前，越洋交通主要是靠轮船，从欧洲到美洲，行程约需一星期至十天之久，轮船一出海就无法通信，一直要等到抵达目的地后才能将消息经海底电缆传回出发点。一旦轮船中途遇上台风、冰山，根本无法呼叫救援。因此，在当时坐船出海是一件冒着生命危险的大事，而无线电的发明无疑是海上出行的救星。最先安装无线电的是英国军舰，在马可尼公司成功完成英吉利海峡实验的同一年，有两艘军舰使用无线电通信，通信距离达到了 120 km。这促使包括马可尼在内的众多科学家继续研究跨大西洋的无线电报技术。

马可尼的跨大西洋无线电报直到 1901 年才测试成功。马可尼先在英国建立了一座大功率的发射台，采用10 kW的音响火花式电报发射机，1901年12月12日，马可尼在加拿大用风筝牵引天线，成功地接收了从大西洋彼岸的英国发射台发出的无线电报。这个无线电信息成功地穿越了大西洋，从英格兰传到加拿大的纽芬兰省，马可尼用发报系统证明了无线电波不受地球表面弯曲的影响，第一次使无线电波传送越过了大西洋，其传输距离达到了2100英里(约3380 km)。实验成功的消息轰动全球，从1903年开始，从美国向英国《泰晤士报》用无线电传递新闻，当天就可见报，到了1909年无线电报已经在通信事业上大显身手。此后许多国家的军事要塞、海港船舰大都装备了无线电设备，无线电报成了全球性的事业，马可尼和布劳恩也凭借该成果获得了诺贝尔物理学奖。

3) 电话

提到电话的发明者，很多人会说出一个耳熟能详的名字——亚历山大·格拉汉姆·贝尔(Alexander Graham Bell)(见图1.5)。在之前的历史书中清楚地写着，美国人贝尔发明了电话，改变了人类的通信方式。但是，美国国会却在2002年6月15日的269号决议中裁定电话发明人为安东尼奥·梅乌奇(Antonio Meucci)。

图1.5　亚历山大·格拉汉姆·贝尔(左)和安东尼奥·梅乌奇(右)

电话到底是谁发明的

1845年，意大利人梅乌奇移民美国。此前梅乌奇是一位电生理学家，一个偶然的机会他发现电波可以传播声音，经过反复实验，他设计出了电话的雏形，并于1860年首次在纽约的意大利语报纸上发表了关于这项发明的介绍。然而，由于资金紧张，无法申请专利，甚至为了维持生计，他贱卖了自己发明的原型机。梅乌奇知道自己的发明绝对会影响后世，他想通过拿到“保护发明特许权请求书”的方式保护自己的发明，然而每年要缴纳的10美元费用再次让他不堪重负。到了1873年，梅乌奇已拮据到只能靠领取社会救济金度日，再也付不起“请求书”的费用。

1874年，梅乌奇试图将发明卖给美国西联电报公司，然而实验用的电话设备却被西联公司弄丢了。梅乌奇在贝尔与西联公司签约后试图与之打官司，但直到他人生的最后关头，美国最高法院才同意受理此案，但是梅乌奇却未等到案件判决就撒手人寰了。

与贝尔打官司争夺电话发明权的不只是梅乌奇，还有一个叫伊莱莎格雷的人，他比贝尔申请专利的时间晚了两个小时。

4) 移动电话

自从电话发明之后，这一通信工具使人类充分享受到了现代信息社会的方便，但这仅仅只是开始，而且普及范围也并不广泛。随着无线电报和无线广播的发明，人们更希望有一个能随身携带，不用电话线路就可以通信的电话。

为了这一目标，通信领域的科学家们进行了不懈的努力，在二十世纪三四十年代，由于第二次世界大战的需要，开发出了移动通信的雏形，如步话机、对讲机等(见图 1.6)。到了 60 年代，随着晶体管的出现，专用无线电话系统大量出现，但这些无线电话系统由于体积较大，只能通过车载的方式在专业系统内使用。

图 1.6　移动电话在第二次世界大战中的运用

随着大规模集成电路的问世以及对电磁波研究的深入，科学家们终于制造出了方便小巧、适合大众个人使用的移动电话。1973 年，摩托罗拉的员工马丁・库帕(Martin Lawrence Cooper)发明了世界上第一部手机，世界逐渐开启了移动通信时代。

1975 年，美国联邦通信委员会开放了移动电话市场，确定了陆地移动电话通信和大容量蜂窝移动电话的频谱，为移动电话投入商用做好了准备。1978 年，美国芝加哥开通了世界上第一个移动电话通信系统。1979 年，日本开通了世界上第一个蜂窝移动电话网。

1.1.3　现代通信的分类

随着现代通信技术不断深入人们的日常生活，通信的形式也越来越复杂，了解现代通信的分类，可以帮助我们更好地理解通信技术和通信网络的构成。对于通信，可以从以下几方面来分类。

1. 按传输信号的媒介分类

所有的通信信号最终都要在物理媒介中进行传输。根据传输媒介的不同，通信可以分为有线通信和无线通信。

(1) 有线通信：传输时采用线缆进行通信，传输媒介为电缆、光缆、波导、纳米材料等，其特点是传输媒介是能看得见、摸得着的。有线通信主要包括明线通信、电缆通信、光缆通信等。

(2) 无线通信：传输时采用无线信号进行通信，传输媒介为电磁波，其特点是传输媒介是看不见、摸不着的。无线通信主要包括微波通信、移动通信、卫星通信(见图 1.7)、散射通信等。

图 1.7　卫星通信系统

2. 按传输的信号特征分类

按传输的信号特征来分类，通信可分为模拟信号通信和数字信号通信。

(1) 模拟信号通信：采用模拟信号作为载体进行信息传输的通信。模拟信号是指信息参数在给定范围内表现为连续的信号，或在一段连续的时间间隔内，其代表信息的特征量可以在任意瞬间呈现为连续变化的信号。例如，收音机、“大哥大”都属于模拟信号通信的典型应用。

(2) 数字信号通信：采用数字信号作为载体进行信息传输的通信。数字信号是指某一参量只能取有限个数值，并且常常不直接与消息相对应的信号，也称离散信号。计算机、数字电视、第二代移动通信等都属于数字信号通信的典型应用。

3. 按工作频段分类

按工作频段来分类，通信可分为长波通信、短波通信和微波通信。

(1) 长波通信(Long-wave Communication)：利用波长长于 1000 m(频率低于300 kHz)的电磁波进行的无线电通信，亦称低频通信。它可细分为长波、甚长波、超长波和极长波通信。

(2) 短波通信(Short-wave Communication)：无线电通信的一种，波长为 10～100 m，频率范围为 3～30 MHz。发射电波要经电离层的反射才能到达接收设备，通信距离较远，是远程通信的主要手段。由于电离层的高度和密度容易受昼夜、季节、气候等因素的影响，因此短波通信的稳定性较差，噪声较大。目前，短波通信广泛应用于电报、电话、低速传真通信和广播等方面。尽管当前新型无线电通信系统不断涌现，短波通信这一古老和传统的通信方式仍然受到全世界普遍重视，不仅没有被淘汰，反而还在快速发展。

(3) 微波通信(Microwave Communication)：使用波长为 0.1 mm～1 m(频率范围为 300 MHz～3000 GHz)的电磁波进行的通信。微波通信不需要固体介质，当两点间直线距离内无障碍时就可以使用微波传送。微波通信具有通信容量大、通信质量好、通信距离远的特点，因此是国家通信网的一种重要通信手段，也普遍适用于各种专用通信网。

4. 按调制方式分类

按调制方式分类，通信可分为基带传输和频带传输。

(1) 基带传输：信号没有经过调制而直接送到信道中去传输的通信方式。基带传输是按照数字信号原有的波形(以脉冲形式)在信道上直接传输的，它不需要调制和解调，因此设备花费少，适用于较小范围的数据传输。

(2) 频带传输：信号经过调制后再送到信道中去传输，然后在接收端再进行解调的通信方式。频带传输需要采用调制和解调技术，具有调制解调功能的装置称为调制解调器。频带传输设备较复杂，传送距离较远。

5. 按通信双方的分工及数据传输方向分类

对于点对点的通信，按消息传送的方向，通信可分为单工通信、半双工通信及全双工通信。

(1) 单工通信：消息只能单方向进行传输的通信工作方式，如广播、遥控、无线寻呼等。在这些场景中，消息只从广播发射台、遥控器和无线寻呼中心单方向传递到收音机、遥控对象和寻呼台上。

(2) 半双工通信：通信双方都能收发消息，但不能同时进行"收"和"发"的通信工作方式，如对讲机、收发机等。

(3) 全双工通信：通信双方可同时进行双向传输消息的通信工作方式。如普通电话、手机等工作在这种方式下，双方可同时进行消息收发。因此，全双工通信的信道必须是双向信道。全双工的系统可以用双向车道来形容，两个方向的车辆因使用不同的车道，因此不会互相影响。

6. 按信号复用方式分类

信号复用是指多路信号利用同一个信道进行独立传输。根据复用的方式不同，通信可以分为以下几种：

(1) 频分复用：不同的用户在同样的时间内占用不同的频带进行信号传输。

(2) 时分复用：不同的用户在不同的时间内占用同样的频带进行信号传输。

(3) 码分复用：不同的用户在相同的时间、相同的频带，采用不同的编码进行信号传输。

(4) 波分复用：将多种不同波长的光载波信号耦合到同一根光纤中进行信号传输。

1.2　移动通信的兴起

1.2.1　移动通信的特点

在市场经济中，用户需求日益成为引导经济发展和产品进步的主因，随着固定电话的普及和人们通信频次的增加，人们对于随时随地通话而不拘泥于电话线束缚的要求越来越强烈，这不断刺激技术发展，于是移动通信技术应运而生。

移动通信技术的目标是要构建一个具有5W特点的系统，即实现任何人(Whoever)在任何地点(Wherever)、任何时间(Whenever)给任何人(Whomever)发送任何信息(Whatever)的能力。

相对于固定电话通信，移动通信技术有以下两个基本的特点：

(1) 移动通信的传输媒介为电磁波。移动通信带来方便的同时，无线信道的随机性和时变特性也给移动通信技术带来了巨大挑战。

(2) 移动通信的用户可以移动。这就要求移动通信网络能够对用户实现动态寻址，时刻掌握用户所在位置。

移动通信的这两个特点贯穿于移动通信发展的始终，人们用信道质量的不稳定性换取了用户移动性，这使得移动通信相比固定电话稳定性和可靠性有所降低，通话质量和通信容量也有所下降。从移动通信的发展历程来看，人们也是认可这一转变的，而在保障一定通信质量的前提下，移动性也更具实用性。

从20世纪70年代末第一代移动通信系统的商用开始，到现在为止，移动通信走过了40多年的历史。从早期以语音通信为主的第一代移动通信(1G)、第二代移动通信(2G)到以语音通信和数据通信并重的第三代移动通信(3G)，再到以数据通信为主的第四代移动通信(4G)和第五代移动通信(5G)，移动通信技术的发展始终围绕着让更多人使用更优质的通信网络服务而进行。目前的移动通信技术日趋宽带化、智能化，正在从“人联”向“物联”演进，从“万物互联”向“万物智联”演进。

1.2.2 移动通信对社会的影响

作为与人类生产生活紧密联系的实用技术，通信技术每次大的发展都会带来人们生活方式的改变。而聚焦移动通信技术的发展过程，我们会发现一个有趣的或者说带有一些巧合的演进规律，那就是奇数代的通信技术是革命性创新，而偶数代的通信技术则是对奇数代技术衍生出的创新业务，实现了某种能力的优化和完善。

1G摆脱了电话线，实现了随时随地都可以打电话。不过，1G时代不仅通信费用高，还存在很多缺陷。比如移动话机非常大，信号很差，有时打电话还有串音。这是因为1G采用的是模拟通信技术。这种技术的通信质量不高，但它的革命性不可否认，因为它实现了用户移动中接打语音电话的梦想。

2G主要是对1G的完善和优化，它实现了数字化的编码技术，使得通信的质量大幅度提高，也使手机变得更加小巧灵活。

3G开创了一个全新的应用场景，可以使用手机上网，但在3G技术还不是很成熟时，人们的批评也不绝于耳。除了技术缺陷外，更多的人认为3G根本没有“杀手级”的应用。而3G发展的转折点是在2007年，也就是3G技术标准发布的7年之后。在这一年，乔布斯发布了苹果手机和App Store应用软件商店。正是由于苹果手机的出现，使大家脑洞大开，人们终于在移动互联网上找到了非常丰富的应用，包括今天我们所使用的社交网络、移动商务、手机支付和短视频等。这一切都重新定义了移动互联网。

与此同时，丰富的应用也带来了人们对更高网络速度和通信质量的需求，4G技术应运而生。4G技术的进步主要解决了大量移动互联网应用所必须解决的带宽问题和上网资费问题，也就是降价提速。

到了5G时代，又是一次通信技术革命。因为它不仅连接了人与计算机，还开启了万物互联时代。移动通信技术的发展，也是互联网和通信技术不断融合的过程。在这个过程中，很多应用都在不断加入其中。比如计算机与通信的融合产生了互联网，互联网与手机的融

合带来了移动互联网；手机可以看杂志、看视频、听音乐，于是出现了内容服务产业；家电、家居、穿戴设备的联网，又带来了智能家电、智能家居、智能穿戴等，如图 1.8 所示。

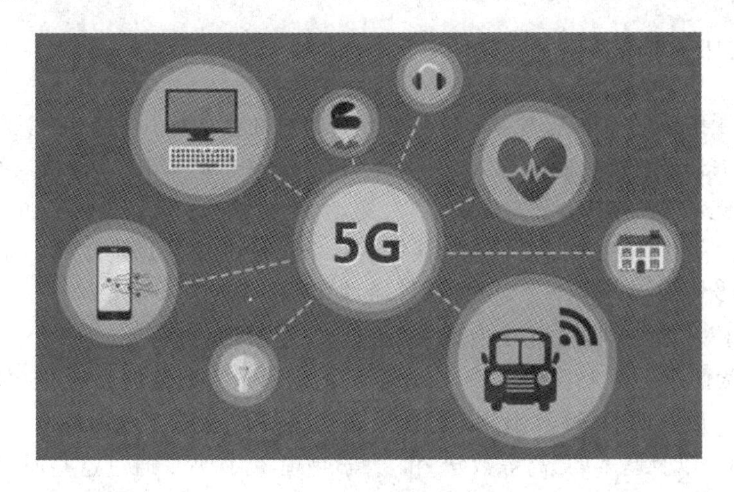

图 1.8　5G 时代

移动通信建设助力国家扶贫

5G 的出现，开启了万物互联时代。它带动了边缘计算、增强现实等一系列技术的发展。同时，5G 赋能区块链、人工智能、大数据等技术，实现了技术应用的进一步深度融合。5G 的本质是一种连接技术，它不仅连接人和人、人和计算机、人和物、机器和物，还连接各种各样的应用。这种连接是一种赋能的技术，它使得更多信息化应用或者解决方案能够找到应用场景。

移动通信技术发展助力国家扶贫

以前，人们常说“路通财通”，随着数字经济时代的到来，“网通财通”成为扶贫新的举措。

在四川省甘孜州新都桥镇居里村，由于地处高海拔偏远山区，以前连电话都打不通，更别提上网了。如今，电信普遍服务打破了地理环境形成的通信屏障，居里村实现了移动宽带入户，许多村民安装了宽带，在生活便利之外，还通过宽带在网络平台上销售当地土特产，增加了收入。

“十三五”初期，我国仍有约 5 万个行政村没有宽带，15 万个行政村宽带接入能力不足 4M，与城市地区存在较大差距。从 2015 年开始，国家启动农村和偏远贫困地区光纤和 4G 网络覆盖的电信普遍服务行动。到 2020 年 9 月，农村通光纤和 4G 已经达到 98%以上，提前超额完成《“十三五”脱贫攻坚规划》提出的宽带网络覆盖 90%以上贫困村的目标。

近年来，新技术、新平台、新渠道已经成为脱贫攻坚的“新利器”。在脱贫攻坚收官之后，互联网在农村的普及和应用还将进一步发展。我国将全面推动数字乡村建设，充分释放数字红利，加快农业农村经济社会的数字化转型。

思考：科学技术是第一生产力，移动通信技术的发展带来的是人们生产生活的不断变革，对此，你是否能结合生活中的例子，谈谈科学技术发展对人们生活的促进作用。

1.3 移动通信技术的学习

1.3.1 课程体系中的“道术器用”

在简要地了解了通信的基本含义、发展历史和对社会的作用后，我们要开始进行专业知识的学习了。对于刚接触通信的人来说，会学习哪些专业知识？又如何更好地去学习和掌握这些知识呢？下面来探讨这个问题。

“道术器用”是中国古圣先贤对事物认知的一个极度抽象的思维工具，可以借助这一理念来说明所学专业课程对整个专业知识架构的支撑。

首先是“道”。道在中国文化中有两层意思：一是原理方法，二是路径。在移动通信方面，也可以分为两个层面来看待“道”。一个层面的内容是指通信的原理，具体来说，就是一些告诉人们最本质东西的课程，比如“通信原理”“信号与系统”“电磁场与电磁波”“数字信号处理”等课程，以及基本的“高等数学”和“大学物理”等课程。通过这些原理性的课程，人们就可以知道声音是如何变成比特流的，比特流又是如何承载在电磁波上的，电磁波在特定信噪比的情况下可以承载多少信息，等等。另一个层面的内容是“寻找道路”，人们通过对通信原理的研究，就能在一定的资源条件下追求最大的效率或产出，也就能知道现代通信技术发展的方向在哪里，又如何去实现它。

其次是“术”。术是指具体实现的手段、方法等。在移动通信方面，“术”就是指通信的原理知识是如何在真实通信系统中具体实现的，与其相关的课程是一些专业应用型课程，比如“移动通信技术”“现代交换技术”“数据通信技术”“现代光纤通信技术”“无线网络规划与优化”等，这些课程从名称上就能知道讲的是通信领域的某一方面的知识，通过这些课程的学习，人们就可以快速地了解一个移动通信系统。在讲解这些“术”的同时，人们也会去揭示它们背后的规律和原理，这样就能与之前学的“道”相呼应。

最后是“器”和“用”。“器”一般是指承载“术”的工具，而“用”是指具体的应用场景和使用案例。在移动通信方面，“器”就是指按照基础原理知识和专业应用知识开发制造出来的真实通信设备，我们需要知道它的软硬件组成和具体操作方法。“用”则是指实际的移动通信工程项目的实施和建设，了解一些实际工程案例，并在此基础上，结合前面学习的通信系统的具体实现和真实设备的具体操作(也就是“术”和“器”)，学习如何去实施完成一个实际的移动通信工程项目。这两部分内容在专业课程体系中主要体现在专业应用型课程和工程集中实训类课程上，一般是与“术”一起进行综合学习。比如在学习“移动通信技术”专业课程时，不仅会学习到移动通信技术是如何在移动通信系统中实现的，理解其工作原理和关键技术，还会学习到真实的移动通信设备是如何工作和操作的，在理解系统实现和设备操作的前提下，学会完成一个实际的移动通信工程建设项目，如学会如何去建设部署一个无线基站站点等。

1.3.2 学习过程中的“理实一体”

在理解了专业课程对专业知识架构的支撑后，如何更好地学习和掌握移动通信类的专业课程呢？在学习专业课程的时候，需要注重“理实一体”，也就是理论和实践的结合。结合

前面讲的“道术器用”的思想，在学习专业基础理论知识的时候，要注意将其和“术”“器”“用”结合起来。

学习通信的理论知识，有时可能会觉得枯燥、晦涩难懂，比如“通信原理”“信号与系统”等课程，如果对这些专业基础理论知识不理解，那么在学习专业应用型课程时，就会出现知其然不知其所以然的情况。同样，如果只学习专业基础理论知识，不去结合实践，又会觉得学习的专业理论知识无法与实际生活联系起来，感觉学习的知识都是脱离实际的。

如果在学习中能把理论和实践相结合，在学习了理论知识后，能与实际的技术实现、设备组成、工程部署串接起来，就能增强对理论知识的理解、对实践技术的掌握，也能增强自己对专业的学习兴趣和认同感。

“理实一体”的学习思路同样适用于工作岗位，不同的工作岗位可能意味着工作内容有所偏重，比如有的偏重于理论，如通信研究类、研发类的岗位；有的偏重于实践，如通信工程类的岗位。如果做理论研究、研发类的工作时只管理论，就会与实际脱节，出现不符合实际使用的研究成果；如果做工程的人员只管实践，不去学习理论，那么工作就会变成机械性不断重复的过程，无法更好地提高自身的技术能力。因此，作为一名理工科的学生，“理实一体”是提高我们综合能力的好方法。

【思考与练习】

1. 通信的定义是什么？其发展历史如何？如何对其进行分类？
2. 移动通信的特点和社会影响分别是什么？
3. 从古代通信到近现代通信，从通信方式的改变中可获得什么感悟？
4. 从身边发生的事情，谈谈通信对个人生活及社会发展产生的影响。
5. 梳理自己专业所学课程，尝试自己去建立初步的课程体系架构。

第二章　移动通信基础

知识引入

移动通信系统的出现，为人们带来了更自由便捷的通信。在移动通信系统中，从信号的产生、传输到接收，这背后蕴含着无数的技术知识。如移动通信信道具有开放性，容易受到外界的干扰；移动用户的大范围随机移动性，使得信号在移动信道中的衰减和损耗加剧；有限的无线频谱资源无法满足日益增长的移动用户需求。这些问题都需要通过相应的技术去解决。

本章主要介绍移动通信系统的组成、移动通信的基本特性、移动通信的关键技术以及移动通信技术的标准化等相关知识。

2.1　移动通信系统的组成

移动通信，是通信双方或至少一方在运动中进行信息交互的通信方式。移动通信和有线通信的主要区别在于传输信号的媒介不一样，但是它们同样遵循通信的一般原理，具有类似的组成系统。

2.1.1　通信系统的组成

通信系统是对用于完成信号收集、传输、交换、还原等一系列通信过程中所包含的各环节的总称。通信系统的基本组成包括信源、发信设备、信道、交换设备、收信设备、信宿以及传输过程中受到的噪声等，如图 2.1 所示。

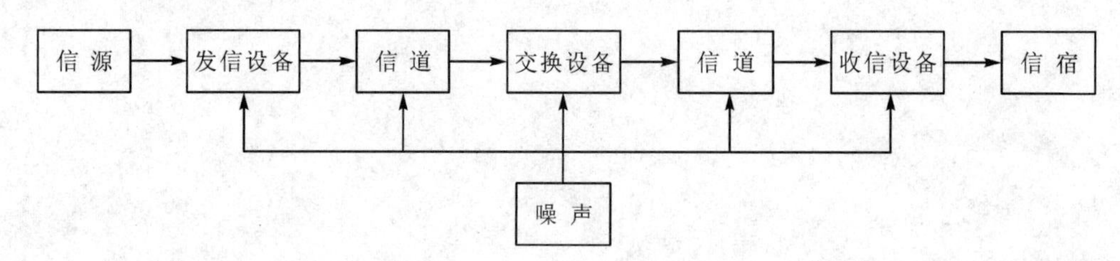

图 2.1　通信系统的组成

在通信系统中，包含了三大模块：终端模块、传输模块和交换模块。其中信源和信宿属于终端模块，发信/收信设备及信道属于传输模块，交换设备属于交换模块。具体介绍如下：

(1) 信源：产生各种信息。它可以是人或机器(如计算机等)。

(2) 发信设备：负责将信源发出的信息转换成适合在信道中传输的信号。对于不同的信源和信道，发信设备会有不同的组成和信号变换功能，一般包含编码、调制、放大和加密等功能。

(3) 信道：信号的传输媒介，负责在发信设备和收信设备之间传输信号。通常，信道按

传输媒介的种类可分为有线信道和无线信道；按传输信号的形式则可分为模拟信道和数字信道。

(4) 收信设备：负责将信道收到的信号转换成信宿可以接收的信息形式。它的作用与发信设备正好相反，主要功能包括信号的解码、解调、放大、均衡和解密等。

(5) 信宿：负责接收信息。

(6) 交换设备：负责不同信道中信息的交互和转换。

2.1.2　通信信号

在通信系统中，信号、信道与系统之间有着十分密切的联系。信号可以看作运载消息的工具，而信道和系统则是为传送信号或对信号进行加工处理而构成的某种组合。人们相互交谈、发表文章、转发图片或传递数据，其目的是通过某种形式的信号来传输某些信息。信源发出的消息经过变换、处理，转换成信号，再通过信道进行传送，最后再经过变换、处理，转换成消息提供给信宿。

在对信号进行分析处理时，可以在时域和频域两个方面进行。时域分析是指对信号在时间上的变化进行分析；频域分析是指对信号在频率上的变化进行分析。一般来说，时域分析较为形象与直观，频域分析则更为简练和方便，剖析问题更为深刻。二者是互相联系，相辅相成的。

1. 信号的时域分析

信号的时域分析是通过数学函数描述信号与时间的关系。例如，一个信号的时域波形可以表达信号随着时间的变化情况。根据时域上的特点，信号可分为模拟信号与数字信号、周期信号和非周期信号等。

1）模拟信号与数字信号

模拟信号是指在给定范围内是连续的，可用连续变化的物理量表达的信号，又称连续信号，如温度、湿度、压力、长度、电流、电压等，如图 2.2 所示。它在一定的时间范围内可以有无限多个不同的取值。

数字信号是指自变量是离散的，因变量也是离散的信号。这种信号的自变量用整数表示，因变量用有限数字中的一个数字来表示，如图 2.3 所示。

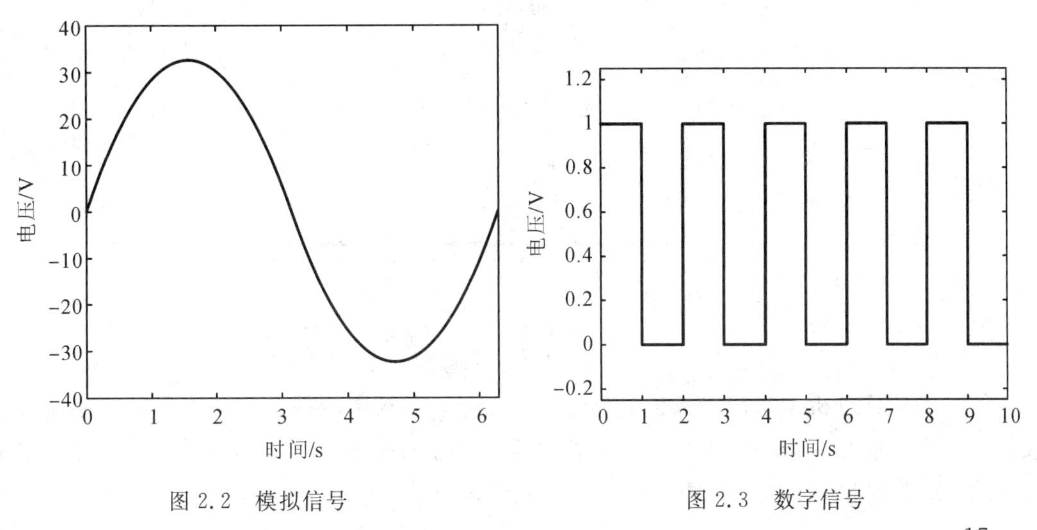

图 2.2　模拟信号

图 2.3　数字信号

由于数字信号是用0和1来表示物理状态的，因此抵抗材料自身干扰和环境干扰的能力都比模拟信号强很多。在现代信号处理技术中，数字信号发挥的作用越来越大，复杂的信号处理都与数字信号有关。

2）周期信号与非周期信号

周期信号是指每隔一定时间(周期)重复变化、周而复始的信号，如图2.4所示。

非周期信号是指时间上不具有周而复始特性的信号，即无周期性的信号，如图2.5所示。

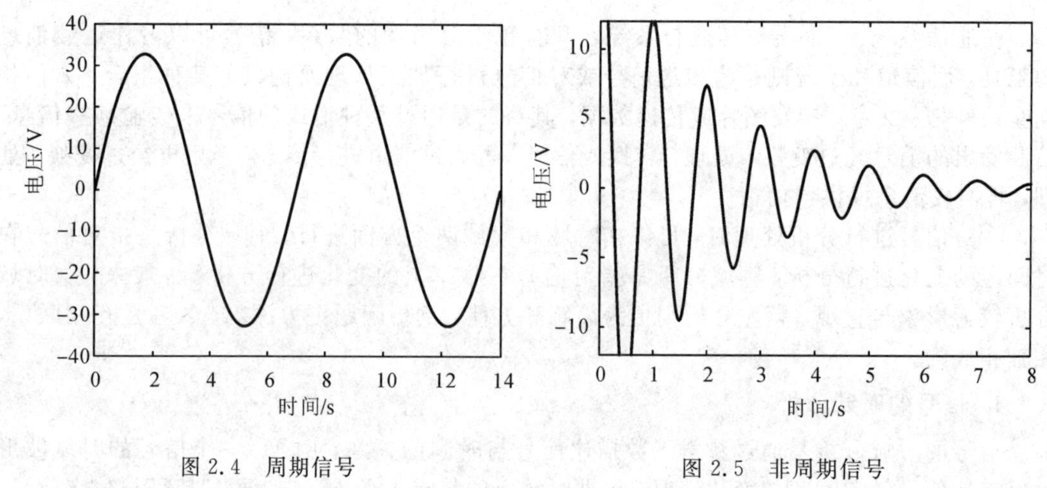

图2.4 周期信号　　图2.5 非周期信号

模拟信号和数字信号既可以是周期性的，也可以是非周期性的。

2. 信号的频域分析

信号的频域分析用于描述信号的频率特性。信号的频率特性通常是通过频谱图表示的。频谱图的横轴是信号的频率，纵轴是该频率信号的幅度，如图2.6所示。

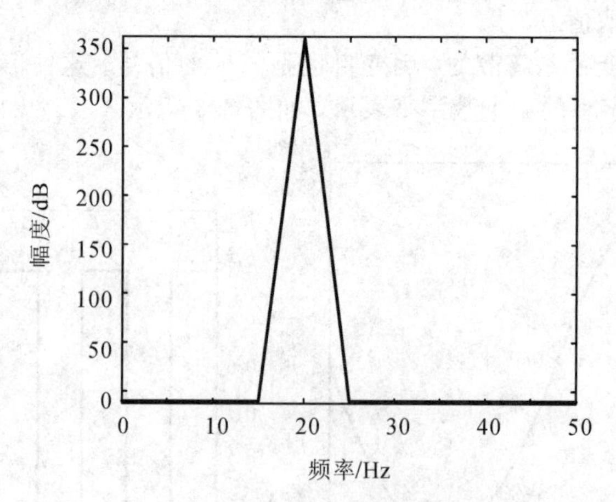

图2.6 信号的频域表示

信号的频域分析是指以输入信号的频率为变量，在频率域揭示信号内在的频率特性以及信号时间特性与其频率特性之间的密切关系。信号的频域分析还涉及信号的频谱、带宽以及滤波、调制和频分复用等重要概念。

现代通信技术的基石——傅里叶分析

傅里叶

让·巴普蒂斯·约瑟夫·傅里叶(Jean Baptiste Joseph Fourier，1768年3月21日—1830年5月16日)(见图2.7)，法国著名数学家、物理学家。其主要贡献是在研究热的传播和热的分析理论时，创立了一套数学理论，对19世纪的数学和物理学的发展都产生了深远影响。

傅里叶生于法国中部奥塞尔的一个平民家庭，他的父亲是一个裁缝。在他9岁时，双亲亡故，他变成了孤儿，被当地的一个主教收养。1780年，他被教会送入镇上的军校就读。其间，他对数学产生了浓厚的兴趣。他本有志于成为一名炮兵或工程兵，但因家庭地位低下遭到拒绝。再后来，他希望到巴黎去追求他感兴趣的研究，可是法国大革命中断了他的计划。无奈之下，他于1789年回到家乡奥塞尔的母校执教。1795年，他任巴黎综合工科大学助教，跟随拿破仑军队远征埃及，成为伊泽尔省格伦诺布尔地方长官。1817年，他当选为法国科学院院士。1822年，他担任该院终身秘书，后又任法兰西学院终身秘书和理工科大学校务委员会主席，敕封为男爵。

图2.7　傅里叶

傅里叶在撰写《热的传播》论文中推导出著名的热传导方程，由此创立了傅里叶级数(即三角级数)、傅里叶分析等理论。通过傅里叶级数和傅里叶分析可以探寻杂乱无章的信号中的规律。一个信号，无论是周期信号还是非周期信号，人们都能用数学公式对它进行表达，实现信号时域与频域之间的转换。一个可以用数学公式进行表达的东西，就意味着人们能对它进行分析和重现，因此傅里叶的相关理论构成了现代通信技术的基石。

思考：傅里叶的童年并不幸福，青年时期也是屡遭挫折，但他并没有放弃努力，最终成为著名的科学家。我们在学习他所创立的理论知识的同时，还可以从他身上汲取哪些精神？

2.1.3　移动通信系统的基本结构

移动通信系统的主要特点是采用无线信道进行通信，因此它的终端模块、传输模块甚至于交换模块都要围绕无线传输的特性进行设计和调整。一个移动通信系统一般由移动台(Mobile Station，MS)、基站(Base Station，BS)、移动业务交换中心(Mobile Switching Center，MSC)等组成，它也可以通过公共电话交换网络(Public Switched Telephone Network，PSTN)连接到固话用户。移动通信系统的基本结构如图2.8所示。

从图2.8中可以看出，通过BS和MSC就可以实现整个移动服务区域内任意两个移动用户之间的通信，再通过中继线就可实现移动通信网络与公共电话交换网络的互联，从而构建一个有线、无线相结合的移动通信系统。

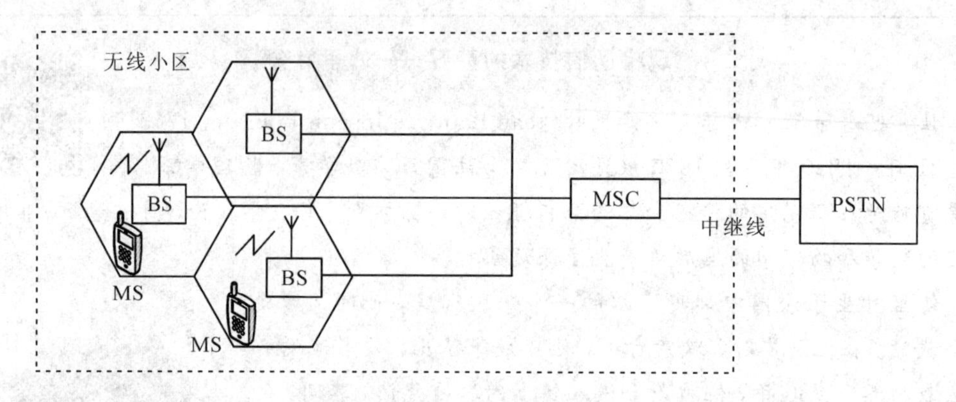

图 2.8 移动通信系统的基本结构

随着组网技术的不断发展，移动通信系统的各组成部分都会以子系统的形式存在，这些内容会在后面进行具体介绍。

2.2 移动通信的基本特性

移动通信的传输媒介为电磁波。电磁波的传播会发生反射、折射、绕射、多普勒效应等现象，也会产生多径干扰、信号传播延迟和展宽等效应，同时还会出现移动通信用户之间的互调干扰、邻道干扰、同频干扰等。由于移动通信网络用户众多，要使各个移动用户之间互不干扰，协调一致地工作，移动通信系统和移动通信网络的结构就会异常复杂。

2.2.1 无线信道

移动通信以其移动性而具有强大的生命力，但传播路径的开放性也使得移动通信的传播环境比有线通信更加恶劣。一方面，用于携带信息的无线电波是扩散传输的；另一方面，地理环境复杂多变、用户移动位置随机不可预测。所有这些都会造成无线电波传输的损耗。

移动无线信道的特点

因此，对无线电传播环境的研究就是对无线移动通信信道的研究，这对于整个移动通信系统的发展至关重要。

1. 无线电波传播方式

在日常使用手机和手提电脑时，人们接收的手机信号和网络信号似乎一直萦绕在身边。这些不可见的信号都属于电磁波。移动通信信号的传播原理就是基于电磁波的理论，即导体中电流的变化会产生无线电波，因此信息可以通过调制加载到无线电波上，当无线电波通过空间传播到接收端时，由无线电波引起的电磁场变化会在导体中产生电流，通过解调可从电流变化中提取信息，从而达到信息传输的目的。

无线电波从发射天线辐射出去后，由于电波的传播路径是向四周扩散的，接收机所在的方向只能接收到其中的一部分电波，并且在传播过程中，这部分电波的能量还会被地面、建筑物或高空的电离层吸收或反射，以及在大气层中产生折射或散射，因此到达接收机时的无线电波强度大大衰减。根据无线电波在传播过程中的传播路径，电波的传播方式可分

为直射传播、反射传播、绕射传播及散射传播等，如图 2.9 所示。

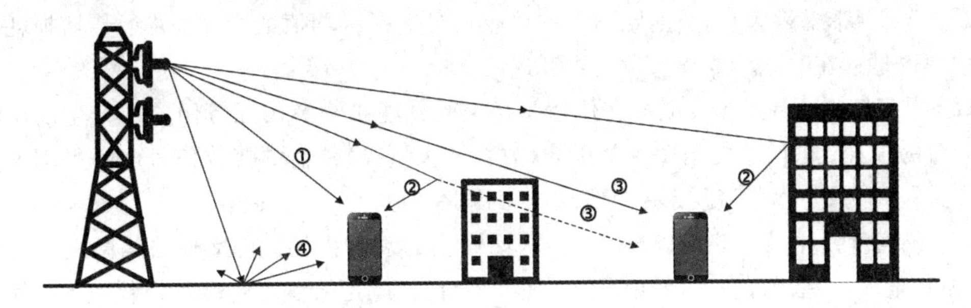

①—直射传播；②—反射传播；③—绕射(衍射)传播；④—散射传播

图 2.9　电磁波的传播方式

(1) 直射传播：无线电波由发射点直线传播到接收点。直射传播距离一般限于视距范围。

(2) 反射传播：当无线电波遇到比自身波长大得多的物体时会发生反射。反射一般发生于地球表面、建筑物和墙壁表面等。

(3) 绕射传播：当接收机和发射机之间的无线电波传播路径被尖利的边缘阻挡时，无线电波会发生绕射。绕射会使阻挡表面产生的二次波发散于空间中，并绕地球曲线表面传播，甚至能够传播到阻挡物的后面。

(4) 散射传播：当无线电波穿行的介质中存在小于自身波长的物体并且单位体积内阻挡体的个数非常多时，无线电波会发生散射。散射一般产生于粗糙表面、小物体或其他不规则物体上。电波发生散射时，会向所有方向发散，这就给接收机提供了额外的信号能量。

2. 无线传播损耗

在无线电波传播过程中，由于移动通信本身固有的特性和传播中具有的特点，会在一定程度上使接收点信号产生损耗。按照损耗产生的原因，这些损耗主要分为 3 类，分别是路径传播损耗、慢衰落损耗和快衰落损耗，如图 2.10 所示。

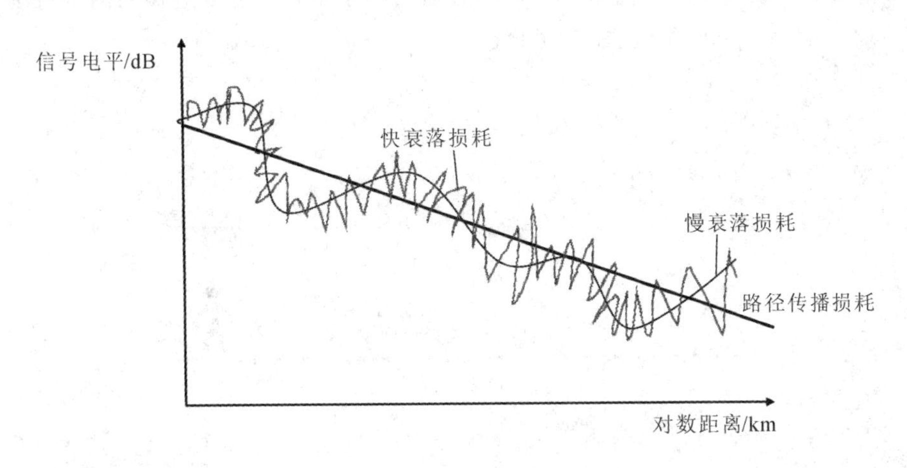

图 2.10　无线传播损耗

(1) 路径传播损耗：一般称为衰耗，指无线电波在空间传播所产生的损耗。它反映的是在宏观大范围(千米量级)的空间距离上的接收信号电平平均值的变化。路径传播损耗在有线通信中也是存在的。

(2) 慢衰落损耗：指无线电波在传播路径上受到建筑物及山丘等阻挡所产生的阴影效应而导致的损耗。它反映的是中等范围内(数百波长量级)传播的接收信号电平平均值的变化。其变化率较慢，一般遵从对数正态分布，因此又称为大尺度衰落。

(3) 快衰落损耗：主要指由于多径传播而产生的衰落损耗。它反映的是微观小范围内(数十波长量级)传播的接收信号电平平均值的变化。其变化率比慢衰落损耗快，一般遵从瑞利或莱斯分布，因此又称为小尺度衰落。

3. 无线传播效应

除了三种损耗外，移动信道及无线传播的特点会对接收信号产生以下 4 种效应：

(1) 阴影效应。阴影效应是由大型建筑物和其他物体的阻挡而在传播接收区域上形成半盲区导致的。阴影效应是产生慢衰落损耗的主要原因。

(2) 远近效应。由于接收用户的随机移动性，导致移动用户与基站之间的距离随机变化，如果各移动用户发射信号的功率一样，那么到达基站时信号的强弱将不同，离基站近的用户信号强，离基站远的用户信号弱。通信系统中的非线性将进一步加重信号强弱的不平衡性，甚至出现了以强压弱，导致弱者(即离基站较远的用户)产生掉话(通信中断)现象，这一现象即为远近效应。

(3) 多径效应。接收用户所处地理环境的复杂性，使得接收到的信号不仅有直射传播的主径信号，还有从不同建筑物反射以及绕射来的多条不同路径的信号，并且它们到达接收端时的信号强度、到达时间以及到达时的载波相位都是不一样的，接收到的信号是上述各路径信号的矢量和，也就是说各径之间可能产生自干扰，这类自干扰即为多径干扰或多径效应。

(4) 多普勒效应。接收用户处于高速移动(比如车载通信)时，会导致接收信号的传播频率发生扩散，其扩散程度与用户运动速度成正比(见图 2.11)，这一现象称为多普勒效应。多普勒效应一般会出现在高速移动的车载通信场景中，对于慢速移动的步行场景和静态的室内通信场景，多普勒效应不予考虑。

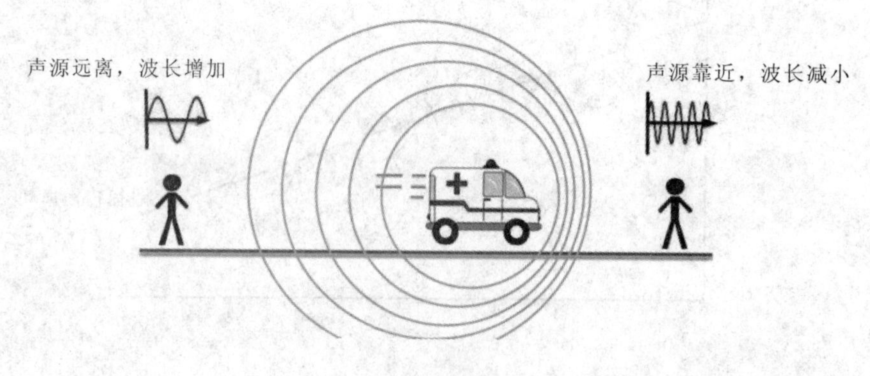

图 2.11　多普勒效应

信息论之父——香农

图 2.12　香农

克劳德·艾尔伍德·香农(Claude Elwood Shannon，1916年4月30日—2001年2月24日)(见图2.12)是一位美国数学家。他于1948年发表了著名的文章《通信的数学理论》，创建了信息时代的理论基础——信息论。他在通信技术与工程方面的创造性工作，为计算机与远程通信奠定了坚实的理论基础。作为信息论的创始人，他对人类的贡献超过了一般的诺贝尔奖获奖者，人们认为他是20世纪最伟大的科学家之一。

信息论的伟大贡献在于，可以用数学公式严格定义信息的量，反映信息在统计方面的性质。比如通过他所提出的香农公式可以清晰地表明通信系统的通信能力和抗干扰能力分别与传输信息所用带宽以及信噪比之间的关系。这使得人们要想得到较好的信息传输速率，可以通过扩大传输带宽或改善信号的信噪比来实现。

香农的两大贡献：一个是信息理论、信息熵的概念；另一个是符号逻辑和开关理论。另外，他好奇心强、重视实践、追求完美、永不满足的科学精神同样为世人所称道。

思考：香农先生作为现代信息和通信的奠基人之一，你还了解他在其他方面的贡献吗？

2.2.2　无线频谱

无线频谱是指无线电波的频率范围。无线电波是指在自由空间(包括空气和真空)传播的射频频段的电磁波，是频率最低的一类电磁波，通常频率在3000 GHz以下。

电磁波是由同相且互相垂直的电场与磁场在空间中衍生发射的振荡粒子波，是以波动的形式传播的电磁场，具有波粒二象性。电磁波最大的功能是可以通过振幅、相位、频率的变化携带信息。它的传播速度为光速级别。电磁波无需传播介质，遇到金属等物体时会被吸收和反射，遇到建筑等物体时会被阻挡和减弱，遇到刮风下雨打雷等情况时也会被减弱。

1. 无线频谱的重要性

移动通信使用无线电波作为传输媒介，彻底摆脱了电话线的束缚。人们对无线电的研究与利用，使得无线电波成为信息传递的工具，满足了人们对移动通信的需求。

随着人们对无线电波认识的深入，对无线电频谱的利用也更加科学。无线电波的排他性和不可再生性，让它成为一种珍贵的资源。为了提高无线电波频谱的利用率，人们不断研究和发展新的移动通信技术。

由于30 GHz频段附近的无线电波在大气中的损耗相对较小，目前世界上各种数字通信和卫星通信主要使用这个频段。除了这个频段外，无线电波还有其他频段应用在其他方面，如表2.1所示。无线电波的波长越短、频率越高，单位时间内传输的数据就越多。

表 2.1 目前应用的无线电波段

国际电信联盟波段号码	频段名称	缩写	频率范围	波段	波长范围	用途
1	极低频	ELF	3～30 Hz	极长波	100 000～10 000 km	潜艇通信
2	超低频	SLF	30～300 Hz	超长波	10 000～1000 km	交流输电系统(50～60 Hz)
3	特低频	ULF	300～3000 Hz	特长波	1000～100 km	矿场通信
4	甚低频	VLF	3～30 MHz	甚长波	100～10 km	超声、地球物理学研究
5	低频	LF	30～300 kHz	长波	10～1 km	国际广播、全向信标
6	中频	MF	300～3000 kHz	中波	1000～100 m	调幅广播、全向信标、海事或航空通信
7	高频	HF	3～30 MHz	短波	100～10 m	民用电台
8	甚高频	VHF	30～300 MHz	超短波（米波）	10～1 m	调频广播、电视广播、航空通信
9	特高频	UHF	300～3000 MHz	分米波	1～0.1 m	电视广播、无线电话通信、无线网络、微波炉
10	超高频	SHF	3～30 GHz	厘米波	100～10 mm	无线网络、雷达、人造卫星接收
11	极高频	EHF	30～300 GHz	毫米波	10～1 mm	射电天文学、遥感、人体扫描安检仪

2. 频谱资源的特性

无线电频谱作为一种自然资源，它具有以下 6 种特性：

(1) 有限性。无线电业务不能无限地使用更高频段的无线电频率，目前，人类还无法开发和利用 3000 GHz 以上的频率。尽管无线电频率可以采用时间、空间、频率和编码四种复用方式提高利用率，但总体数量仍是有限的。

(2) 排他性。无线电频谱的使用具有排他性。在相同的时间、地区和频域内，一旦某个频率被使用，其他设备就不能以相同的技术模式再使用该频率。

(3) 复用性。虽然无线电频谱的使用具有排他性，但同一无线电频率在赋予了不同的时间、空间、编码等属性后，是可以重复使用和利用的，即不同的无线电业务和设备可以进行频率复用和共用。

(4) 非耗竭性。无线电频谱资源不同于其他自然资源，它可以被人类利用，但是不会被消耗掉，不使用是一种浪费，使用不当更是一种浪费。

（5）传播性。无线电波按照一定规律传播，不受行政地域的限制，是无国界的。

（6）易污染性。如果无线电频率使用不当，就会受到其他无线电台、自然噪声和人为噪声的干扰而无法正常工作，或者干扰其他无线电台站，使之无法准确、有效快速地传递信息。

正是这些特点使得无线电频谱资源不同于土地、矿产、森林等自然资源。只有科学规划、合理利用和有效管理，无线电频谱才能发挥最大的资源价值，成为服务经济社会发展和国防建设的重要资源。

3. 频谱资源的价值

无线电频谱资源是支撑现代信息产业发展的基础资源。移动电话、集群通信、卫星通信、宽带无线接入等无线通信业务的使用和发展都依赖于频谱资源。

无线电频谱资源是打赢信息化战争的重要战略资源，制电磁权在现代战争中已经提升到与制海权、制空权相同的地位。

无线电频率的自然属性、经济属性和社会属性决定了无线电频谱资源属于国家所有。无线电频谱资源的归属、分配和管理具有国家主权的特征。目前，世界各国对无线电频谱资源重要性的认识日益提高，国际上对频谱资源的竞争日趋激烈。

无线频谱的拍卖

2008年，美国联邦通信委员会(FCC)主办的700 MHz频段无线频率牌照拍卖，在经过261轮竞价后，于当年3月19日正式结束，电信运营商Verizon无线公司和AT&T公司成为赢家。此次竞价总额约达到了196亿美元，这是美国有史以来收入最高的一次频率资源拍卖。AT&T公司为拍得的频段资源花费了60亿美元，Verizon无线公司花费了90亿美元。

2010年4月12日，德国电信局开始拍卖第四代移动通信(4G)的频谱资源，成为欧洲首个拍卖第四代移动通信频谱资源的国家。参与此次竞拍的企业包括英国沃达丰公司、西班牙电信英国公司、德国电信公司和荷兰皇家电信公司等。经过27天224轮的角逐，此次拍卖终于结束，德国政府从中获得近44亿欧元的收益。其中报价最高的是英国沃达丰公司，12组频谱报价14.2亿欧元；其次是西班牙电信英国公司，11组频谱报价13.8亿欧元；德国电信公司则为10组频谱报价13亿欧元；荷兰皇家电信公司则为8组频谱报价2.839亿欧元。

思考： 从上面频谱拍卖的真实案例中，可以看出无线频谱是如此的珍贵。请查阅资料，寻找其他频谱拍卖的案例，思考如何提高无线频谱的利用率？

2.3　移动通信的关键技术

为了实现在开放的信道中有效地传输通信双方的信息，消除不良影响，获得通信的高可靠性这一目标，移动通信主要运用了双工、调制解调、编码、多址、蜂窝和切换等多种关键技术。

2.3.1 双工技术

双工方式

双工技术用于区分移动通信的上行信道和下行信道。通常将移动台发送给基站的信号称为上行信号，将传送该信号的信道称为上行信道；将基站发送给移动台的信号，称为下行信号，将传送该信号的信道称为下行信道。

双工技术分为频分双工（Frequency Division Dual，FDD）和时分双工（Time Division Dual，TDD）。

1. 频分双工

频分双工是指上行信道和下行信道使用两个不同的频率来区分，两个频率之间留有几兆赫兹至几十兆赫兹的频率作为保护频段来分离上行和下行信道。FDD 必须采用成对的频率，依靠频率来区分上、下行信道，其单方向的资源在时间上是连续的。

FDD 的特点有以下 5 点：

(1) 占用两个频段才能工作，占用频谱资源多；

(2) 移动台的发射机在通信中经常处于发射状态，耗电大；

(3) 通常上、下行频率间隔远远大于信道相干带宽，几乎无法利用上行信号估计下行信道，也无法用下行信号估计上行信道；

(4) 基站的接收和发送使用不同射频单元，且有收发隔离，因此系统设计实现相对简单；

(5) 由于上行信道和下行信道使用不同的频率，因此上、下行信道之间没有干扰，在实现对称业务(上、下行数据量差不多的业务，如电话业务)时，能充分利用上、下行频谱，频谱利用率较高，但在支持非对称业务(上、下行数据量差别较大的业务，如上网业务)时，频谱利用率将大大降低。

2. 时分双工

时分双工是指上行信道和下行信道使用相同的频率，通过不同的时间来加以区分。在 TDD 方式的移动通信系统中，上、下行信道使用同一频率不同时隙的载波，其单方向的资源在时间上是不连续的，时间资源在两个方向上进行了分配。部分时间段用于基站发送信号给移动台，部分时间段用于移动台发送信号给基站，基站和移动台之间必须协同一致才能顺利工作。

TDD 的特点有以下 4 点：

(1) 只要基站和移动台之间的上、下行时间间隔不大，小于信道相干时间，就可以简单地根据接收信号估计收、发信道特征，这使得采用 TDD 方式的移动通信体制在功率控制及智能天线技术的使用方面有明显的优势；

(2) 易于使用非对称频段，无须具有特定双工间隔的成对频段；

(3) 射频单元在发射和接收时是分时隙进行的，因此，只需在 TDD 的射频模块里配置一个收发开关即可，无须笨重的射频双工器，TDD 系统比 FDD 系统成本约降低 20%～50%；

(4) 可以灵活设置上、下行的转换时刻，用于实现不对称的上行和下行业务，适应上、下行不对称的互联网业务需求。

2.3.2　调制解调技术

在现实环境中，无线电波传播的空间环境非常复杂，根据不同的无线信道特点，选择合适的调制解调方式将会大大提高移动通信系统的性能。

调制的目的是使信号携带的信息与信道特性相匹配，以便有效利用信道。调制是把要发送的模拟信号或数字信号转换成适合信道传输的信号，即基带信号(调制信号)被转换成频率相对非常高的带通信号(已调信号)。调制可以通过改变高频载波的振幅、相位或频率来实现。调制过程由通信系统的发信设备完成。

在接收端，需要将调制后的信号恢复为发送的原始信号。从载波中提取基带信号，以便接收器进行处理，这个过程称为解调。解调过程由通信系统的收信设备完成。

1. 调制解调的分类

调制的分类很多，可根据一定的方法进行划分。

按调制信号的形式，调制可分为模拟调制和数字调制。用模拟信号调制称为模拟调制，用数字信号调制称为数字调制。

按被调信号的种类调制可分为脉冲调制、正弦波调制和强度调制等。调制的载波分别是脉冲、正弦波和光波等。正弦波调制有振幅调制、频率调制和相位调制3种基本方式，后两者合称为角度调制。

解调是调制的逆过程。调制方式不同，解调方法也不一样。与调制的分类相对应，解调可分为正弦波解调(有时也称为连续波解调)和脉冲解调。正弦波解调还可再分为振幅解调、频率解调和相位解调。脉冲解调也可分为脉冲振幅解调、脉冲相位解调、脉冲宽度解调和脉冲编码解调等。对于多重调制需要配以多重解调。

2. 调制解调的应用

日常生活中常说的调制解调器(Modem)，其实是调制器(Modulator)与解调器(Demodulator)的简称。人们根据其英文的谐音，称之为“猫”。计算机内部传递的信息是由“0”和“1”组成的数字信号，而在电话线上传递的却只能是模拟电信号。于是，当两台计算机要通过电话线进行数据传输时，就需要一个设备负责数字信号与模拟信号之间的转换。这个设备就是调制解调器。计算机在发送数据时，先由调制解调器把数字信号转换为相应的模拟信号，这个过程称为D/A转换，也就是调制。经过调制的信号通过载波传送到另一台计算机之前，也要由接收端的调制解调器把模拟信号还原为计算机能识别的数字信号，这个过程称为A/D转换，也就是解调(见图2.13)。正是通过这样一个“调制”与“解调”的过程，两台计算机之间的远程通信才得以实现。

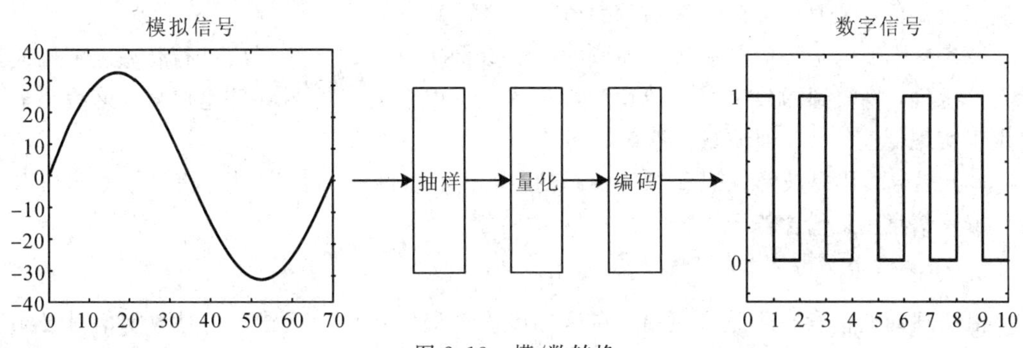

图2.13　模/数转换

移动通信中，射频信号用来传递信息，信息有可能是音频、数据或者其他格式。该信息被调制到载波信号上，并通过射频传送到接收端；在接收端，信息从载波上解调出来。载波本身并不带有任何信息。

2.3.3 编码技术

为解决信号在传输过程中遇到的一些实际问题，实现更好的传输效率和质量，需要对信号进行编码，这是移动通信系统中一个很关键的过程。下面介绍信源编码和信道编码技术。

1. 信源编码

信源编码将模拟信号转换成数字信号，并通过编码器对数字信号进行编码，便于在信道中传输(见图 2.14)。不同的数字移动通信系统采用不同的信源编码方式，以满足人们不同时期对移动通信业务的需求。

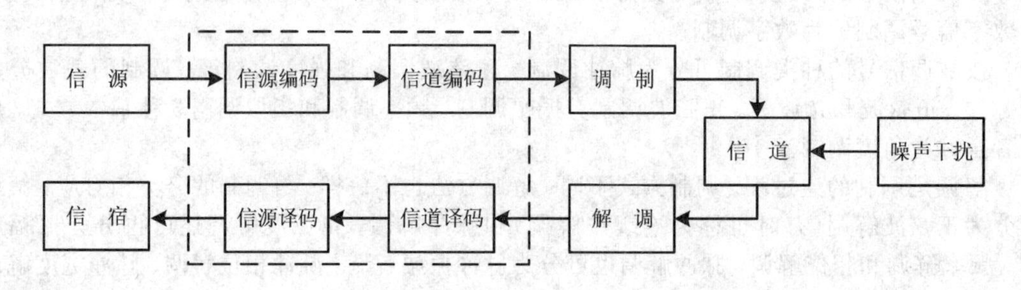

图 2.14　信源编码和信道编码在通信信号传输中的位置

在数字传输系统中传输的信息都必须是数字信息。因此，不论是模拟信源还是离散信源，都必须将其信息转换为数字信息。信源编码就是用数字系统中信道能传输的符号来表示信源发出的信息，以便在不失真或少量失真的情况下用尽量少的符号传递信源的信息，从而提高信道利用率，因此，信源编码对数字传输系统尤为重要。

信源编码的实现是由信源编码器完成的。信源编码器有 3 种编码类型：波形编码、参量编码和混合编码。

(1) 波形编码是在时间轴上对模拟信号按照一定的速率进行抽样，并将抽样幅度样本分层量化，用代码表示。解码时，对收到的数字序列进行解码及滤波处理，使之恢复成模拟信号。波形编码适合速率较高的编码信号，对于这类信号，它能提供较好的编码质量，但对于速率较低的编码信号，波形编码后的质量下降明显。

(2) 参量编码是将信号在频域提取的特征参量转化为数字序列后进行传输。解码时则是其反过程，将收到的数字序列转化为特征参量，再根据特征参量重建信号。该编码器主要用于实现低速编码，但质量一般。

(3) 混合编码是波形编码和参量编码的结合，混合编码的数字语音信号中既包含部分波形编码信息，又包含若干语音特征参量。

2. 信道编码

由于移动通信存在干扰和衰落，在信号传输过程中将出现差错，故对数字信号必须采

用纠、检错技术，即纠、检错编码技术，以增强数据在信道中传输时抵御各种干扰的能力，进而提高系统的可靠性。对要在信道中传送的数字信号进行纠、检错编码就是信道编码(如图2.14所示)。

在无线信道上，误码有2种类型：一种是随机性误码，即单个码元错误并且随机发生，主要由噪声引起；另一种是突发性误码，即连续数个码元发生差错，也称群误码，主要由衰落或阴影造成。信道编码主要用于纠正传输过程中产生的随机差错，又称差错控制编码。

信道编码的过程是在源数据的信息码元中增加一些冗余码元(也称检验码元)，供接收端纠正或检出信息在信道中传输时由于干扰、噪声或衰落所造成的误码。增加检验码元会带来额外的开销，但是可以提升系统的传输可靠性。

信道编码主要有分组码和卷积码。分组码是信道编码的基本格式，而卷积码则是在分组码基础上发展起来的一种特殊分组码，语音业务常用卷积码，数据业务则常用Turbo码(并行递归卷积码)。因为Turbo码纠错性能比较好，但处理时延大，所以适用于对时延要求较低的数据业务。

信道编码变革历史

人类在信道编码上的第一次突破发生在1949年。理查德·卫斯里·汉明(R. Hamming)提出了第一个实用的差错控制编码方案：汉明码。汉明码每4 bit编码就需要3 bit的冗余校验比特，编码效率比较低，且在一个码组中只能纠正单个的比特错误。

随后，M. Golay先生研究了汉明码的缺点，提出了戈莱码(Golay码)。Golay码在1979—1981年被用作美国国家航空航天局太空探测器Voyager的差错控制系统，该探测器将成百张木星和土星的彩色照片带回了地球。

Golay码之后采用了一种新的分组码——RM码。1969—1977年，RM码广泛应用于火星探测。此外，基于RM码的译码算法非常适用于光纤通信系统。

RM码之后人们又提出了循环码的概念。循环码也叫循环冗余校验(CRC)码，也是分组码的一种，其码字具有循环移位特性，这种循环结构大大简化了编译码结构。

以上编码方案都是基于分组码实现的。分组码主要有两大缺点：一是在译码过程中必须等待整个码字全部接收后才能开始译码；二是需要精确的帧同步，从而导致时延较大、增益损失大。

卷积码的出现，改善了分组码的缺点。卷积码与分组码的不同在于：它充分利用了各个信息块之间的相关性。在卷积码的译码过程中，不仅从本码中提取译码信息，还充分利用以前和以后时刻收到的码组，从这些码组中提取译码相关信息，而且译码也是连续进行的，这样可以保证卷积码的译码延时相对比较小。

由于卷积码译码的复杂度随着约束长度的增加以非线性方式迅速增加，在实际应用中，其应用性能往往受限于存储器容量和系统运算速度，尤其是对约束长度比较大的卷积码。这就是卷积码的“计算复杂性”问题。

1993年，两位法国电机工程师C. Berrou和A. Glavieux声称他们发明了一种编码方法——Turbo码，可以使信道编码效率接近香农极限。而这两位法国工程师是绕过了数学理论，凭借其丰富的实际经验，通过迭代译码的办法解决了“计算复杂性”问题。Turbo码的发明又一次开创了通信编码史的革命性时代。随后，全世界各大公司开始聚焦于 Turbo 码研究。Turbo 码也成为 3G/4G 移动通信技术所采用的编码技术。

思考：从信道编码的变革历史中，作为理工类的学生，应该如何看待工程实践与理论学习的关系？

5G 标准中的信道编码之争

2016 年 11 月 14 日至 18 日，3GPP RAN1 第 87 次会议在美国内华达州里诺市召开，本次会议其中一项内容是决定 5G 短码块的信道编码方案，参选的 3 种短码编码方案包括：Turbo 码(2.0 版本)、LDPC 码和 Polar 码。

这已经是 3 种编码方案在 5G 标准中的第二次较量。在 2016 年 10 月 14 日葡萄牙里斯本举行的会议上，LDPC 码战胜了 Turbo 码和 Polar 码，被采纳为 5G eMBB 场景的数据信道的长码块编码方案。

在这个背景下，这一次关于短码块编码方案的争论更为激烈。因为 LDPC 码已经拿下一局，出于实施复杂性考虑，整个移动通信系统采用单一的编码方案更利于 5G 部署。由于抛弃 Turbo 码的呼声较大，在上次会议失利之后，Turbo 码基本大势已去，本次 5G 编码之争最终演变为 Polar 码和 LDPC 码之间的竞争。最终，经过连续几天的激战后，Polar 码终于在 5G 核心标准上扳回一局，成为 5G eMBB 场景的控制信道编码方案。

自此，经过两次激战，在 5G eMBB 场景上，Polar 码和 LDPC 码平分天下，前者为信令信道编码方案，后者为数据信道编码方案。Polar 码和 LDPC 码一起历史性地走进蜂窝移动通信系统，而在 3G 和 4G 时代使用的 Turbo 码则结束了其长达十几年的统治地位。

思考：标准之争决定了产业主导权和技术控制权，谈谈你对 Polar 码入局 5G 信道编码标准的看法。

2.3.4 多址技术

多址技术

在蜂窝式移动通信系统中，有许多用户要同时通过一个基站和其他用户进行通信，因而必须对不同用户和基站发出的信号赋予不同的特征，使基站能从众多用户的信号中区分出是哪一个用户发出的信号，而各用户又能识别出基站发出的信号中哪个用户发给自己的，解决这个问题的技术称为多址技术。

多址技术的基础是使信号能在某些特征上存在差异。信号的差异可以表现在某些参数上，例如信号的工作频率、信号的出现时间以及信号具有的特定波形等。

多址方式的基本类型有频分多址、时分多址、码分多址和空分多址。选择什么样的多址方式取决于通信系统的应用环境和要求。就数字式蜂窝移动通信网络而言，由于用户数和通信业务量剧增，一个突出的问题是在频率资源有限的情况下，如何提高通信系统的容量。因为多址方式直接影响到蜂窝通信系统的容量，所以采用什么样的多址方式更有利于提高通信系统的容量，一直是人们研究的热门课题。下面介绍这几种多址方式。

1. 频分多址

频分多址(Frequency Division Multiple Access，FDMA)是将不同的用户分配在时隙相同但频率不同的信道上。这种技术会把频分多路传输系统中集中控制的频段根据要求分配给用户。与固定分配系统相比，频分多址使通信容量可根据要求动态地进行变换。

采用频分多址的通信系统是将总频段划分成若干个等间隔的频段并分配给不同的用户，如图 2.15 所示。频分多址系统会分配给每个用户一对频段，其中一个频段用作上行信道，即基站向移动台方向的传输信道，另一个则用作下行信道即移动台向基站方向的传输信道。频分多址系统的基站工作时必须同时发射和接收多个不同频率的信号。当任意两个移动用户通过基站进行相互通信时，基站必须同时占用两对频率才能实现双工通信。模拟通信系统通常采用频分多址的方式。

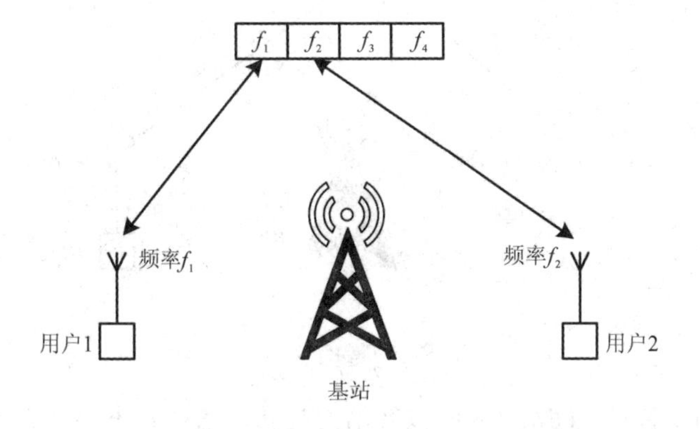

图 2.15　频分多址

2. 时分多址

时分多址(Time Division Multiple Access，TDMA)是将不同的用户分配在频率相同而时隙不同的信道上。在时分多址方式中，把时间分割成周期性的帧，每一帧再分割成若干个时隙(见图 2.16)。在满足定时和同步的条件下，基站可以分别在各时隙中接收到各移动终端的信号且不受干扰。同时，基站发向多个移动终端的信号都按顺序安排在指定的时隙中传输，各移动终端只要在指定的时隙内接收，就能在合路的信号中把发给它的信号区分并接收下来。

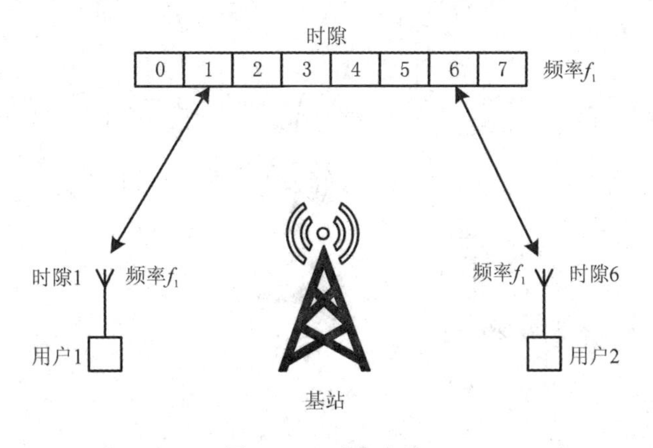

图 2.16　时分多址

第二代移动通信标准 GSM 系统使用的就是时分多址方式。

3. 码分多址

码分多址(Code Division Multiple Access，CDMA)是在扩频通信的基础上发展起来的一种方式，扩频通信是用具有噪声特性的载波以及比简单点对点通信所需带宽宽得多的频带去传输相同的数据。在 CDMA 系统中，根据业务的处理，给每个用户分配一个或者多个相互独立的码字。用户的区分并不是基于频率或时间，而是基于用户码，如图 2.17 所示。因此，在 CDMA 系统中，不同用户可以在相同时间使用相同频率。

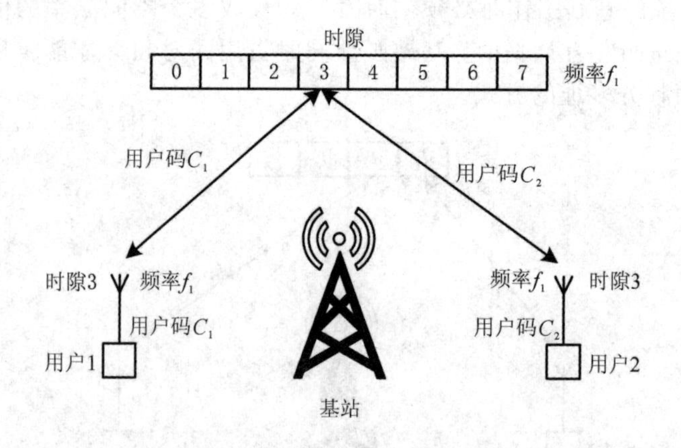

图 2.17　码分多址

第二代移动通信标准 CDMAIS 95 以及第三代移动通信标准(WCDMA、CDMA 2000、TD-SCDMA)都使用码分多址接入技术。

4. 空分多址

空分多址(Space Division Multiple Access，SDMA)亦称多波束频率复用，即通过在不同方向上使用相同频率的定位天线波束来区分信道的多址方式。该多址方式以天线技术为基础，用点波束天线实现信道复用，如图 2.18 所示。理想情况下，空分多址要求天线给每个用户分配一个点波束，这样，根据用户的空间位置就可以区分每个用户的无线信号，从而完成多址的划分。

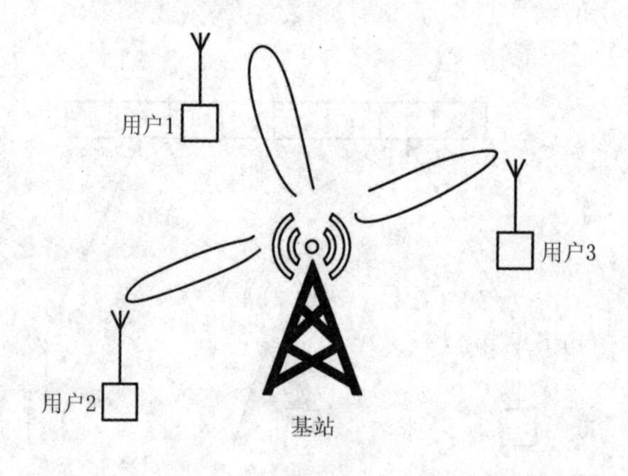

图 2.18　空分多址

2.3.5　蜂窝技术

要实现移动用户在大范围移动通信网络中的有序通信，就必须解决组网过程中服务区域划分、区群构成、信道结构、接入方式和多信道共用等一系列的问题。

移动通信网络的服务区域覆盖方式按基站覆盖区域范围大小，可分为大区制和小区制。大区制是指一个基站覆盖整个服务区。大区制通信网只能通过增加基站的信道数来增加通信用户数量，但这总是有限的，因此，大区制只能适用于小容量的通信网。

小区制中的蜂窝式组网是移动通信系统的一个基本组网方式，在蜂窝网络中，整个大的服务区域被划分为一个个的小区域，称为小区。每个小区都有一个装有无线电收发设备的基站，该基站为该小区范围内的移动用户或终端设备提供服务，如图 2.19 所示。

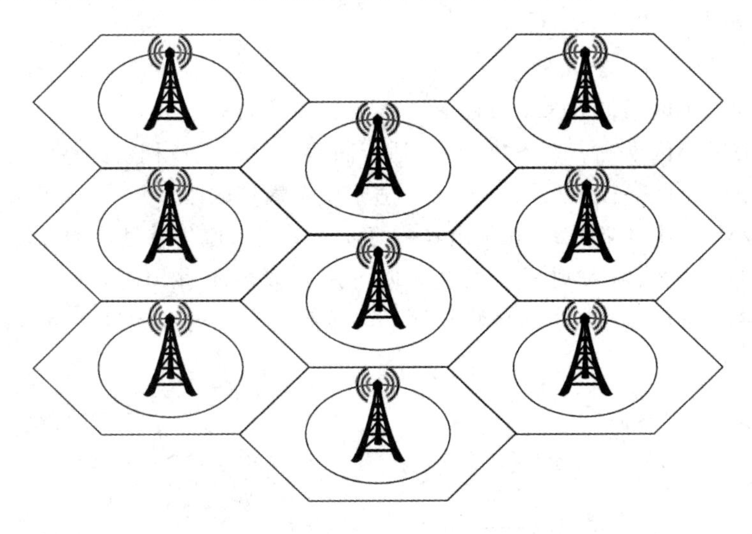

图 2.19　蜂窝组网

无线移动覆盖的传统方法借鉴于广播和电视，在覆盖区域的中心位置设置具有较高天线的大功率发射机以便将信号发射至整个区域。这种方式虽可以覆盖几十公里的较大区域，但单个无线发射机发射的信号只能覆盖一定的区域，这就很难适应大区域通信的要求。同时，这也意味着在此区域内只有有限的可供使用的信道，在呼叫量并不多时就会被堵塞。1970 年，美国纽约市开通的大区制贝尔移动通信系统，提供 12 对信道，即仅能提供 12 个用户同时通话，当出现第 13 个呼叫时就会被堵塞，而纽约市面积达一万多平方英里，当时人口有两千万，作为公用系统来说，大区制贝尔移动通信系统的容量远远不够。

蜂窝的概念是 20 世纪 70 年代贝尔实验室提出的，它是指同一频率被相距足够远的几个基站使用，以增加系统容量。蜂窝概念的提出是解决早期移动通信系统频谱匮乏、容量小、服务质量差、频谱利用率低等问题的重大突破。其思想是将整个服务区划分为若干个小区，每个小区分别设置一个基站负责本小区的移动电话通信的联络和控制，在移动电话交换局的统一控制之下，实现小区间移动台通信。每个小区使用一组频率，邻近小区使用不同的频率组。相距足够远的小区则可以用相同的频率组，这样同组频率就可以多次重复使用，因此大大提高了频率利用率。

在区域内可根据用户的多少确定小区的大小。小区发射机发射功率可满足本小区边缘

用户的通信需要，小区的半径大至数十公里，小至几百米。在实际中，小区覆盖不是规则形状的，确切地说，小区覆盖决定于地势和其他因素。为了设计方便，可假定覆盖区为规则的多边形，如全向天线小区，覆盖面积近似为圆形，为获得全覆盖，无死角，小区面积多为正多边形，如正三角形，正四边形，正六边形。采用正六边形有两个原因：第一，正六边形的覆盖需要小区和基站较少；第二，正六边形小区覆盖相对于四边形小区和三角形小区建设费用更少。

1. 区域覆盖分类

无线蜂窝式小区覆盖和小功率发射蜂窝式组网摒弃了点对点传输和广播覆盖模式，将一个移动通信服务区划分成许多正六边形的覆盖区域。一个较低功率的发射机服务一个蜂窝小区，在较小的区域内服务相当数量的用户，根据不同制式系统和不同用户密度可以选择不同类型的小区进行覆盖。

基本的小区类型有以下几种：

(1) 超小区：小区半径 $r>20$ km，适于人口稀少的农村地区。

(2) 宏小区：小区半径 $r=1\sim20$ km，适于高速公路和人口稠密的地区。

(3) 微小区：小区半径 $r=0.1\sim1$ km，适于城市繁华区段。

(4) 微微小区：小区半径 $r<0.1$ km，适于办公室、家庭等移动应用环境。

当蜂窝小区用户数增大到一定程度而使可用频段数不够用时，采用小区分裂(见图2.20)将原蜂窝小区分裂为更小的蜂窝小区，这样低功率发射和大容量覆盖的优势就表现得十分明显。

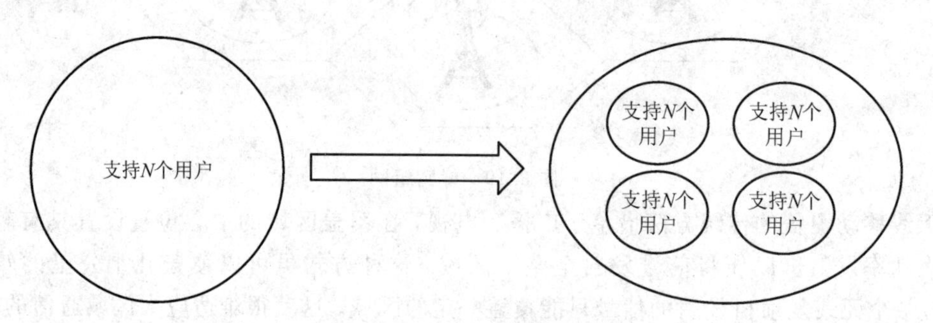

图 2.20　小区分裂

小区分裂可使用户数大大增加，使小区制部署的灵活性大大增加。除此之外，由于基站服务区域缩小，移动台和基站的发射功率减少，同时也减少了电台之间的相互干扰。但是，在这种结构下，移动用户在通话过程中，从一个小区转入另一个小区的概率增加，移动台需要经常更换工作频率，而且由于增加了基站的数目，带来了控制交换的复杂性，建网成本增高。因此这种体制适用于用户数较大的公用移动通信系统。随着技术的发展，在移动电话系统中可以使用计算机或微处理机实现控制交换，降低组网成本。

在蜂窝式组网中，相隔一定距离的另一个基站可以重复使用同一组工作频率，这种方式称为频率复用。采用频率复用可以大大地缓解频率资源紧缺或系统容量的问题。但是频率复用所带来的新问题是出现同频干扰。同频干扰的影响并不与蜂窝之间的绝对距离有关，而与小区半径的比值有关。

在蜂窝式组网中，由若干无线信道组成的移动通信系统，能使大量的用户共同使用且

满足服务质量的信道利用技术，称为多信道共用技术。为了保证通信的连续性，当正在通话的移动台进入相邻无线小区时，移动通信系统必须具备业务信道自动切换到相邻小区基站的越区切换功能，即切换到新的信道上，从而不中断通信过程。

2. 蜂窝系统的分类

常见的蜂窝移动通信系统按照功能的不同可以分为3类，它们分别是宏蜂窝、微蜂窝以及智能蜂窝。

1）宏蜂窝

蜂窝移动通信系统中，在网络运营初期，运营商的主要目标是建设大型的宏蜂窝小区，取得尽可能大的地域覆盖率，宏蜂窝小区的覆盖半径大多为1～25 km，基站天线尽可能架得很高。宏蜂窝小区内通常存在着两种特殊的微小区域：一是“盲点”，由于电波在传播过程中遇到障碍物而造成的阴影区域，该区域通信质量差；二是“热点”，由于空间业务负荷的不均匀分布而形成的业务繁忙区域。以上两“点”问题往往依靠设置直放站、分裂小区等方法来解决。但从经济和技术来看，这些方法都不能无限制地使用，因为扩大了系统覆盖，通信质量要下降；提高了通信质量，往往又要牺牲系统容量。一方面，随着用户数的增加，宏蜂窝小区进行多次小区分裂后变得越来越小，当小区小到一定程度时，建站成本就会急剧增加，小区半径的缩小也会带来严重的通信干扰；另一方面，“盲区”和“热点”问题也无法得到彻底解决，于是，微蜂窝就诞生了。

2）微蜂窝

与宏蜂窝相比，微蜂窝具有覆盖范围小、传输功率低以及安装方便灵活等优点，它的覆盖半径为30～300 m，基站天线低于屋顶高度，传播主要沿着街道的视线进行，信号在楼顶的泄露量小。微蜂窝可以作为宏蜂窝的补充和延伸，其用途主要有两方面：一是提高覆盖率，应用于一些宏蜂窝很难覆盖到的盲点地区，如地铁、地下室；二是提高网络容量，主要应用在高话务量的热点地区，如繁华的商业街、购物中心、体育场等。微蜂窝在提高网络容量时一般与宏蜂窝构成多层网。宏蜂窝进行大面积的覆盖，作为多层网的底层，微蜂窝则进行小面积连续覆盖并叠加在宏蜂窝上，构成多层网的上层，微蜂窝和宏蜂窝在系统配置上是不同的小区，有各自独立的信道。

3）智能蜂窝

智能蜂窝是指基站采用了具有高分辨阵列信号处理能力的自适应天线系统。它可以智能地监测移动台所处的位置，并以一定的方式将确定的信号功率传递给移动台的蜂窝小区。对于上行链路而言，采用自适应天线阵接收技术，可以极大地降低多址干扰，增加系统容量；对于下行链路而言，可以将信号的有效区域控制在移动台附近范围内，使同信道干扰大为减小。智能蜂窝小区既可以是宏蜂窝，也可以是微蜂窝。利用智能蜂窝小区的概念进行组网设计，能够显著地提高蜂窝系统容量，改善蜂窝系统性能。

3. 蜂窝系统的应用

自从20世纪70年代贝尔实验室发明蜂窝概念以来，蜂窝技术就成为移动通信的基础。当系统容量不够时，可以减少蜂窝的范围，划分出更多的蜂窝，从而进一步提高频率的利用效率。采用蜂窝的主要目的是提高移动通信的系统容量，以满足业务不断增长的需求。因此，蜂窝系统是用来提高频谱利用率的重要手段。

2.3.6 切换技术

切换技术

切换技术是伴随着蜂窝概念出现的，并成为移动通信系统中的重要技术之一。用户在通信的过程中，从一个基站覆盖区移动到另一个基站覆盖区时会发生切换。外界的干扰或其他原因使通信质量下降时也会发生切换。切换流程触发时，使用中的信道就会自动发出一个请求转换信道的信号，通知移动通信业务交换中心，请求转换到另一个覆盖区基站的信道上去，或是转换到另一条接收质量较好的信道上，以保证正常的通信。

1. 切换的分类

切换的方式可分为硬切换、软切换以及接力切换。

1）*硬切换*

在保证通信不中断的前提下，通信的硬切换是在不同频率的基站或覆盖小区之间进行切换。这种切换的过程是移动台(手机)先暂时断开通话，并在与原基站联系的信道上，传送切换的信令，接着，移动台自动向新的频率调谐，并与新基站接上联系，建立新的信道，从而完成切换的过程。简单来说就是“先断开、后切换”，切换的过程中约有 1/5 s 的短暂中断，这是硬切换的特点。在频分多址和时分多址系统中，所有的切换都是硬切换。当切换发生时，移动台总是先释放原基站的信道，然后才能获得新基站分配的信道，这是一个“释放-建立”的过程，切换过程发生在两个基站过渡区域或扇区之间，两个基站或扇区是一种竞争的关系。如果在一定区域里两基站信号强度剧烈变化，移动台就会在两个基站间来回切换，产生所谓的“乒乓效应”现象。这样一方面给交换系统增加负担，另一方面也增加了中断的可能性。“全球通”(GSM)系统采用的就是这种硬切换的方式。因为原基站和切换到的新基站的电波频率不同，移动台在与原基站的联系信道切断后，往往不能马上与新基站建立新信道，这时就会出现一个短暂的通信中断时间。在“全球通”系统，这个时间大约是 200 ms。它对通信质量有一定影响。

2）*软切换*

软切换是发生在同一频率的两个不同基站之间的切换。码分多址移动通信系统，采用的就是这种软切换方式。当一个移动台处于切换状态下，同时会有两个甚至更多的基站对它进行监测，系统中的基站控制器将逐帧比较来自各个基站的有关这个移动台的信号质量报告，并选用最好的一帧。可见，码分多址系统的切换是一个“建立-比较-释放”的过程，我们称这种切换为软切换，以区别频分多址和时分多址中的切换。当移动台进入切换过程时，移动台与原基站和新基站都有信道保持着联系，一直到移动台进入新基站覆盖区并测出与新基站之间的传输质量已经达到指标要求时，才把与原基站之间的联系信道切断。简单地说，软切换的特点是“先切换、后断开”。这种切换方式在切换过程中没有中断的问题，对通信质量没有影响。

由于软切换是在频率相同的基站之间进行的，因此当移动台移动到多个基站覆盖区交界处时，移动台将同时和多个基站保持联系，起了业务信道分集的作用，加强了抗衰落的能力，因而不可能产生中断。即使当移动台进入了切换区而一时不能得到新基站的链路，

也进入了等待切换的队列，从而减少了系统的阻塞。因此，也可以说，软切换实现了“无缝”的切换。

3）接力切换

接力切换是一种改进的硬切换技术，可以提高切换成功率，与软切换比，可以避免切换时对邻近基站信道资源的占用，能够使系统容量得以增加。在接力切换过程中，同频小区之间的两个小区的基站都将接收同一终端的信号，并对其定位，将确定可能切换区域的定位结果向基站控制器报告，完成向目标基站的切换。因此，所谓接力切换是由基站控制器判定和执行，不需要基站发出切换操作信息。接力切换可以应用在不同载波频率的TD-SCDMA基站之间，甚至可以应用在TD-SCDMA系统与其他移动通信系统（如GSM、CDMAIS95等）的基站之间。

2. 切换的判决条件

在移动通信系统中，一般可根据射频信号强度、接收信号载干比、移动台到基站的距离来判断是否切换。

（1）根据射频信号强度判决。射频信号强度（基站接收到的信号强度）直接反映了通信传输质量的好坏，基站接收机连续对其进行测量，控制单元将测量值与门限值进行比较，根据比较结果向交换机发出切换请求。

（2）根据接收信号载干比判决。载干比是接收机接收到的载波信号与干扰信号的平均功率的比值，反映了移动通信的通话质量。当接收信号载干比小于规定的门限值时，系统就启动切换过程。

（3）根据移动台到基站的距离判决。一般而言，切换是由于移动台移动到相邻小区的覆盖范围内，因此可根据其与基站的距离作出是否要进行切换的判决。当距离大于规定值时，就发出切换请求。

上述3种判决条件中，满足其中任一条件都将启动切换过程。但在实际应用时，由于在通信过程中测量接收信号载干比有一定困难，而用距离判决时，测量精度很难保证，因此，大多数的移动通信系统均使用射频信号强度作为判决条件。

2.4　移动通信技术的标准化

移动通信技术的蓬勃发展，使移动通信市场异常火热，大量的企业和各类研发机构投入其中。从第一代移动通信技术诞生开始，全世界就出现了多种不同制式的移动通信系统，但这些通信系统不能很好地相互兼容，这不符合人类全球通信的理想。因此产生了多个标准化组织来协调实现移动通信各项技术的标准化，实现全球通信的互联、互通、互懂。

移动通信技术的标准化不仅是移动通信产品进入市场的先决条件，更是移动通信技术应用与产业发展的关键，全球性的通信标准更关系到产业发展和国家战略。通信标准的制定过程是各国政治、经济、技术等各方面综合实力的体现和较量。目前，我国已经是全世界第二大经济体，发展速度领先于世界各国，在诸多领域越来越有发言权。在第五代移动通信系统（5G）标准之争中，我国已经成为全世界5G标准制定的重要力量。

2.4.1 国际通信标准化组织

1. 国际电信联盟(ITU)

国际电信联盟(ITU)是总部设于日内瓦的联合国的一个重要专门机构，起初下设四个永久性机构：综合秘书处、国际频率登记局、国际无线电咨询委员会(CCIR)和国际电话电报咨询委员会。

国际频率登记局(IFRB)的职责是管理带国际性的频率分配，组织世界管理无线电会议(WARC)，该会议是为了修正无线电规程和审查频率注册工作而举行的。

国际电报电话咨询委员会为ITU提供开发设备的建议，如可在电信网络中工作的数据调制解调器(Modem)等，还通过其不同的研究小组开发了许多与移动通信有关的建议，如编号规划、位置登记程序和信令协议等。

国际无线电咨询委员会为ITU提供无线电标准的建议，研究的内容着重于无线电频谱利用技术和网间兼容的性能标准和系统特性。

1993年3月1日，国际电信联盟进行了一次组织调整。调整后的ITU分为三个组：无线通信组、电信标准化组、电信发展组。

2. 欧洲地区的通信标准化组织

欧洲邮电管理协会(CEPT)曾经是欧洲通信设施的主要标准化组织。其任务是协调欧洲的电信管理和支持ITU的标准化活动。目前，CEPT在这方面的工作已越来越多地被欧洲共同体(EC)管理下的其他标准化组织所取代。

隶属于欧洲共同体的通信标准化组织主要是欧洲电信标准化协会(ETSI)。它成立于1988年，已经取得许多以往CEPT领导的标准化职责。像GSM标准、无绳电话(Cordless Phone)标准和欧洲无线局域网(HIPERLAN)标准等许多标准都是由ESTI所制定的。

3. 北美地区的通信标准化组织

在美国负责移动通信标准化的组织是电子工业协会(EIA)和电信工业协会(TIA)(后者是前者的一个分支)，此外，还有一个蜂窝电信工业协会(CTIA)。1988年末，TIA应CTIA请求组建了数字蜂窝标准的委员会TR45，来自美国、加拿大、欧洲和日本的制造商参加了这个组织。隶属TR45的各个分会主要是对用户需求、通信技术等方面的建议进行评估。1992年1月EIA和TIA发布了数字蜂窝通信系统的标准IS-54(TDMA)暂时标准，它定义了用于蜂窝移动终端和基站之间的空中接口标准。

2.4.2 中国通信标准化组织

1. 中国通信标准化协会

中国通信标准化协会(CCSA)于2002年12月18日在北京正式成立。该协会是国内企、事业单位自愿联合组织起来，经业务主管部门批准，国家社团登记管理机关登记，开展通信技术领域标准化活动的非营利性法人社会团体。协会采用单位会员制，广泛吸收科研、技术开发、设计单位、产品制造企业、通信运营企业、高等院校、社团组织等参加。

2009年5月15日，国家标准化管理委员会正式批准成立全国通信标准化技术委员会，编号为SAC/TC485，主要负责通信网络、系统和设备的性能要求，通信基本协议和相关测试方法等领域的国家标准制修订工作。全国通信标准化技术委员会由国家标准化管理委员会主管，工业和信息化部作为业务指导单位，中国通信标准化协会(CCSA)作为秘书处承担单位。全国通信标准化技术委员会的运作与中国通信标准化协会的运作机制相统一。

近年来，中国的通信标准化事业飞速发展，CCSA在国内和国际上的影响力也日益增强。CCSA目前是3GPP和3GPP2的组织伙伴，每年组织讨论的向ITU、3GPP、3GPP2和TMF等国际标准化组织提交的文稿就达千余篇。

2. 中国通信企业协会

中国通信企业协会(CACE)是经民政部核准注册登记，由通信运营企业、信息服务、设备制造、工程建设、网络运维、网络安全等通信产业相关的企业、事业单位和个人自愿组成的全国性、行业性、非营利的社团组织，成立于1990年12月，原名为中国邮电企业管理协会，2001年5月更名为中国通信企业协会(简称中国通信企协)，协会业务主管单位为工业和信息化部。

3. 中国通信工业协会

中国通信工业协会(CCIA)是1991年7月经民政部注册登记，由国内从事通信设备和系统及相关的配套设备、专用零部件的研究、生产、开发单位自愿联合组成的非营利的全国性社会团体。协会的业务主管单位是工业和信息化部。

4. 中国通信学会

中国通信学会(CIC)是全国通信科技工作者和全国通信企、事业单位自愿组成、依法登记的非营利性学术团体，是党和政府联系通信科技工作者的桥梁和纽带，是在民政部依法登记的社会团体。协会业务主管单位是中国科学技术协会，办事机构挂靠在工业和信息化部，社团登记管理机关为民政部。学会接受业务主管部门、行政挂靠单位和登记管理机关的业务指导和监督管理。

5. 中国移动通信联合会

中国移动通信联合会(CMCA)是经国务院批准，由工业和信息化部指导、民政部注册登记、具有法人资格的全国性社会团体。

【思考与练习】

1. 无线传播的3种损耗和4种效应是什么？
2. 频谱的特性有哪些？为什么说频谱资源是宝贵的？
3. 为什么蜂窝系统会成为移动通信网络最主要的网络结构方式？
4. 多址方式包括哪几种？它们划分信道的方式有何不同？
5. 手机用户发现手机信号不佳，根据所学知识分析可能是哪些原因造成的。
6. 结合所学知识，谈谈移动通信技术标准化的意义。

第三章　移动通信网络

知识引入

在日常生活中，人们对手机等移动通信终端非常熟悉且频繁使用，手机等移动通信终端也是移动通信系统唯一面向用户的组成部分。在移动通信系统中，移动通信终端以无线接入的方式接入移动通信网络，通过核心网的控制与其他各类终端设备建立连接。

在移动通信网络中，各个组成部分完成不同的功能：无线接入网相当于“窗口”，负责接收用户的数据；核心网相当于“管理中枢”，负责管理这些数据，并对数据进行分拣，然后“告诉”数据去向何方；传输网相当于“货车”，负责这些数据的传递。

本章主要介绍移动通信网络各组成部分的基本功能、组成设备、发展、涉及的关联课程及知识等内容。

3.1　移动通信终端

移动通信终端是为用户提供服务的设备，也称移动台(包括车载台和手机)，通过空中无线接口接入移动通信网络，为用户实现具体服务。

移动通信网络的组成

3.1.1　移动通信终端简介

在日常生活中，人们最为常见的移动通信终端就是手机，而随着移动通信技术的发展，越来越多的移动通信终端出现在我们的生活中，如图 3.1 所示，移动通信终端还包括智能平板、智能手表、POS 机等。

图 3.1　移动通信终端

在第一代移动通信网络中，移动通信终端称为移动台(Mobile Station，MS)，由射频模块、核心芯片和上层应用软件构成；在第二代移动通信网络中，MS 实现了机卡分离，由射频模块、核心芯片、上层应用软件和一种被称为用户识别模块(User Identity Model，UIM)

的手机智能卡构成。

随着技术的发展，移动通信终端从单纯的移动台、手机向智能移动通信终端演进，实现了部分计算机的功能，替代了数码相机的功能，因此，从第三代移动通信技术开始，移动通信终端称为用户终端(User Equipment，UE)。UE由移动设备(Mobile Equipment，ME)和全球用户识别卡(Universal Subscriber Identity Module，USIM)组成。ME负责提供应用和服务，USIM负责提供用户身份识别，USIM和ME之间设置了标准的电气接口。

智能移动通信终端可以通过连接移动通信网络上网，也可以通过连接无线局域网上网。这两种上网方式的区别在于：连接移动通信网络，需要通过插入用户识别卡来实现，因为这种方式会在无线基站内进行用户安全认证；而连接无线局域网，则不需要用户识别卡，因为它是通过在无线局域网的服务器上识别用户输入的用户名和密码是否正确来验证用户的合法性的。

移动通信终端作为人们使用移动通信网络的接入工具和信息承载工具，是移动通信网络重要的一环，其技术更新直接影响了人们通信方式乃至整个工作生活方式，对人类社会产生深远的影响。

3.1.2　移动通信终端的特点

移动通信终端具有移动性、便携性和以人为中心的特点，这些特点也是移动通信终端不断发展的方向和驱动力。

1. 移动性

移动性是移动通信终端最大的特点，也是区别于早期固定通信终端设备的关键。同时，移动性使终端接入网络方式发生变革，无线接入技术的优劣决定了移动通信系统的性能，也对移动通信终端在信号收发处理、安全性、实时性等方面提出了更高的要求。

2. 便携性

便携性是移动通信终端实现移动性的关键。从早期笨拙的“大哥大”、手提电脑，到小巧玲珑的手机、平板，再到智能穿戴设备，如智能手表、手环、眼镜等，移动通信终端设备不断追求小型化、轻量化，与人们的生活更加紧密地联系在一起。

3. 以人为中心

在功能使用上，移动通信终端注重人性化、个性化和多功能化。随着技术的发展，移动通信终端从“以设备为中心”的模式进入“以人为中心”的模式，集成了嵌入式计算、控制技术、人工智能技术以及生物认证技术等，充分体现了以人为中心的宗旨。

3.1.3　移动通信终端的组成

1. 硬件部分

移动通信终端的硬件部分主要包括中央处理器、存储器、输入部件和输出部件。从硬件上看，移动通信终端可看作具备通信功能的微型计算机设备。移动通信终端具有多种输入方式，如键盘、鼠标、触摸屏、送话器和摄像头等，可根据用户需要进行调整。移动通信

终端也具有多种输出方式，如受话器、显示屏等，也可根据用户需要进行调整，如图 3.2 所示。

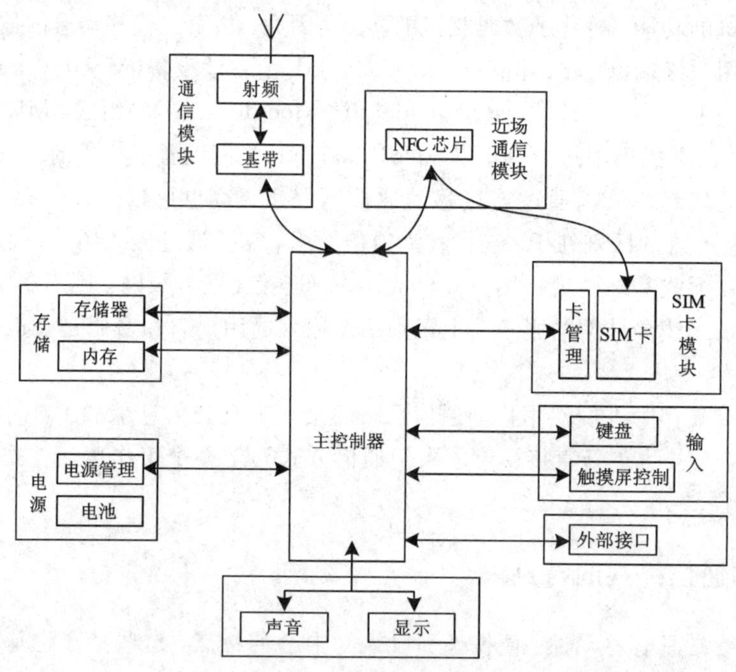

图 3.2　移动通信终端的硬件部分

2. 软件部分

移动通信终端的软件部分主要是操作系统，如 Windows Mobile、Symbian、Palm、Android、iOS 等，同时，这些操作系统越来越开放，基于这些开放的操作系统平台开发的个性化应用软件层出不穷，如通信簿、日程表、记事本、计算器以及各类游戏等(如图 3.3 所示)，并且含有大量的标签（HTML tag)，每种标签在浏览器下呈现不同的表现形式，极大地满足了用户个性化的需求。

图 3.3　移动通信终端的软件部分

3.1.4　移动通信终端的发展

随着移动通信技术的发展，移动通信终端也在不断发展变化，从最初单一的通话功能发展到现在的多样化、智能化功能，尤其随着5G时代的来临，新的需求和新技术的大量使用对通信技术产生了重大的影响，移动通信终端也发生了颠覆性的变化，具体表现为以下3个方面：

（1）应用范围更加广泛。随着技术的发展，移动通信终端的应用范围在迅速扩大，各种智能化的产品不断问世，例如，智能手机、智能穿戴设备、智能家居家电等等。移动通信终端应用范围的扩大能够更好地为人们服务，满足人们工作、学习和生活的需求。

（2）操作使用更加多样。在功能使用上，移动通信终端更加注重人性化、个性化和多功能化。随着软件技术的发展，人们可以根据个人需求调整移动通信终端的设置，从而更加个性化。同时，移动通信终端可集成更多的软件和硬件，功能也越来越强大。

（3）通信能力更加强大。移动通信终端具有灵活的接入方式和高带宽的通信性能，并且能根据所选择的业务和所处的环境，自动调整选择通信方式，方便用户使用。移动通信终端可以支持GSM、WCDMA、CDMA2000、TDS-CDMA、TDD-LTE、FDD-LTE、5G、WiFi以及WiMAX等多种通信制式。随着移动通信技术的发展，移动通信终端支持的通信制式将会越来越多、通信频段也会越来越广，如图3.4所示。

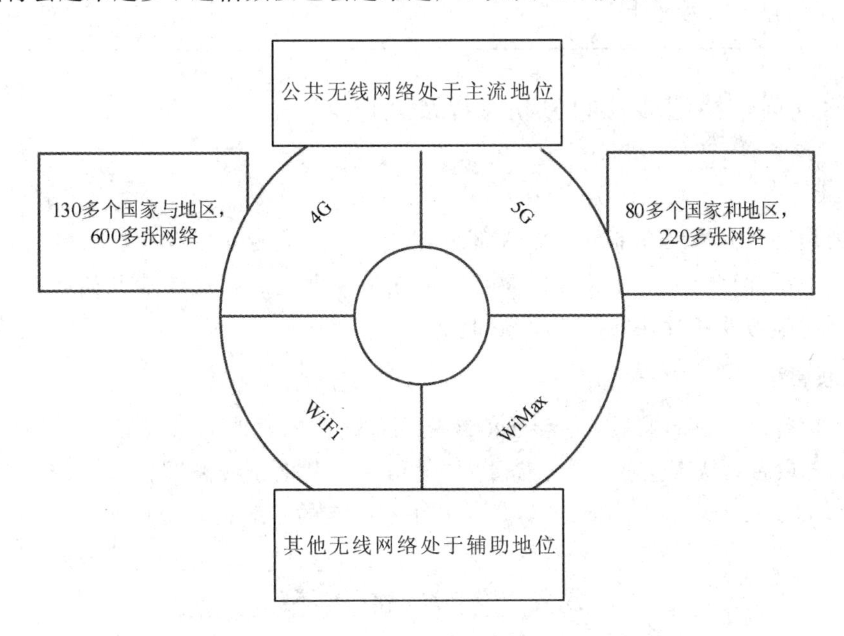

图3.4　移动通信终端的通信能力

中国智能手机市场份额的变化

智能手机诞生后，就迅速改变了人们的日常生活。近些年来，随着智能手机品牌不断推陈出新，智能手机市场份额也在不断变化。

2013年，我国智能手机市场份额前5名依次是：三星(占31.3%)、苹果(占15.3%)、华为(占4.9%)、LG(占4.8%)、联想(占4.5%)。

2014年，我国智能手机市场份额前5名依次是：华为(占23%)、OPPO(占17%)、vivo(占16%)、苹果(占11%)、小米(占11%)。

2015年，我国智能手机市场份额前5名依次是：小米(占15%)、华为(占15%)、苹果(占14%)、OPPO(占8%)、vivo(占8%)。

2016年，我国智能手机市场份额前5名依次是：OPPO(占16.8%)、华为(占16.4%)、vivo(占14.8%)、苹果(占9.6%)、小米(占8.9%)。

2017年，我国智能手机市场份额前5名依次是：华为(占23%)、OPPO(占17%)、vivo(占16%)、苹果(占11%)、小米(占11%)。

2018年，我国智能手机市场份额前5名依次是：华为(占26.4%)、OPPO(占19.8%)、vivo(占19.1%)、小米(占13.1%)、苹果(占9.1%)。

2019年，我国国产智能手机品牌拿下中国手机市场85%的份额。另外，根据国际数据公司(IDC)的数据显示，2019年我国5大智能手机品牌合计斩获全球手机市场46%的份额。

思考：从上述资料中，可以看到我国国产智能手机通过不断的发展，逐渐从弱小变为强大。试查阅资料，看看最近几年我国国产智能手机品牌的市场份额情况，并思考国产智能手机品牌崛起的原因是什么。

3.1.5 移动通信终端涉及的关联课程及知识

1. 关联知识

移动通信终端分为硬件部分和软件部分，电子信息类专业主要关注硬件方面的知识，软件部分一般是计算机类专业关注的重点。现在很多学校的相关专业开始强调软硬结合，学生需要同时学习软件及硬件两方面的知识。

2. 关联课程

随着目前智能手机的发展，移动通信终端相关岗位的就业前景很好，相关的市场岗位数量很多，要想后续从事这些工作，需要对“通信原理”“电子线路”“信号系统”等通信类课程，以及Android、Java、WebView等软件知识有一定的了解和学习基础。

3.2 无线接入网

在移动通信系统中，由于移动通信终端都是通过无线方式接入的，又具有移动性的特点，因此需要有相关设备将移动通信终端接入通信网络，而这个起“桥梁”作用的部分就是无线接入网。无线接入网由业务节点接口(Service Node Interface，SNI)和用户网络接口(User Network Interface，UNI)之间的一系列传送实体(线路设备和传输设备)组成，如图3.5所示。

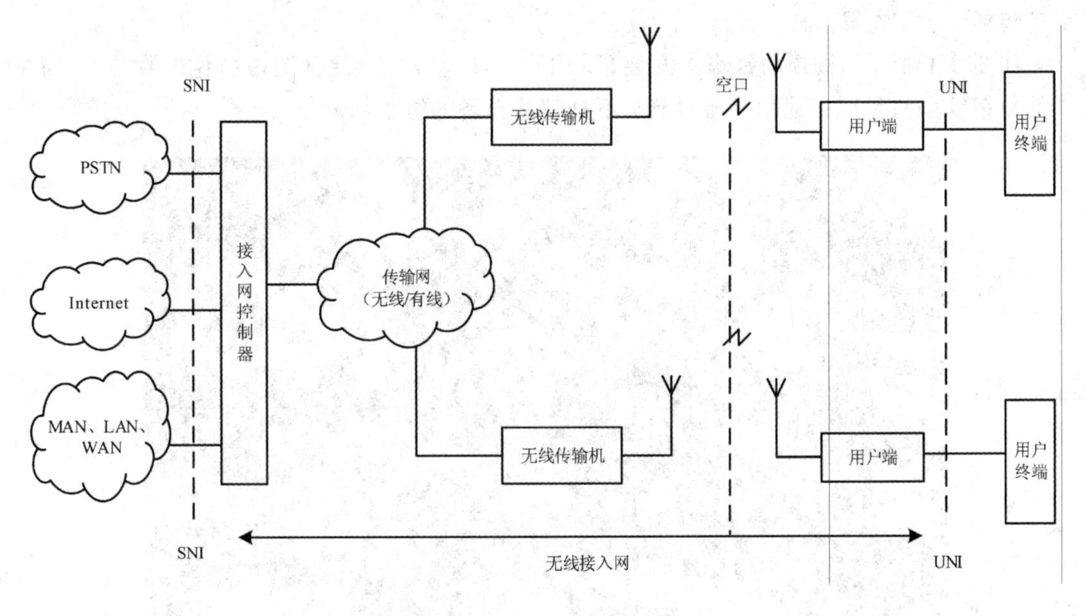

图 3.5　无线接入网

3.2.1　无线接入网简介

无线接入网将用户终端与通信网络连接起来，实现用户与网络间的信息传递，该功能是通过无线接入技术来实现的。无线接入技术的核心是空口技术，空口就是指空中接口，是基站天线和移动终端之间的接口。空口技术是所有实现空口无线传输相关功能的技术和规范的总称。空口技术的优劣决定了无线接入网的性能。它的每一次进步都会促使移动通信系统更新换代。

在实际通信过程中，手机终端需要完成网络注册、网络同步、移动信道申请和数据传输等步骤，而空口技术则需要支撑这些步骤在无线侧的实施。在不同的移动通信发展阶段，终端和基站之间的网络同步方式、移动信道分配方式、信号传送方式以及数据传递模式等空口技术都是有所不同的，具体的技术更迭情况后续章节会详细描述。

空口技术在实际运用时，还需要考虑无线接入网的覆盖范围和覆盖质量。无线接入网按照基站覆盖范围可以分为宏区、微区和微微区 3 种。在组网部署时要综合考虑覆盖区域的接入终端数量、周围环境等因素来选择基站的覆盖范围，从而选择合适的空口技术及配置参数。

3.2.2　无线接入网的组成设备

无线接入技术是通过无线接入网的各组成设备来实现的，这些设备包括无线收发设备、接入网控制设备、内部传输设备和其他附属设备。

1. 无线收发设备

无线收发设备是无线接入网的重要组成单元。无线接入网是通过无线收发设备与移动通信终端建立空口连接的。每个无线收发设备会负责一个区域无线信号的收发。无线收发设备包括天线、收发信机、合路/分路器等。

如图 3.6 所示，楼顶的铁塔上安装了若干个不同基站的天线（图中白色的物体），而主体的角钢铁塔只是属于通信基础设施，不是基站设备的组成部分。

图 3.6　无线基站

2. 接入网控制设备

接入网控制设备用于控制整个无线接入网系统的运行。它的功能包括：连接控制（包括接入控制和面向应用的呼叫连接控制）、用户定位和切换管理、用户信息传送、网络资源管理、控制收发设备与核心网络的互联互通。

目前，控制功能模块的实现已趋向软件化。最新的接入网控制设备的硬件部分只是用于提供系统资源，如内存、硬盘、中央处理器等，而具体功能流程都是由加载的应用软件程序来负责执行。

3. 内部传输设备

在无线接入网中，无线收发设备和接入网控制设备之间通过各类线缆（包括光纤、双绞线、同轴电缆等）连接，这些线缆则需要通过内部传输设备（如交换机、路由器等）进行汇聚和互通。另外，无线接入网和传输网、核心网之间也需要通过各类传输设备相连。

4. 其他附属设备

除了上述 3 类设备外，为保证无线接入网能正常工作，还需要一些附属设备，如提供电力的电源柜、支撑天线安装的角钢铁塔等通信基础设施。

3.2.3　无线接入网的发展

无线接入网的演进

随着移动通信技术的发展，无线接入网的架构也在不断地演进。

第一代移动通信网络时期，无线接入网主要由基站收发信台（Base

Transceiver Station，BTS)构成，BTS 直接与移动交换中心(Mobile Switching Center，MSC)相连。

第二代移动通信网络时期，由于覆盖范围和系统容量的增加，基站数量也大幅增加，因此在 BTS 和 MSC 之间增加了基站控制器(Base Station Controller，BSC)。第二代移动通信网络无线接入部分由 BTS 和 BSC 构成。

第三代移动通信网络时期，基站的基带部分和射频部分分开，分别演化为室内基带处理单元(Building Base band Unit，BBU)和射频拉远单元(Remote Radio Unit，RRU)。RRU 可以灵活布置，BBU 可以集中放置，中间用光缆连接，便于布网和合理调配资源。这时期的基站称为节点 B(Node B)，这一类基站又称为分布式基站(Distributed Base Station，DBS)，而这时期的基站控制器称为无线网络控制器(Radio Network Controller，RNC)。因此第三代移动通信网络无线接入部分由 Node B 和 RNC 构成。

第四代移动通信网络时期，将 Node B 和 RNC 重新进行了整合，将 RNC 的部分功能集成到了 Node B 上，RNC 的其他功能则合并到了核心网中，整合后的 Node B 称为演进型 Node B(Evolved Node B，eNode B，简称 eNB)，因此第四代移动通信网络无线接入部分由 eNode B 构成。

第五代移动通信网络时期，无线接入网从分布式无线接入网(Distributed Radio Access Network，DRAN)架构开始向基于云计算的无线接入网(Cloud-Radio Access Network，C-RAN)架构演进。在 DRAN 架构中，BBU 与 RRU 共站部署，如图 3.7(a)所示；而 C-RAN架构则引入了集中式单元(Centralized Units，CU)和分布式单元(Distributed Unit，DU)的分离结构，如图 3.7(b)所示，将 BBU 的功能分割成实时处理部分和非实时处理部分，实时处理部分由 DU 负责处理，非实时处理部分由 CU 负责处理，将 RRU 和天线合并为有源天线处理单元(Active Antenna Unit，AAU)。在 C-RAN 架构下，AAU 和 DU 需要采用专用硬件，无法虚拟化，而 CU 则可以运行在通用服务器上，通过虚拟化技术实现网络切片和云化。

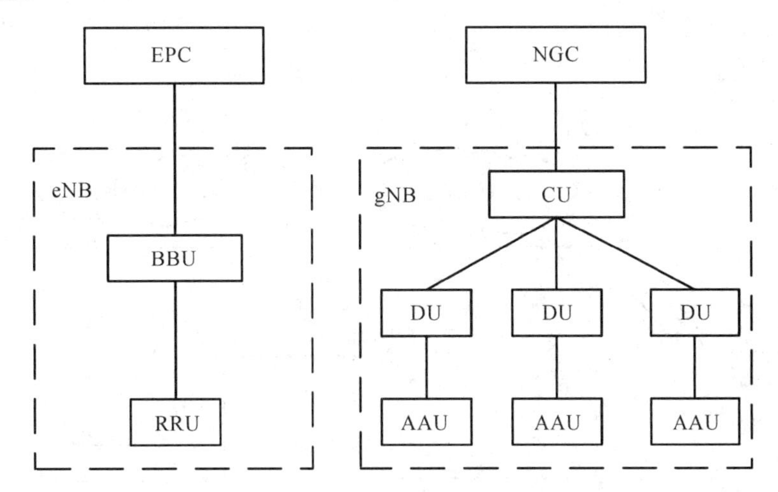

EPC—4G 核心网；eNB—4G 基站；NGC—5G 核心网；gNB—5G 基站

(a) DRAN 架构　　　　(b) C-RAN 架构

图 3.7　第五代移动通信网络无线接入网

无线接入技术的发展目标是，在确保用户自由移动的基础上，不断地提高稳定性和可靠性，从而提升通信质量和容量。而无线接入网架构的不断演进，正是为了更好地引入和适应新的无线接入技术，为用户提供更好的服务。

3.2.4 无线接入网涉及的关联课程及知识

1. 关联知识

无线接入网产品研发岗位对无线电射频技术、通信原理、信号系统等方面知识要求较高。而设备交付、网络优化、运维类岗位要求更多的是对测试工具和测试方法的掌握。

2. 关联课程

无线接入网的关联课程包括“通信原理”“信号与系统”“移动通信技术”“无线网络规划与优化”“移动通信全网建设”等，通过对这些后续课程的学习，能对空口技术的基本工作原理和无线侧网络规划、无线站点部署等相关技术有更深入的理解。

3.3 核心网

核心网是整个移动通信网络的核心交换部分，它主要完成无线接入网络之间数据的处理和分发。核心网相当于一个管理中枢，负责管理数据，并对数据进行分拣，然后“告诉”数据“该去何方”。而对数据的处理和分发，其实就是路由交换，因此可以将核心网看成一个非常复杂的加强版的路由器。

3.3.1 核心网简介

核心网所处的位置是整个移动通信网络的中心(见图 3.8)，一个核心网可以对接多个无线接入网，不同的核心网之间也可以相互连接。这样就形成了一个覆盖范围很大的移动通信网络，使得不同用户即使身处不同的无线接入网，归属不同的核心网，也能完成相互之间的通信连接。

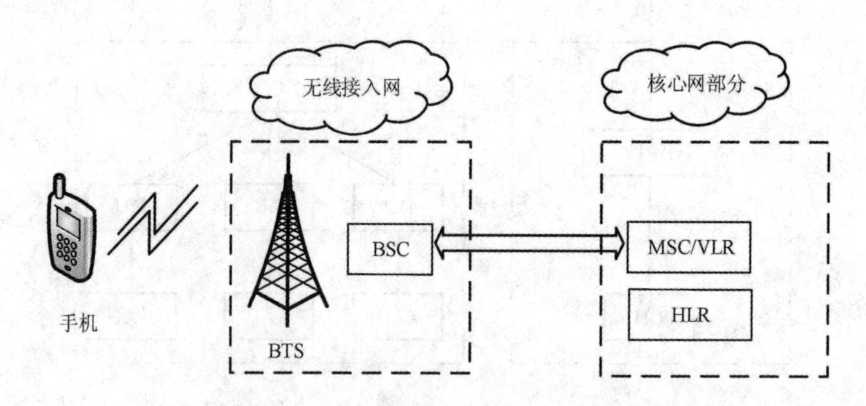

VLR—漫游位置寄存器；HLR—归属位置寄存器

图 3.8 核心网的位置

核心网的规模大小与所在区域的用户数量有关，如果这个地区的用户数量较多，那就需要使用更多的核心网设备，这个地区的核心网的规模就会较大。

核心网的主要作用是实现移动通信系统内的数据交换，因此核心网的关键技术就是交换技术。现代通信网络中的交换技术包括电话通信网中使用的电路交换技术、数据通信网中使用的分组交换技术和包交换技术等。

除了数据交换，核心网还需要实现一些其他功能，比如用户账号认证、安全性保护、话费计算、业务开通和业务识别等。

3.3.2　核心网的组成设备

根据核心网所要实现的功能，核心网的设备包括中心交换设备、用户及业务管理设备、计费设备、运营管理设备和其他附属设备。

1. 中心交换设备

中心交换设备是核心网的主体设备，主要完成移动通信系统内的数据信息交换，负责对传递到核心网的数据包进行控制、检查、分发等。

衡量一个核心网的性能，主要看该网络处理数据交换的能力和运行质量。交换能力就是指容量，表示这个核心网可以容纳多少用户同时注册、同时呼叫、同时传送多少数据量等；运行质量则是看呼叫接通率、丢包率、错包率等。因此，中心交换设备决定了整个核心网的优劣，也深刻影响着整个移动通信网络的性能。

2. 用户及业务管理设备

用户及业务管理设备是用于存储和管理用户资料信息，并提供验证服务，包括合法用户验证、用户权限管理、用户业务管理等。

移动通信和固定通信最重要的区别就是固定通信座机的位置是不会变化的，而移动通信用户的位置却在不断变化，因此移动通信网络需要时刻了解用户当前的位置。只有这样，当有其他用户打电话或发信息时，网络才能立刻找到用户完成通信传递。

用户及业务管理设备的功能就是保障网络时刻了解用户的位置。比如有个北京的手机用户出差到了上海，其他用户要打电话给他，如何知道他去上海了呢？我们知道，手机中有一张用户识别卡，假如该用户是在北京开的卡，那它的用户信息就会存在北京的用户管理设备上，并且会分配到一个电话号码和国际移动用户识别码（International Mobile Subscriber Identity，IMSI），这些信息是不会变的。对应的，这个用户目前处在哪个中心交换设备上，也就是用户的位置信息是会发生变化的。

当用户开机时，手机会自动通过所在区域的无线接入网连接到移动通信网络，通过网络认证，记录该用户目前所在的中心交换设备是哪个。如上面那个用户，他本来在北京，那么就会记录为该用户在北京的某个中心交换设备上。当其他用户找他时，就能很快地找到。

当该用户出差到上海后，用户手机就会通过上海地区的无线接入网接入，上海地区的中心交换设备查询该用户的IMSI后，发现其不是上海地区的号码，就会联系北京地区的中心交换设备，让它通知北京的用户管理设备更新该用户的位置信息。这样当其他用户找他时，北京的用户管理设备就会告知对方，该用户目前在上海，让对方通过上海的中心交换设备去寻呼他。

当然，位置信息不光只有该用户处在哪个中心交换设备，还包括该用户处在哪个无线接入网的哪个基站下面，便于网络精准寻呼。

3. 计费设备

计费设备负责对用户产生的通信费用进行统计和核算。它通过对用户行为的统计(包括通话时长、上网时长、不同业务的时长及流量等)来完成用户费用的计算，从而产生相应的用户账单。

用作计费的原始话单一般是由中心交换设备产生的。原始话单内主要包括一些可以用于统计的信息，如通话的话单上会有主叫号码、被叫号码、通话开始时间、通话结束时间等。如果是一张上网数据业务的话单，则会有用户号码、网址、上网开始时间、上网结束时间等。

计费设备会周期性地去中心交换设备上提取上述原始话单，并按照一定的计费规则进行计算。在早期的移动通信网络中，用户业务不是太多，计费规则较为简单，随着用户业务的多样化以及数据业务按内容计费的普及，计费规则变得非常复杂。比如“腾讯王卡”，腾讯类的业务都免费，这就要求计费设备在统计时进行过滤，将所有腾讯类业务产生的原始话单识别出来，不进行费用计算。

4. 运营管理设备

运营管理设备主要提供核心网运行管理的接口，使网络运维人员可以通过该设备来对核心网进行日常管理和维护。其功能一般包括网络数据配置、网络指标查看、信令数据报文抓取、网络告警管理、网络日志记录等。

网络数据配置包括用户数据配置(包括放号、号码分析、用户业务等)和局向信息(包括中心交换设备编号、用户管理设备编号等)。

5. 其他附属设备

其他附属设备主要由一些网络连接设备(包括交换机、路由器等)组成，用于连接上述设备设施。一般来说，与接入网相比核心网的网络连接设备都会选用性能更好的设备，以降低在网络连接设备上出现“丢包”“错包”情况的可能性。

3.3.3 核心网的发展

核心网的演进

早期移动通信网络只有电话语音业务，核心网的组成网元包括移动交换中心(Mobile Switching Center，MSC)、关口移动交换中心(Gateway MSC，GMSC)、归属位置寄存器(Home Location Register，HLR)、漫游位置寄存器(Visitor Location Register，VLR)、设备识别寄存器(Equipment Identity Register，EIR)、鉴权中心(Authentication Center，AUC)和短消息中心(Short Message Center，SMC)等功能实体，如图3.9所示。

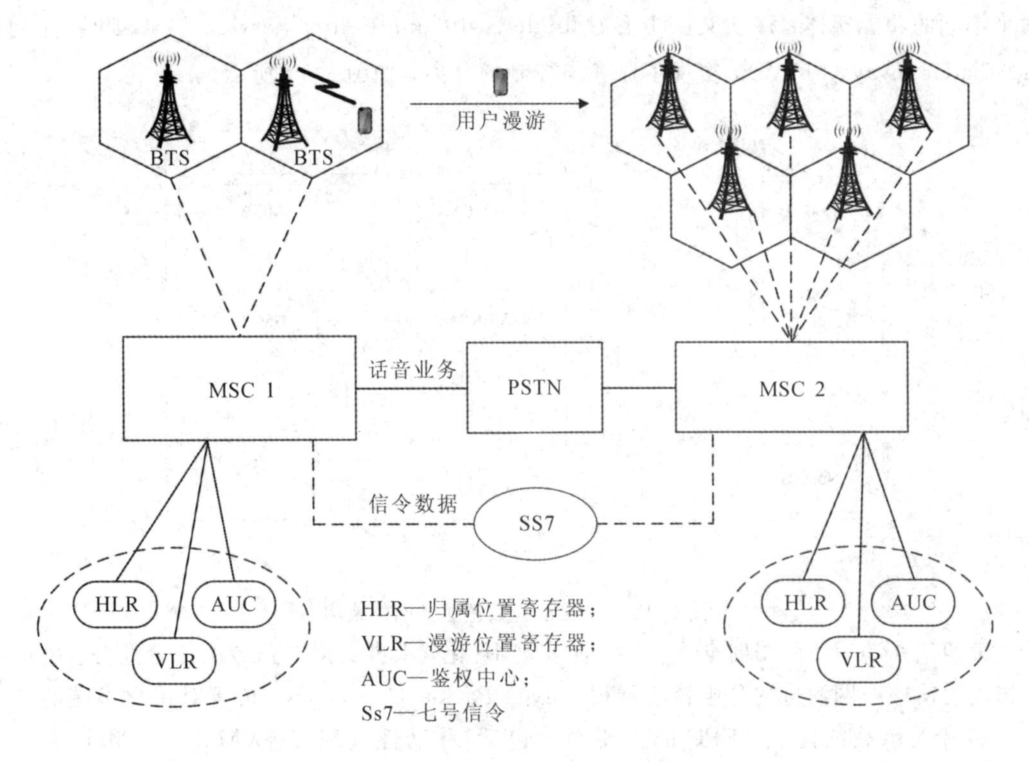

图 3.9　语音业务核心网架构

随着数据业务的兴起，核心网划分为电路域和分组域两部分。电路域的网元只负责支撑传统电话语音业务，沿用了之前的 MSC、VLR、GMSC、HLR、AUC、EIR、SMC 等功能网元；分组域的网元支撑新增的数据业务，包括 GPRS 服务支持节点(Serving GPRS Support Node，SGSN)、GPRS 网关支持节点(Gateway GPRS Support Node，GGSN)等，如图 3.10 所示。

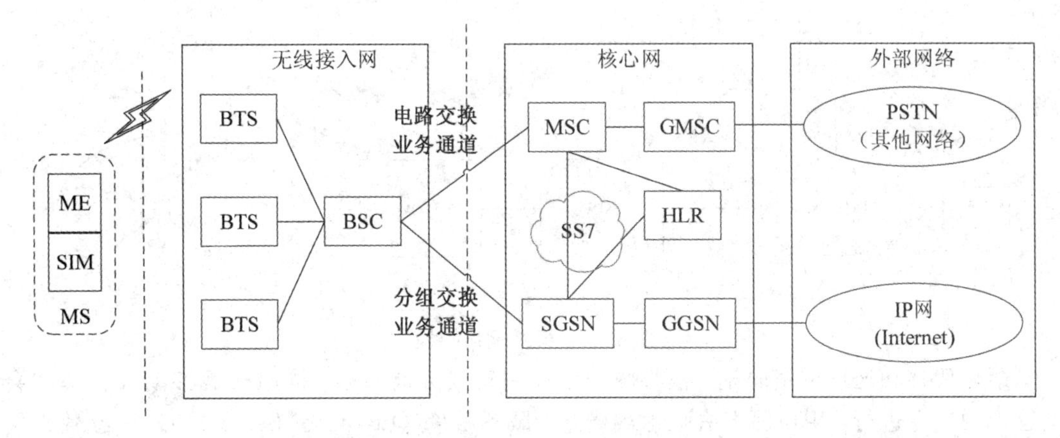

图 3.10　语音数据业务并存网络架构

随着 IP 技术的发展，为了支持全 IP 网发展的需要，核心网的电路域发生了革命性的变化，引入了控制和媒体交换/承载分离的软交换机架构，电路域的核心网元 MSC 演变为

两个不同的功能实体：移动交换中心(Mobile Switching Center Server，MSC)和媒体网关(Media Gateway，MGW)，实现了业务与控制的分离，如图 3.11 所示。

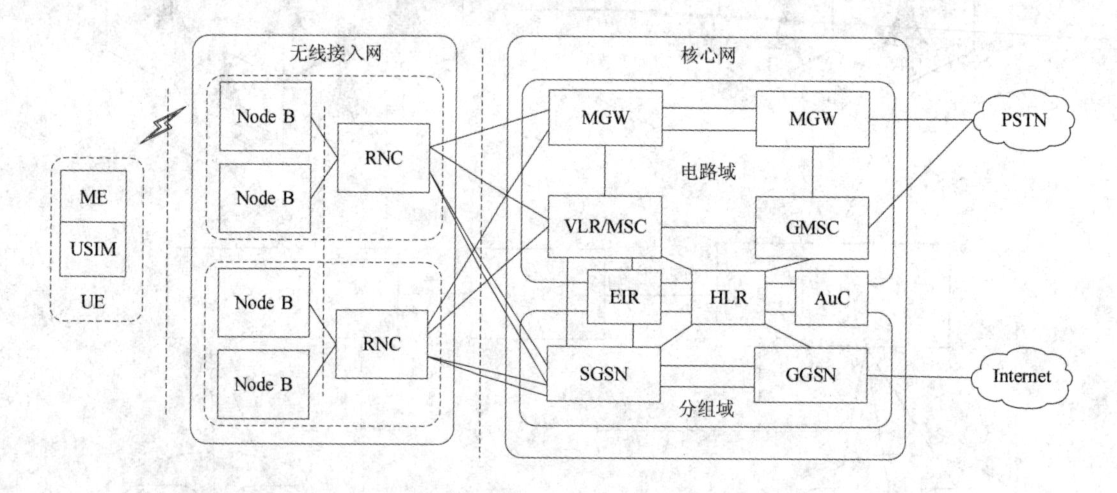

图 3.11 IP 化语音数据业务网络架构

第四代移动通信网络时期，为了全面实现 IP 化，不再支持电路域的语音业务。由第四代移动通信核心网演进的分组核心网(Evolved Packet Core，EPC)负责对用户终端的全面控制和有关承载的建立。EPC 的主要网元包括：移动性管理实体(Mobility Management Entity，MME)、服务网关(Serving Gateway，SGW)、PDN 网关(PDN Gateway，PGW)、归属用户服务器(Home Subscriber Server，HSS)、策略和计费规则功能(Policy and Charging Rules Function，PCRF)等，如图 3.12 所示。

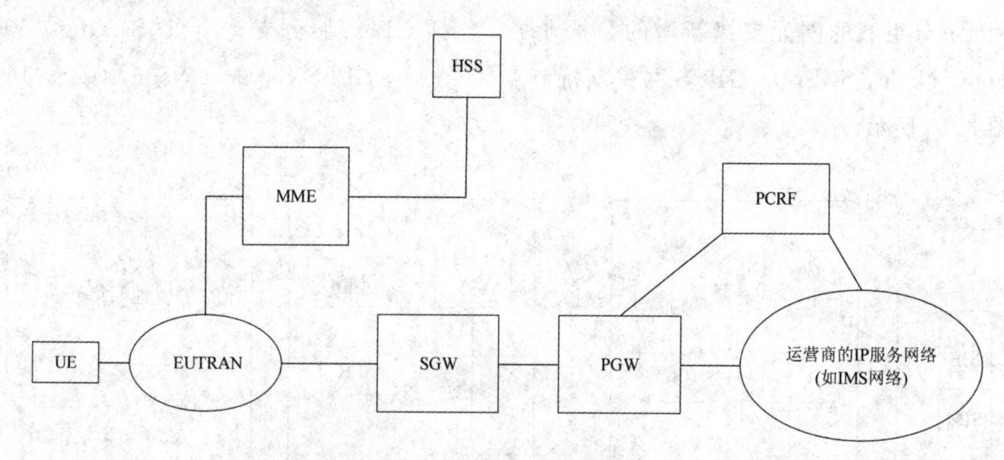

图 3.12 EPC 网络架构

第五代移动通信网络时期，核心网采用控制转发分离架构，同时实现移动性管理和会话管理的独立进行，用户面上去除承载概念，服务质量(Quality of Service，QoS)参数直接作用于会话中的不同流。通过不同的用户面网元可同时建立多个不同的会话并由多个控制面网元同时管理，实现本地分流和远端流量的并行操作。5G 核心网的网元包括接入和移动性管理功能(Access and Mobility Management Function，AMF)、鉴权服务功能(Authentication Server Function，AUSF)、会话管理功能(Session Management Function，SMF)、用户面功能

(User Plane Function，UPF)、网络开放功能(Network Exposure Function，NEF)、网络存储功能(Network Repository Function，NRF)、策略控制功能(Policy Control Function，PCF)、统一数据管理(Unified Data Management，UDM)、应用功能(Application Function，AF)等，如图3.13所示。图中，RAN(Radio Access Network)为无线接入网(R加括号表示支持非无线的接入方式)；DN(Date Network)为数据网络，如运营商业务、互联网业务或第三方业务等。

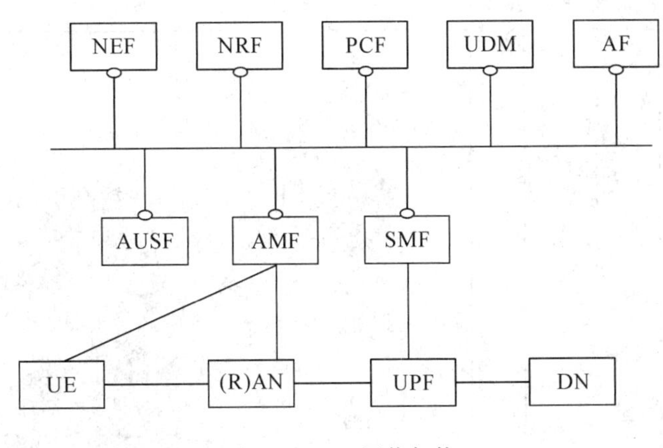

图3.13　5G网络架构

3.3.4　核心网涉及的关联课程及知识

1. 关联知识

核心网是移动通信网络的核心交互部分，它负责用户管理、会话管理、计费管理和其他网络对接等多种业务，涉及设备类别多，支持业务多，连接网元多，业务流程处理复杂。此外，由于需要和其他网元及网络部分对接，核心网技术人员对整个移动网络的熟悉程度要求是最高的，也是最全面的。

2. 关联课程

核心网的关联课程包括“移动通信技术”“现代交换技术”“电信工程实施”“移动通信全网建设”“4G全网规划实施”等。通过对这些后续课程的学习，能对相关技术基本原理和应用有更深入的理解。

3.4　传　输　网

传输网是指用作无线接入网和核心网之间传输通道的网络。传输网在数据传输的过程中只作为传输管道存在，不负责数据的处理，因此传输网又称为承载网。

3.4.1　传输网简介

在有些移动通信系统的分类中，传输网并没有作为单独一部分来划分，而是将其包括在核心网中。但在实际工程施工及产品运作过程中，如电信运营商的部门划分，电信设备

制造商的产品线划分，都是将传输网独立划分的。这是由于传输网络不需要对数据处理，只负责数据传输，其技术发展的研究方向只需集中在如何更快更多地传送数据，因此独立出来更利于实际应用。

传输网在移动通信系统中处于基础、底层的位置。无线接入网和核心网之间，不同的核心网之间，核心网与其他网络之间，都是通过传输网相互连接的，传输网保证了移动通信系统不同部分之间的互联互通，如图 3.14 所示。

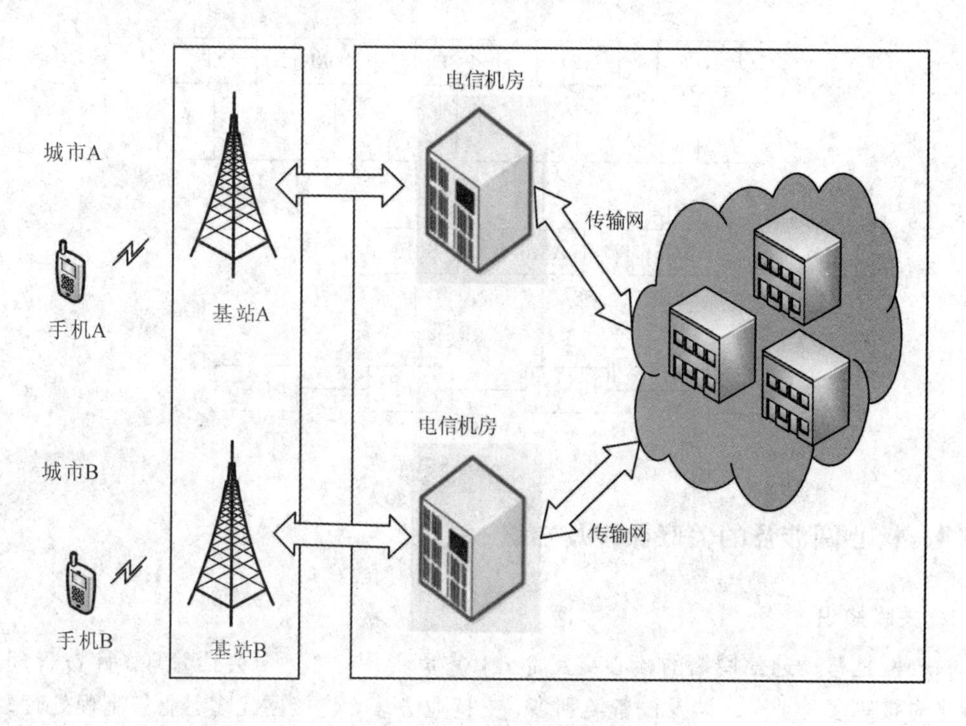

图 3.14 传输网的作用

3.4.2 传输网的发展

随着光纤通信技术的不断发展，光传输技术逐渐成为传输网功能实现的主要技术手段。在光传输技术发展的不同阶段，传输网先后经历了时分复用、波分复用和包交换这三个时期。时分复用时期的代表技术包括准同步数字体系(Plesiochronous Digital Hierarchy，PDH)、同步数字体系(Synchronous Digital Hierarchy，SDH)、多业务传输平台(Multi-Service Transmission Platform，MSTP)等；波分复用时期的代表技术包括波分复用(Wavelength Division Multiplexing，WDM)、光传送网(Optical Transport Network，OTN)等；以承载数据业务为主的包交换时期的代表技术为分组传送网(Packet Transport Network，PTN)、IP 化的移动回传网(IP Radio Access Network，IPRAN)等。经过这三个时期的发展，传输网的信息传输规模和安全可靠程度有了很大的提升。

1. 时分复用时期

PDH 和 SDH 都是针对语音业务设计的，由于每路语音业务的带宽是固定的，因此它们都是采用时分多路复用(Time Division Multiplexing，TDM)接入方式，将若干个低速数

字信号合并成一个高速数字信号，然后通过高速信道完成传输。

1）PDH

PDH 由国际电话电报咨询委员会提出，并于 1988 年最终形成完整的标准。虽然 PDH 的设备属于光传输设备，但是主要处理的是电信号。PDH 的复用/解复用设备结构复杂，导致 PDH 从高速信号中分支/插入低速信号需要逐级进行，低速信号分支/插入高速信号也要通过层层的复用和解复用过程，这样就使信号在复用/解复用过程中带来损伤，使传输性能劣化，因此，PDH 复用的方式不能满足信号大容量传输的要求。另外，PDH 体制的地区性规范也给网络互联增加了难度。

2）SDH

SDH 是光纤传输技术和智能网络技术结合的产物，是一种将复接、线路传输及交换功能融为一体，并由统一网管系统操作的综合信息传送网络。它可以实现网络有效管理、实时业务监控、动态网络维护、不同厂商设备间互通等多项功能，能显著提高网络资源利用率，降低管理及维护费用，实现灵活可靠和高效的网络运行与维护。

3）MSTP

随着多媒体业务（图像、视频）需求不断增加，SDH 要承载更多类型的接入业务，例如以太网、异步传输模式（Asynchronous Transfer Mode，ATM）等。因此，在 SDH 的基础上又诞生了多业务传输平台（Multi-Service Transmission Platform，MSTP）。

MSTP 是指基于 SDH 平台，同时实现 TDM、ATM、IP 等业务接入、处理和传送，提供统一网关的多业务传送平台。MSTP 的核心仍然是 SDH。MSTP 是在 SDH 的基础上增加了以太网接口或 ATM 接口，实现 IP 化的。

伴随着电信网络的发展和技术进步，MSTP 作为传输网解决方案，经历了从支持以太网透传的第一代 MSTP，到支持以太网数据交换的第二代 MSTP，再到当前支持以太网业务的第三代 MSTP 的发展历程。

2. 波分复用时期

波分复用利用了光具有不同的波长这一特征。在发送端，使用波分复用设备将不同的信号调制成不同波长的光，并复用到光纤信道上；在接收端，使用波分设备再将不同波长的光分离成不同的信号。

1）WDM

从 20 世纪 90 年代中后期，WDM 就开始应用到传输网骨干层和核心层的建设中。WDM 充分利用单模光纤低损耗区的巨大带宽资源，将光纤的低损耗窗口划分成若干个信道，把光波作为信号的载波。在发送端，用复用器（也称合波器，Multiplexer）将多种不同波长的光载波信号汇合在一起，并耦合到光线路的同一根光纤中进行传输；在接收端，用解复用器（也称分波器，Demultiplexer）将各种波长的光载波分离，然后由光接收机进一步进行处理以恢复原信号。这种在同一根光纤中同时传输两个或多个不同波长光信号的技术，就称为波分复用。

波分复用通常有三种复用方式，即 1310 nm 和 1550 nm 波长的波分复用、稀疏波分复用(Coarse Wavelength Division Multiplexing, CWDM)和密集波分复用(Dense Wavelength Division Multiplexing, DWDM)。

WDM具有节约线路投资，容量大，可以远距离传输，支持IP传送通道以及经济性和可靠性的优点。但WDM也有缺点，如调度不方便，网管维护困难，不能应对复杂组网结构等。

2) OTN

OTN在帧结构、功能模型、网络管理、信息模型、性能要求、物理层接口等方面充分借鉴了SDH传送网的实现方式，且结合了DWDM的优势分别在物理层接口、网络节点接口等多个方面进行了优化。OTN的主要优点是完全向后兼容，在基于SDH管理功能基础上，融合了SDH的一些优点，如丰富的OAM开销、灵活的业务调度、完善的保护方式等，在保障了已有通信协议透明性的同时，又为WDM提供端到端的连接和组网能力。

3. 包交换时期

1) PTN

PTN是基于分组交换的、面向连接的多业务传送技术，能够提供高效率的多业务承载功能，具备自动保护、可操作维护、可远程管理、灵活统计复用、服务质量和时间同步等一系列电信级传送网的能力。

PTN是在IP业务和底层光传输媒质之间设置的一个层面，它针对分组业务流量的突发性和统计复用传送的要求而设计，以分组业务为核心并支持提供多业务，具有更低的总体使用成本(Total Cost of Ownership, TCO)，同时秉承光传输的传统优势。

PTN最小的传输单元是IP报文，其大小不是固定的，而SDH传输电路带宽是固定的，这就是PTN与SDH之间最本质的区别。

2) IPRAN

IPRAN是基于IP协议和多协议标签交换(Multi-Protocol Label Switching, MPLS)协议，用于满足基站回传承载需求的一种解决方案。它主要针对IP化基站回传应用场景，将传输网上的路由器/交换机的设置进行优化，在城域汇聚层和核心交换层采用IP/MPLS技术，接入层则采用增强以太网技术或采用增强以太网技术与IP/MPLS技术相结合的方式。

4. 未来发展趋势

传输网作为通信系统中的传送通道，它的技术性能指标主要有传输速率、带宽、吞吐量、时延、利用率等，其目标是安全可靠性高、业务承载能力强。

目前，传输网正在进行网络IP化转型，通过IP网和传输网同步发展并逐渐融合。各个主流通信设备厂家的传输网设备形态虽有所差异，但均呈现向切片分组网(Slicing Packet Network, SPN)、OTN+PTN/IPRAN组网的方式融合发展的趋势。

随着5G移动通信技术的发展，新一代网络需要实现人与物、物与物之间的连接，也就是万物互联的物联网时代。因此，在传输网的关键性能方面，更大带宽、超低时延和高精度同步等需求非常突出，而在组网及功能方面，则呈现出多层级承载网络、灵活化连接调度、

层次化网络切片、智能化协同管控、4G/5G混合承载以及低成本高速组网等需求。

3.4.3　传输网涉及的关联课程及知识

1. 关联知识

传输网是移动通信网络的承载管道部分，它负责整个网络的数据传递和交互。传输网所涉及的设备是移动通信网络乃至所有通信网络都在使用的设备，因此具有一定的通用性，就业面较为广泛。传输网涉及的知识相对独立，容易掌握。

2. 关联课程

传输网的关联课程包括"通信原理""光纤通信技术""光接入技术""电信工程实施""移动通信全网建设""三网融合部署与实施"等。通过这些后续课程的学习，能对相关技术的基本原理和应用有更加深入的理解。

【思考与练习】

1. 移动通信网络可以分为哪几部分？它们相互之间的联系是什么？尝试使用简单的框图进行描述。

2. 结合所学内容，思考移动通信网络各组成部分未来的发展方向。

3. 小华正在打电话给他的同学小明，结合所学内容，思考在这个通话过程中，移动通信网络的各组成部分会有哪些设备参与其中。

4. 结合生活中的事例，思考其他通信网络与移动通信网络有哪些连接方式，以及未来各种网络融合有哪些发展方向。

第四章 移动通信系统的演进历程

知识引入

从 20 世纪 70 年代至今，移动通信系统从第一代演进到第五代了，从仅支持语音业务到同时支持语音和数据业务；从支持低速数据业务到支持高速数据业务；从改变人们的通信方式到改变人们的生活方式，乃至改变整个社会。

本章主要介绍第一代移动通信系统到第五代移动通信系统的演进历程，以及各代系统的关键技术、典型组网等。

4.1 第一代移动通信系统

随着无线通信技术的发展，人们迫切希望能有一种容量大、使用方便的移动通信系统来满足人们的需求。在 20 世纪 70 年代末，出现了以 AMPS 系统、TACS 系统为代表的第一代移动通信系统。虽然第一代移动通信系统存在的时间较为短暂，但是其中的一些关键技术成为此后历代移动通信系统的基础技术，如切换技术、多址技术、蜂窝组网技术等。

4.1.1 第一代移动通信系统的诞生

1. 无线集群通信

无线通信的发展历史可以追溯到 19 世纪。1864 年，麦克斯韦(见图 4.1 左)提出了著名的麦克斯韦方程组，从理论上预言了电磁波的存在。1876 年，赫兹(见图 4.1 右)在实验室证明了电磁波的存在。1900 年，马可尼等人利用电磁波进行远距离无线电通信取得了成功。从此，人类进入了无线电通信时代。

图 4.1 麦克斯韦(左)和赫兹(右)

自从电话发明之后，这一通信工具使人类充分享受到了现代信息社会的方便，但这仅仅是一个开始，而且普及范围也并不广泛，随着无线电报和无线广播的发明，人们更希望有一个能随身携带、不用电话线路就可以实现通信的电话。为了这一目标，通信领域的科学家们进行了不懈的努力。由于世界上采用移动通信设备的人数迅猛增长，随之而来的商业效应以其巨大的动力，推动了该领域科技发展，因此这种发展势头比其他任何技术都来得更加猛烈。

现代意义上的无线通信开始于20世纪20年代。1928年，美国普渡大学的学生发明了工作在2 MHz的超外差式无线电接收机，并很快在底特律警察局投入使用。这是世界上第一种可以有效工作的移动通信系统。20世纪30年代初，第一个调幅制式的双向移动通信系统在美国新泽西警察局投入使用。20世纪30年代末，第一个调频制式的移动通信系统诞生。试验表明：调频制式的移动通信系统比调幅制式的移动通信系统更加有效。

20世纪40年代，调频制式的移动通信系统逐渐占据主流地位。这个时期，人们主要完成通信实验和电磁波传输的实验工作，在短波波段上实现了小容量专用无线通信系统。这种无线通信系统的工作频率较低、话音质量差、自动化程度低，难以与公用网络互通。由于两次世界大战的推动，无线集群通信的雏形已开发了出来，如步话机、对讲机等。其中，步话机在1941年美陆军就开始装备了，当时使用的频段是短波波段，使用的设备是电子管。

1946年，民用无线集群通信系统首次在美国几个大城市引入。当时的技术特点是用安装在高塔上的天线发射和接收大功率信号，该无线集群通信系统的覆盖半径达到50 km，提供对讲机方式的通信服务。

随着战后军事无线通信技术逐渐被应用于民用领域，到20世纪50年代，美国和欧洲部分国家相继成功研制出公用无线电话系统，在技术上实现了无线电话系统与公用电话网络的互通，并得到了广泛使用。但是这种公用无线电话系统仍然采用人工接入方式，系统容量小。

20世纪60年代，随着晶体管的出现，美国推出了改进型集群通信系统。它使用150 MHz和450 MHz频段，采用大区制、中小容量，实现了无线频道自动选择及自动接入公用电话网的功能，在警用设备、消防设备、出租汽车等领域中应用较广，但这些无线集群通信系统容量有限且携带不便。

2. 移动通信系统

20世纪70年代，随着民用无线通信用户数量的增加，业务范围的扩大，有限的频谱供给和可用频道数与不断递增的需求之间的矛盾日益尖锐。为了更有效地利用有限的频谱资源，美国贝尔实验室提出了在移动通信发展史上具有里程碑意义的小区制理论，即蜂窝组网的理论。该理论为移动通信系统在全球的广泛应用开辟了道路。

蜂窝移动通信系统的出现是移动通信的一次革命。蜂窝频率复用技术大大提高了频率利用效率并增加了系统容量；网络的智能化实现了越区切换和漫游功能，扩大了用户的服务范围。采用无线蜂窝组网技术的第一代模拟蜂窝移动通信系统被大规模投入商用，其中，最具有代表性的是美国的AMPS系统和欧洲的TACS系统。

20世纪70年代末，美国AT&T公司的贝尔实验室开发出了美国第一个模拟蜂窝电话系统，称为高级移动电话系统(Advanced Mobile Phone System，AMPS)。AMPS系统使用800 MHz频段上共40 MHz频谱(上、下行各20 MHz)，到1989年，又增加了10 MHz频谱，总共可以提供832个30 kHz的双向信道。

1979年，AMPS制模拟蜂窝式移动电话系统在美国芝加哥试验成功，但直到1983年12月才在美国正式投入商用。而在1979年，日本电话电报公司在东京部署了AMPS系统，使得该系统成为世界上第一个商用的移动通信系统。

AMPS系统采用宏蜂窝覆盖，这样可以大幅度减少最初的设备投资，在芝加哥运行的AMPS系统覆盖了大约2100平方英里的区域。

在美国发展AMPS移动通信系统的同时，欧洲也在发展自己的移动通信系统。比较典型的移动通信系统是：英国在1985年开发出的全地址通信系统（Total Access Communication System，TACS），该系统首先在伦敦投入使用，随后覆盖了英国全国；瑞典，挪威和丹麦等北欧国家开发的北欧移动电话（Nordic Mobile Telephone，NMT）系统，该系统先在北欧各国使用，后引入俄罗斯、中东和亚洲的部分地区。

在这个时期，移动通信系统成了实用系统，并在世界各地迅速发展。移动通信系统迅速发展的原因，除了用户需求迅猛增加这一主要推动力之外，还有技术发展原因。首先，微电子技术在这一时期得到长足发展，这使得通信设备的小型化有了可能性，各种轻便移动台不断推出；其次，蜂窝组网理论（小区制理论）实现了频率复用，大大提高了系统容量，蜂窝组网技术真正解决了公用移动通信系统容量要求大与频率资源有限的矛盾；再次，随着大规模集成电路的发展而出现的微处理器技术日趋成熟以及计算机技术的迅猛发展，为大型通信网的管理与控制提供了技术手段。

4.1.2 第一代移动通信系统的关键技术

第一代移动通信系统虽然已经成为历史，但是它的一些创新性的技术和思想为此后移动通信系统提供了技术基础。第一代移动通信系统提出的蜂窝组网、频谱规划、多址、切换和寻呼等一系列关键技术仍然被此后的移动通信系统所采用。下面着重介绍蜂窝组网技术、频分多址技术和切换技术。

1. 蜂窝技术

在贝尔实验室研制的第一代移动通信系统AMPS之前，移动通信系统采用的是大区制，如图4.2所示。一个基站覆盖整个服务区，该基站负责服务区内所有移动台的通信与

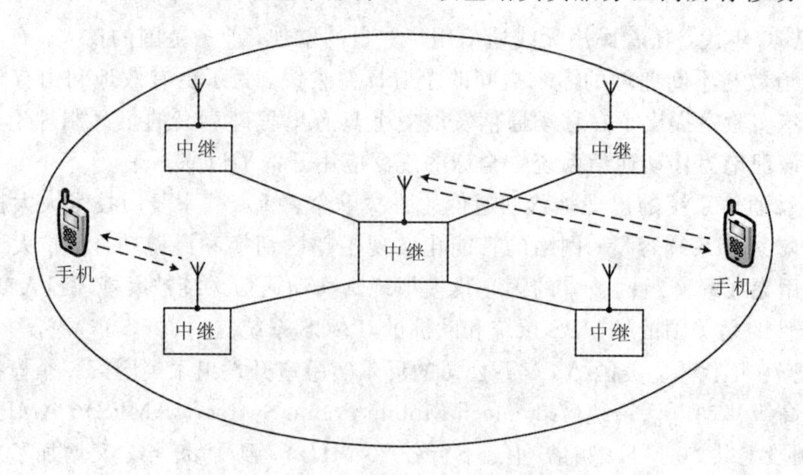

图4.2 采用大区制的移动通信系统

控制。大区制的覆盖半径一般为30～50 km，相当于一座城市的范围。由于这种大区制采用单基站制，不需重复使用频率，因此也就没有频谱规划的问题。根据覆盖的范围，确定天线的高度和发射功率的大小。根据业务量大小，确定服务的等级及应用的信道数。由于采用单基站制，天线需要架设得非常高，因此发射机的功率也要很大。为了基站能收到移动台的信号，在服务区增加了分集接收装置。这种大区制通信网的覆盖范围是有限的，只能适用于小容量的网络，一般用在用户比较少的专用网络中。

随着移动通信用户数量的增加，业务范围的扩大，大区制的移动通信系统不能满足应用的需要，蜂窝技术便应运而生。

蜂窝组网是指将整个服务区划分为若干小区，在每个小区设置一个基站，以负责本小区内移动台的通信与控制，如图4.3所示。小区的覆盖半径一般为2～10 km，基站的发射功率一般要限制在一定的范围内，以减少信道间干扰。同时，还要设置移动交换中心，负责小区间移动用户的通信连接及移动网与有线网的连接，保证移动台在整个服务区内，无论用户在哪个小区都能够正常进行通信。由于蜂窝组网采用多基站制，因此移动通信系统中需要采用频率复用技术，相邻的基站频率不能相同；在相隔一定距离的小区之间频率可以复用，这样可以提高系统的频率利用率和容量。这种蜂窝网络结构复杂，投资量大。尽管如此，为了获得系统的大容量，在移动通信网中采用蜂窝技术是大势所趋。

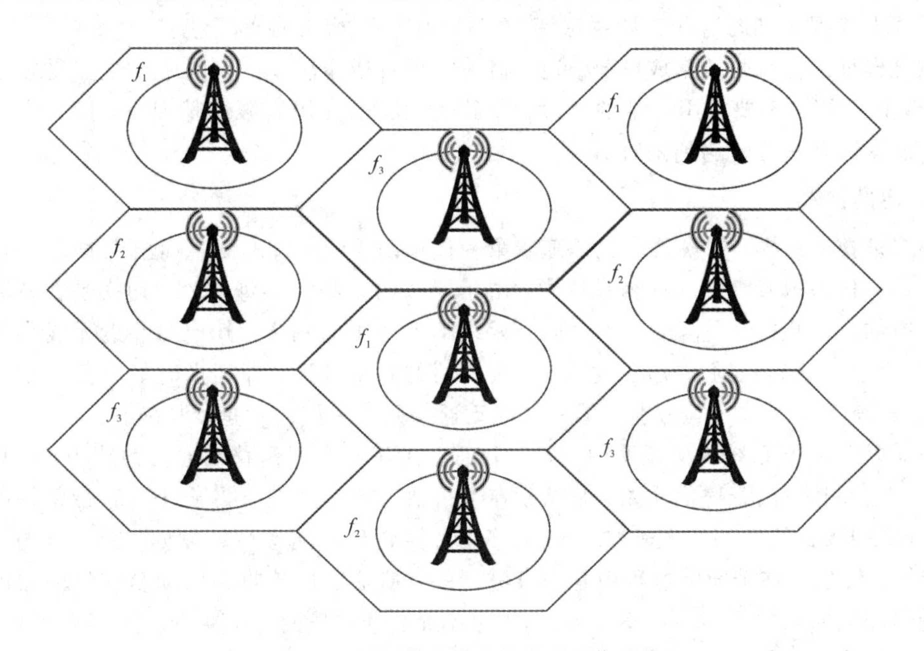

图4.3　采用蜂窝技术的移动通信系统

2. 频分多址技术

第一代移动通信系统提出了多址的思想，采用的多址技术是频分多址。如图4.4(a)所示，频分多址是把移动通信系统的总频段划分为若干个等间隔、互不交叠的频段，分配给不同的用户使用，每个频段的宽度都能传输一路语音信息，并且与相邻频段间无明显的串扰。

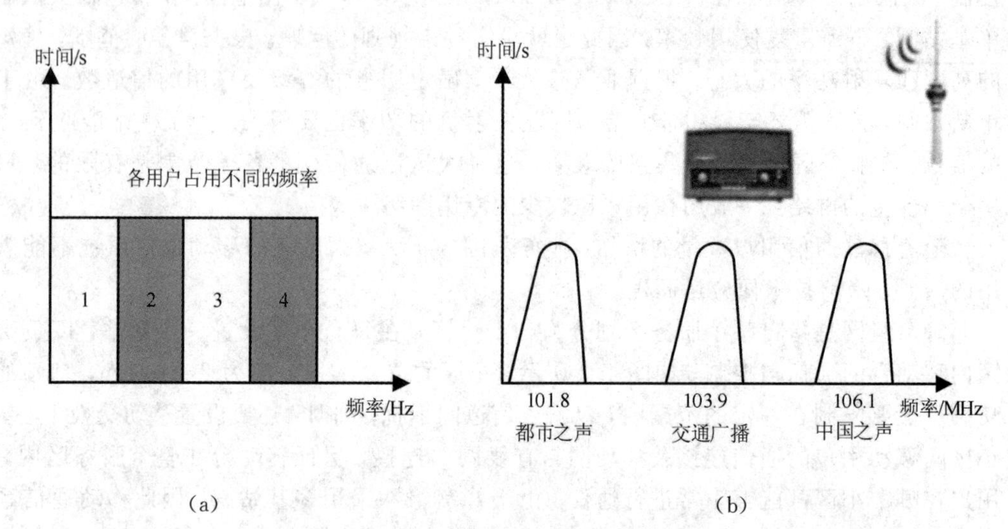

图 4.4　频分多址原理和广播电台工作原理

广播电台传输信号就是采用的类似频分多址的方法。比如在图 4.4(b)的广播电台频谱中，都市之声电台占用 101.8 MHz 频段，交通广播占用 103.9 MHz 频段，中国之声占用 106.1 MHz 频段。同时这些频段要保持一定的间隔，避免频段间干扰。

频分多址的优点是技术成熟、稳定、容易实现且成本较低。它的主要缺点是频谱利用率较低，每个用户都要占用一定的频段，尤其是在频谱资源有限的情况下，频分多址技术在组织多扇区基站时会遇到困难。

3. 切换技术

与多址技术一样，切换技术也是随着第一代移动通信系统的诞生而出现的。

在第一代模拟蜂窝移动通信系统中，由于采用的是频分多址技术，切换是在各频率信道间进行的。为了避免同信道干扰，某一无线小区使用的频率，其他的邻近无线小区不能再使用。因此，进行信道切换时一定要变换所用的频率信道，即切换时要中断一定时间的语音通信。这种切换称作硬切换。第一代移动通信系统采用的就是硬切换。

下面以 TACS 系统为例说明硬切换的过程。在 TACS 蜂窝移动通信系统中，一旦移动台和基站之间建立语音通信链路，基站就在下行话音通信链路上发出语音频带以外的监测音(如 5970 Hz 或 6000 Hz 或 6030 Hz)，移动台接收到监测音后转发回基站。监测音的发送、接收和转发在整个通话过程中是一直进行的。基站依据接收到移动台转发的监测音的相位延迟和强弱来判断移动台离开基站的距离和信道质量的好坏，以决定是否需要切换。如果需要切换，原来正在与移动台进行通信的基站就通知邻近合适的基站准备一个无线信道，并连接好相应的其他链路，然后就在原来所用的语音信道上中断话音的传输，发一条约 200 ms 左右的信道切换指令，移动台收到该指令并发出应答信令后，就转移到所分配的另一个基站的新的语音信道上继续通话。原基站释放原无线信道。

如图 4.5 所示，用户在进行通话时，移动通信系统始终检测通话质量。当测得的监测音的载干比低于触发切换的信号强度时，语音信道就向移动交换中心发送越区切换的请求，然后移动交换中心进行切换判决，最后执行切换。该切换过程包括测量、判决和执行。后续的移动通信系统的切换过程基本也是这样的。

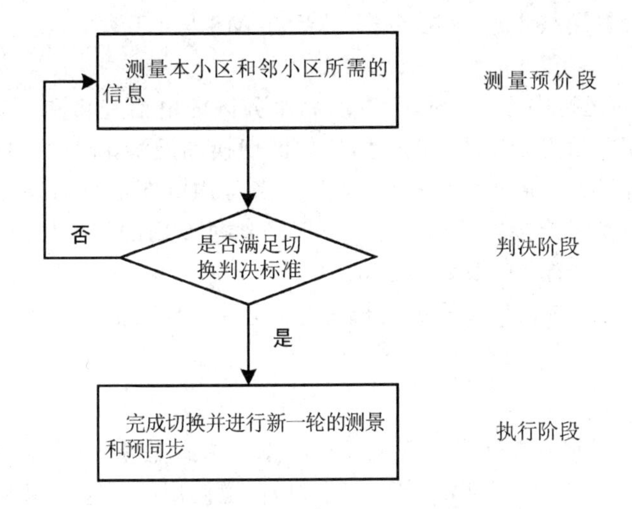

图 4.5　第一代移动通信的切换过程

第一代移动通信系统切换的优点是采用越区切换，系统性好，易于控制，统一管理。缺点是系统负荷大。切换过程需要在基站和移动交换中心频繁地传输测量信息和控制信令，增加了通信链路和移动交换中心的负荷。另外，还存在掉话率高的缺点，易产生“乒乓效应”，切换时易造成业务中断等。

随着后续移动通信的技术进步，出现了性能更加优秀的软切换以及更软切换的切换方法。

4.1.3　第一代移动通信系统的网络架构

第一代移动通信系统主要由移动台(MS)、基站收发信台(BTS)和移动交换中心(MSC)等子系统组成，如图 4.6 所示。

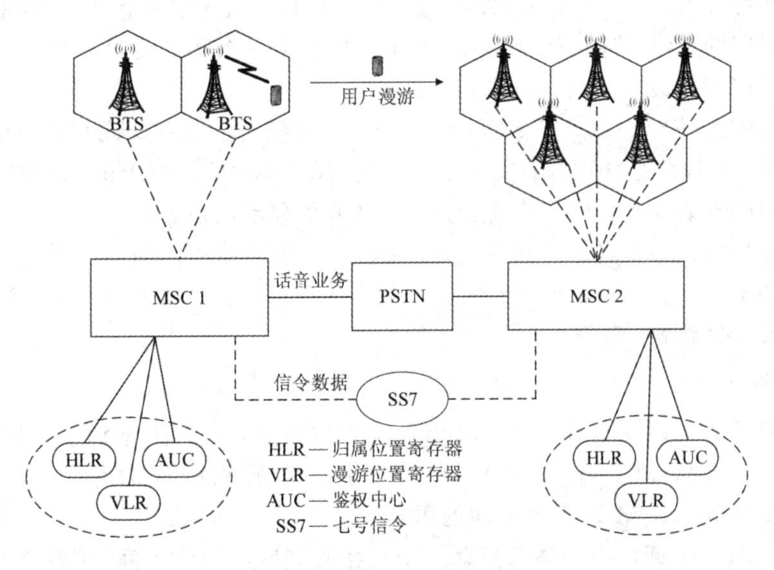

图 4.6　第一代移动通信系统网络架构

1. 网络组成架构

第一代移动通信系统可以提供移动用户之间的语音和简单的低速率数据通信。语音信号首先通过标准的时分复用技术进行数字化，然后在MS与BTS、BTS与MSC、MSC与PSTN之间传输。

MSC是整个系统的运行中心，MSC负责所属服务区的电话交换和系统管理。它拥有每个移动用户终端的相关信息，并且管理它们的越区切换和漫游，同时还要完成所有的网络管理功能，包括呼叫接续、维护、计费以及监控服务区内的非法行为等。MSC一般通过陆地通信线路和汇接交换机连接到PSTN上，同时还通过专用的信令信道与其他MSC连接，以便相互交换用户的位置、权限和信令信息。

在第一代蜂窝电话系统中，PSTN负责长途电话业务，SS7信令系统负责传输信令来实现呼叫接续。

2. 网络基本参数

AMPS系统采用的调制方式是模拟调频(FM)，双工方式是频分双工(FDD)，多址方式是频分多址(FDMA)。从移动台到基站的反向(上行)信道使用的频段是824～849 MHz，从基站到移动台的前向(下行)信道使用的频段是869～894 MHz。每个双向无线信道实际上是一对频分双工的单向信道，系统带宽是25 MHz。反向信道和前向信道之间的双工频率间隔是45 MHz，这是为了用户移动台可以采用选择性好而且价格低廉的频分双工器。25 MHz的系统带宽通过FDMA多址方式被划分成832个30 kHz的无线信道。

AMPS系统一般需要建设较高的铁塔，用来安装若干个发射和接收天线，由于采用的是宏蜂窝覆盖的大区制，基站发射机的有效发射功率需要几百瓦。商用的AMPS基站可以支持多达57个语音信道。

每个基站在前向控制信道(Forward Control Channel，FCC)上连续发送广播数据，处于空闲状态的移动台可以锁定在所在区域信号最强的FCC上，移动台必须锁定一个FCC才可以发起或者接收呼叫。基站的反向控制信道(Reverse Control Channel，RCC)接收机持续监听锁定在相应FCC上的移动台发送的消息。AMPS系统中共有42个控制信道，这些控制信道所对应的无线信道是标准化的，系统中的任何一个移动台只需要扫描这些标准的控制信道就可以找到最好的服务基站。

前向语音信道(Forward Voice Channel，FVC)承载来自PSTN或其他移动用户的电话信息，并将其送至蜂窝系统用户；反向话音信道(Reverse Voice Channel，RVC)承载来自蜂窝系统用户的电话信息，并将其送至PSTN或其他移动用户。

根据话务量的大小和其他基站的位置，在一个特定基站中使用的控制和语音信道的数量会有很大的不同。基站数量和分布也有很大的不同，一个大城市的市区可能有几百个基站，而农村地区的基站数量很少。

3. 业务呼叫流程

当一个PSTN电话发起对一个AMPS移动用户的呼叫并到达MSC时，MSC将在系统中每个基站的所有FCC上同时发送一个寻呼消息及用户的移动标识号(Mobile Identification Number，MIN)。被呼叫的用户移动台在它锁定的FCC上成功接收到对它的寻呼后，就在RCC上回应一个确认消息。MSC接收到用户的确认后，指令该基站分配一对前向语音信道(FVC)和反向语音信道(RVC)给被叫的用户移动台，这样新的呼叫就可以在指定的语音信道上进行。

当一个移动用户发起呼叫时，移动台首先在RCC上向基站发送消息，发送它的移动标

识号(MIN)、电子序列号(Electronic Serial Number，ESN)和目的电话号码。基站收到该消息后将其发送到MSC，MSC检查用户是否合法登记，验证通过后将用户连接到PSTN，同时通过FCC分配给移动台一对FVC和RVC，这一系列的过程完成后，用户就可以开始通话了。

在AMPS系统中，当正在为某个移动台提供服务的基站所接收到的RVC信号低于一个预定门限值，就会由MSC做出切换决定。门限值由系统运营商在MSC中进行设置，它必须不断进行测量和改变，以适应用户数量的增长、系统扩容以及业务流量模式的变化。MSC在相邻的基站中利用定位接收机来确定需要切换的特定用户的信号电平，这样MSC就能够找出可以接受切换的最佳邻近基站。

例如：当一个来自PSTN或其他移动用户的新呼叫请求到达，而被叫用户所在小区基站的所有语音信道都已经被占用时，MSC将保持该PSTN线路或无线信道的连接，同时指示当前基站在FCC上发送一个"定向重试"给被叫用户。定向重试控制被叫用户移动台切换到另一个不同基站的控制信道上请求语音信道分配。该定向重试命令能否使呼叫成功建立取决于无线信号的传播情况、用户的特定位置以及用户所在定向基站的当前业务量。

在AMPS系统中，很多种因素都有可能导致业务质量的下降、掉话或者阻塞。影响系统性能的主要因素包括：MSC的性能、特定地理区域内的当前业务流量、特定的信道复用方式、相对于用户密度的基站数量、系统中用户之间特定的传播条件、切换信号门限值的设定等。在一个用户密集的区域里，由于系统的复杂性以及缺乏对无线信号覆盖和用户使用模式的控制，保持优良的业务和呼叫处理质量是非常困难的。尽管AMPS的系统运营商一直在努力预测用户数的增长，尽力提供良好的覆盖和足够的容量，避免系统中的同频干扰，但掉话和阻塞仍然不可能完全避免。在一个大城市的AMPS系统中，在业务繁忙的情况下，通常会有3%～5%的掉话率和不超过10%的阻塞率。

4.1.4　第一代移动通信的典型系统

第一代移动通信出现了很多系统。比较典型的系统有贝尔实验室研制的AMPS系统，英国研制的TACS系统和北欧研制的NMT系统。此外，还有日本的JTAGS系统，西德的C-Netz系统，法国的RadioCom 2000系统，意大利的RTMI系统等。

1. AMPS系统

在1964—1974年期间，贝尔实验室开发了一种叫作大容量移动式电话系统(High-Capacity Mobile Telephone System，HCMTS)的模拟系统。HCMTS对信令和语音信道均采用30 kHz带宽的FM调制，信令速率为10 kb/s。由于当时并没有无线移动系统的标准化组织，贝尔实验室就给HCMTS制定了自己的标准。后来，美国电子工业协会将这个系统命名为暂定标准3(Interim Standard 3，IS-3)。

从1976年开始，这个系统使用了新的名称：AMPS。1975年，贝尔实验室与OKI公司签订协议，授权它制造最初的200台移动电话(属于车载电话)，接下来，又授权OKI公司、E. F. Johnson公司和摩托罗拉公司制造总计1800台移动电话(每家制造600台车载电话)。1977年，在芝加哥的实验中，使用了世界上最初的2000台移动电话。

美国蜂窝系统一直没能商业化，直到美国联邦通信委员会将分配的20 MHz蜂窝频谱划分成两部分：确定给寻呼/调度公司（非有线）的 10 MHz 叫作频带 A，确定给电话公司（有线）的 10 MHz 叫作频带 B，而频带 B 系统在 1984 年开始部署。由于 20 世纪 80 年代还不能生产手持机，因此模拟 AMPS 系统的设计和使用都是基于汽车应用的电话，由汽车电瓶提供能源。

2. TACS 系统

在美国大力发展 AMPS 系统时，欧洲人也在发展自己的移动通信网，其中比较典型的是英国的 TACS 系统。TACS 系统是在 AMPS 系统的基础上进行了一些修改，将信道带宽改为 25 kHz。TACS 系统的频段、频道间隔、频偏、信令速率与 AMPS 系统不同，其他方面与 AMPS 完全一致。它在地域上将覆盖范围划分成小单元，每个单元复用频率的一部分以提高频谱的利用率，即在干扰受限的环境下，依赖于适当的频率复用规划（特定地区的传播特性）和频分多址（FDMA）来提高容量，实现真正意义上的蜂窝移动通信。

我国邮电部于 1987 年确定以 TACS 制式作为我国模拟制式蜂窝移动电话的标准。在此之前，少数地方曾从加拿大、瑞典引入不同的通信制式，后来全国各地都执行 TACS 标准，以便互相组网。

3. NMT 系统

NMT 是瑞典、挪威和丹麦在 20 世纪 80 年代初确立的普通模拟移动电话北欧标准。NMT 系统运行在 450 MHz 和 900 MHz 的带宽上。

虽然第一代移动通信系统的商用带来了一场通信变革，但是由于受到当时的技术条件限制，第一代移动通信系统存在很多缺陷，如保密性差、不支持数据业务、频谱利用率低、容量小、终端设备大等。这些缺陷是当时电子信息技术的局限性造成的必然结果。

第一代移动通信系统已经退出了历史舞台，但它建立的现代移动通信系统基本架构被后续的数字移动通信系统一直沿用至今。随着技术的不断发展，新一代的移动通信系统开始出现，如第二代移动通信系统的典型代表——GSM 系统。

4.2 第二代移动通信系统

第二代移动通信系统从 20 世纪 80 年代开始出现，90 年代大规模商用，一直到今天还有第二代移动通信网络在运营服务。与第一代移动通信系统相比，第二代移动通信系统实现了由模拟技术向数字技术的转变，提高了网络容量，改善了话音质量和保密性，并为用户提供了无缝的国际漫游。

第二代移动通信系统提出了一系列创新技术，如时分多址技术、码分多址技术、全新的组网技术等，具有保密性强、频谱利用率高、业务丰富、标准化程度高等特点。

4.2.1 第二代移动通信系统的发展

1982 年，为了解决第一代移动通信系统中存在的缺陷，欧洲邮电大会（CEPT）成立了一个新的标准化组织 GSM（Group Special Mobile），其目的是制定欧洲 900 MHz 数字 TDMA 蜂窝移动通信系统技术规范，从而使欧洲的移动电话用户能在欧洲境内自动漫游。

1986年，欧洲11个国家为GSM系统提供了8个实验系统和大量的技术成果，并就GSM系统的主要技术规范达成共识。1990年，GSM系统第一期规范确定，系统试运行。规范明确GSM系统的多址方式为TDMA，工作频率为925～950/880～915 MHz。英国在此基础上将GSM标准推广应用到1800 MHz频段，并命名为DCS1800数字蜂窝系统，其频宽为2×75 MHz。DCS1800是基于GSM标准发展起来的个人通信系统。

1991年，欧洲开通了第一个GSM系统，移动运营者将该系统更名为"全球移动通信系统"(Global System for Mobile Communications，GSM)。1993年，第一个DCS1800网络投入运营。到1993年，GSM系统已覆盖欧洲各国及澳大利亚等地区，全球共有67个国家成为GSM系统的使用者。

与此同时，美国于1990年推出了数字AMPS系统，即DAMPS系统(标准号为IS-54)。随后美国AT&T公司将DAMPS系统实现商用。DAMPS系统可支持话音、数据、简短留言和广播信息等多种业务。

1993年，美国高通公司提出的码分多址技术被美国通信工业协会批准为数字蜂窝系统的商用标准。用该技术构建的新型移动通信系统被命名为QCDMA。1997年QCDMA更改为GDMAONC，对应标准号为IS-95。

随着时间的推移，GSM系统(包含DCS1800)和CDMA(IS-95)系统成为世界上部署应用最为广泛的第二代移动通信系统。

4.2.2　第二代移动通信系统的关键技术

与第一代移动通信系统相比，第二代移动通信系统最大的变化就是采用数字通信技术，使基站设备和终端设备小型化，系统容量大大增加。同时，第二代移动通信系统也提出了其他一系列的创新技术。

如图4.7所示，第二代移动通信系统采用了一系列数字通信技术。这些技术主要包括语音编解码技术、信道编解码技术、交织解交织技术、数字调制解调技术等等。

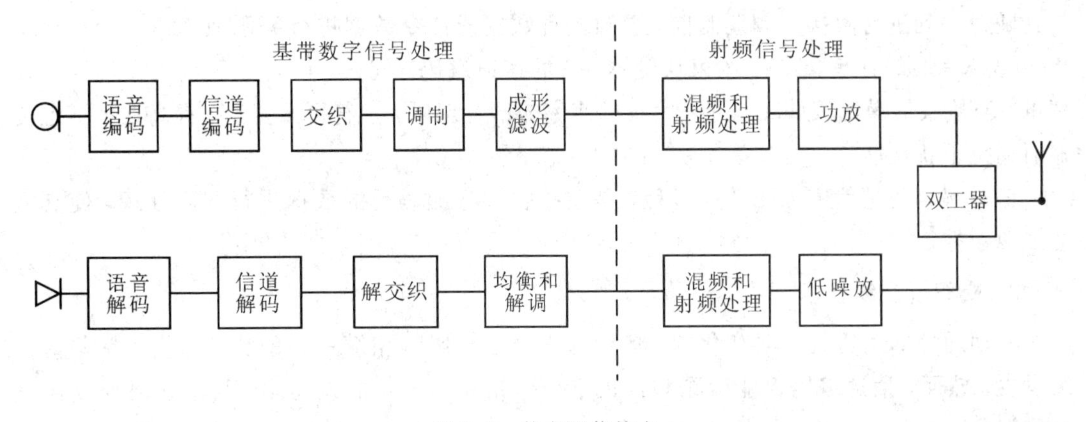

图4.7　数字通信技术

1. 语音编解码技术

GSM系统是一种数字通信系统，所承载的语音或其他信息首先都要进行数字化处理。

GSM系统采用的是规则脉冲激励长期预测编码(Regular Pulse Excitation-Long Term Prediction，RPE-LTP)技术。这种技术下每个语音信道的编码速率为13 kb/s。

CDMA系统的语音编码采用的是高通公司研发的码激励线性预测编码(Code Excited Linear Prediction，CELP)。CELP语音编码用线性预测提取声道参数，用一个包含许多典型的激励矢量的码本作为激励参数，每次编码时都在这个码本中搜索一个最佳的激励矢量，这个激励矢量的编码值就是这个序列的码本中的序号。CELP解码时，根据编码传输过来的信息从码本中找出最佳的码矢量，经过处理后便可合成语音。

2. 信道编解码技术

GSM中使用的信道编码有卷积编码和分组编码，在实际应用中是把这两种编码组合在一起使用，完成信道编码后的数据再进行交织处理。GSM系统把20 ms语音编码后的数据作为一帧，共260 bit，分成50个最重要比特、132个次要比特和78个不重要比特。对50个最重要比特先添加3个奇偶检验比特(分组编码)，再与132个次要比特和4个尾比特一起卷积编码，比率为1∶2，形成378 bit，另外78个不重要比特不予保护，最后形成信道编码后的一帧数据，共456 bit。

CDMA的信道编码采用的是卷积编码。在CDMA系统中，正向链路上是以不同的沃尔什(Walsh)函数来区分不同的物理信道的。在用沃尔什函数进行直接扩频调制之前，要对语音数据或信令数据进行编码效率$R=1/2$、约束长度$K=9$的信道编码。由于CDMA系统是受自身干扰的系统，各业务信道上的发射功率受到严格的限制。当系统中使用同一频率信道的用户较多时，对每个用户而言，接收信噪比就降低，因此，CDMA系统的语音编码被设计为多速率的。当接收信噪比较高时，采用较高速率的语音编码，以获得较好的接收语音质量；当接收信噪比较低时，就采用较低速率的语音编码。较低速率的语音编码数据经卷积编码后，可进行字符重复。语音编码的速率越低，卷积编码后字符可重复的次数越多，在较差信道上传输的信号获得的保护更多。

CDMA系统中，反向链路上是用不同的长伪随机序列来区分不同的物理信道的。在用长伪随机序列进行直接扩频调制前，要对语音数据或信令数据进行编码效率$R=1/3$(速率集1)或$R=1/2$(速率集2)、约束长度$K=9$的信道编码。同样，语音编码也被设计为多速率的。当接收信噪比较低时，可采用较低速率的语音编码，字符可重复，以提高在信道上传输时的抗干扰性能。

信道解码则是信道编码的逆过程，是在接收端将编码后的数据进行解码处理，使其恢复成源数据。

3. 交织解交织技术

移动通信的信道是实时变化的，持续的深衰落会影响相继一串的比特，使比特差错连续发生，然而，信道编码仅能检测和校正单个差错和不太长的差错串。为了解决连续比特差错问题，人们引入了交织技术。

在GSM系统中，交织在信道编码后进行，交织分为两次。如图4.8所示，第一次交织为数据块的内部交织，一次交织后形成8个数据块，每个数据块中数据位序间隔是8，每块57 bit。

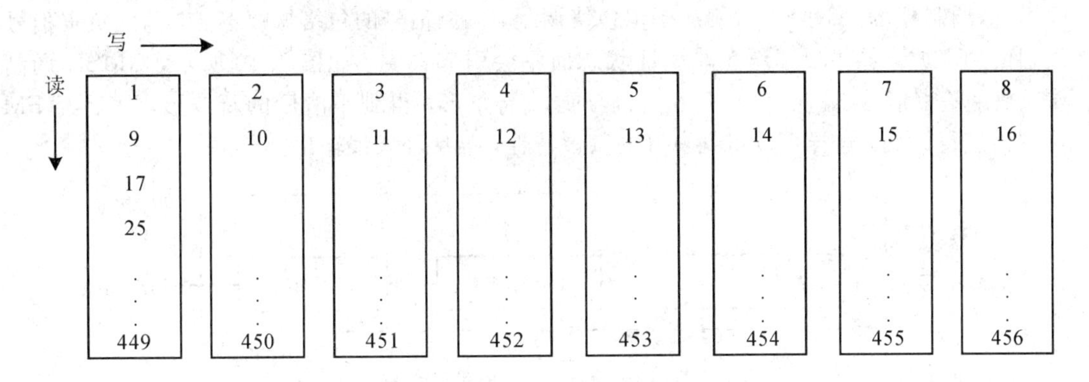

图 4.8　GSM 的第一次交织

第二次交织为数据块之间的交织，比如 A、B、C、D 分别表示 20 ms 的数据块。突发脉冲每次携带 2 个 57 bit 的数据块，使用 A4 和 B0，A5 和 B1，A6 和 B2，A7 和 B3 这样的顺序，如图 4.9 所示。

A	B	C	D
20 ms 语言 456 bit=8×57	20 ms 语言 456 bit=8×57	20 ms 语言 456 bit=8×57	20 ms 语言 456 bit=8×57

A0		
A1		
A2		
A3		
B0		A4
B1		A5
B2		A6
B3		A7
C0		B4
C1		B5
C2		B6
C3		B7

图 4.9　GSM 的第二次交织

解交织是交织的逆过程，是在接收端将之前交织过程中重排的数据块序列恢复成原来的序列顺序。

4. 数字调制解调技术

GSM 系统采用高斯滤波最小频移键控（Gaussian-filtered Minimum Shift Keying,

GMSK)调制技术。GMSK调制属于恒包络调制，调制信号的包络振幅不变，因此负责信号发射的功率放大器可以工作在非线性状态而不会引起失真。如图4.10所示，GMSK调制中，数字基带信号(输入信号)先经过高斯滤波器整形，得到平滑后的新波形，然后经FM调制器进行调制，这样可以得到良好的频谱特性，最后经天线输出。

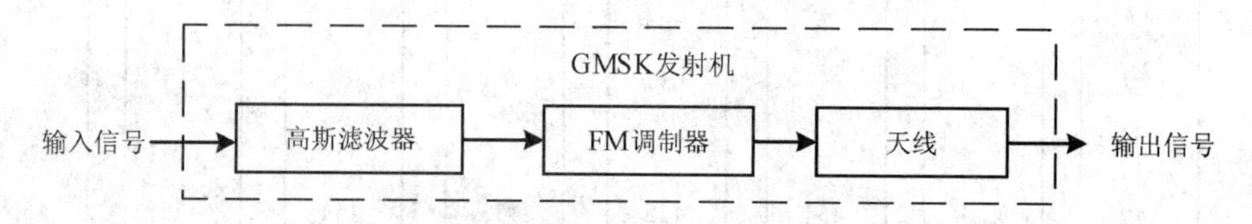

图4.10 GMSK发射机示意图

图4.11是GMSK接收机框图，接收到的射频信号先和相互正交的本振信号相乘得到I、Q两路信号，再经过GMSK解调恢复出基带信号；然后，通过抽取降低信号速率；最后通过位同步和判决恢复出原始的码元。

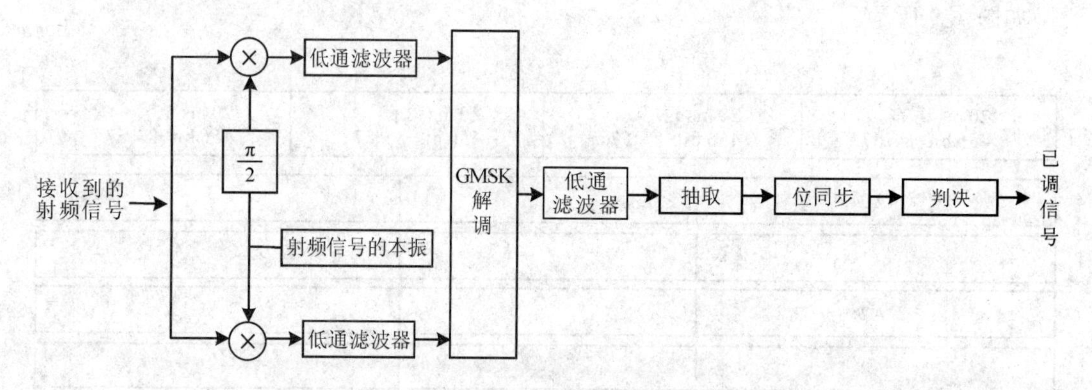

图4.11 GMSK接收机框图

CDMA移动通信系统采用的是另外一种调制方式。基站到移动台(下行)使用正交相移键控(QPSK)调制，而移动台到基站(上行)使用偏移四相相移键控(OQPSK)调制。QPSK是最常用的一种数字信号调制方式，它具有较高的频谱利用率、较强的抗干扰性。

如图4.12所示，QPSK利用载波的4种不同相位来表示数字信息，由于每一种载波相位代表2个比特信息，因此每个四进制码元可以用两个二进制码元的组合来表示。两个二进制中前一个码元用a表示，后一个码元用b表示。

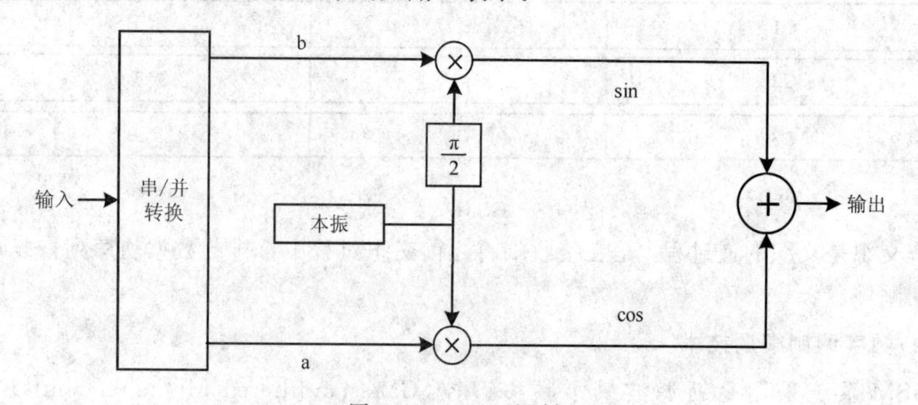

图4.12 QPSK调制

QPSK 的解调原理如图 4.13 所示。同相支路和正交支路分别采用相干解调方式解调，得到同相解调数据和正交解调数据，再经过抽样判决和并/串转换，最后将数据信息恢复出来。

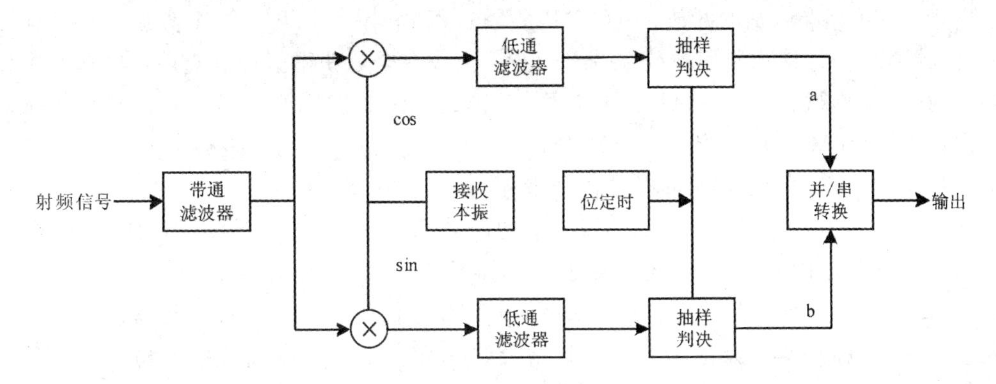

图 4.13　QPSK 解调

OQPSK 全称为 Offset QPSK，是 QPSK 的改进型。它与 QPSK 有同样的相位关系，也是把输入码流分成两路，然后进行正交调制。不同点在于它将同相和正交两支路的码流在时间上错开了半个码元周期。

此外，第二代移动通信技术还运用了其他的数字通信技术如均衡技术、加密技术等。数字通信技术是第二代移动通信最大的创新，后续的移动通信系统基本沿用了数字通信技术的思想。

4.2.3　GSM 移动通信系统

GSM 是当时应用最为广泛的移动通信系统。在高峰期，全球超过 200 个国家和地区、超过 10 亿人使用 GSM 系统。所有用户可以在签署了"漫游协定"的移动电话运营商之间自由漫游。GSM 较第一代移动通信系统最大的不同是它的信令和业务信道都是数字的。GSM 系统是一个开放的标准技术体系。它提供了更容易的互操作性，允许网络运营商提供漫游服务，用户可以在全球使用移动电话。

GSM 系统又是一个继续增量开发的技术体系，保持向后兼容原有的 GSM 系统，同时还可以在不改变原来系统的基础上新增技术。例如，分组交换技术是在 Release 97 版本标准引入的，即 GPRS 技术；高速分组交换技术是在 Release 99 版标准引入的，即 EDGE 技术，产生了 2.5G 移动通信系统。这样就使得 GSM 系统平滑演进，运营商并不需要进行大规模的网络建设。

1. GSM 概述

GSM[Groupe Spécial Mobile(法语)]小组创立于 1982 年，GSM 的名字也是源于这个小组的名字。1990 年，该小组编写完成了第一个 GSM 标准规范的说明。1991 年欧洲开通了第一个 GSM 系统，移动运营者将 GSM 更名为"全球移动通信系统"(Global System for Mobile Communications，GSM)。虽然 GSM 作为一种起源于欧洲的第二代移动通信技术标准，但它的研发初衷是让全球共同使用一个移动电话网络标准，让用户拥有一部手机就能走遍全世界。

1992 年，欧洲标准化委员会统一推出 GSM 系统标准。GSM 系统采用数字通信技术、统一的网络标准，使得通信质量得以保证，并可以开发出更多的新业务供用户使用。GSM移动通信网的传输速度可以达到9.6 kb/s。

由于GSM标准体系的开放性，GSM系统的频谱利用率比第一代移动通信系统有大幅度提升(约为第一代移动通信系统1.8～2倍)，很快在全球获得了普遍应用，并成为数字制式移动通信(也称第二代)网络的主导技术。GSM的手机与“大砖头”模拟手机的区别是多了用户识别卡(SIM卡)，即没有插入SIM卡的移动台(手机)是不能够接入网络的。GSM网络一旦识别用户的身份，即可提供各种服务。

1998年，3G合作项目(3GPP)启动。最初，这个项目的目标是制定详细的下一代移动通信网(3G)规范。同时，3GPP也接受了维护和开发GSM规范的工作。

GSM网络一共有4种不同的蜂窝尺寸：宏蜂窝、微蜂窝、微微蜂窝和伞蜂窝。覆盖面积因不同的环境而不同：对于宏蜂窝，基站天线一般安装在铁塔或者建筑物顶上，覆盖范围较大；对于微蜂窝，天线高度低于平均建筑高度，一般用于市区内；微微蜂窝只覆盖几十米的范围，主要用于室内；伞蜂窝则是用于覆盖更小的蜂窝网的盲区，填补蜂窝之间的信号空白区域。蜂窝覆盖范围根据天线高度、增益和传播条件可以从百米提升至数十千米。

2. GSM频段

GSM系统由于走向全球化，因此GSM系统频谱不能随意使用，需要统一规划。GSM系统频谱包括GSM 900 MHz频段和GSM 1800 MHz频段。

1) GSM 900 MHz频段

GSM 900 MHz频段的频谱参数包括：双工间隔为45 MHz，有效带宽为25 MHz，共124个载频，每个载频有8个时隙。常用频段为上行890～915 MHz、下行935～960 MHz，这是GSM最先实现的频段，也是使用最广的频段。扩展频段(GSM900E)为上行880～915 MHz、下行925～960 MHz。

中国GSM 900使用的频段包括：中国移动为上行890～909 MHz、下行935～954 MHz；中国联通为上行909～915 MHz、下行954～960 MHz。

2) GSM 1800 MHz频段(DCS 1800 MHz)

DCS 1800 MHz频段的频谱参数包括：双工间隔为95 MHz，有效带宽为75 MHz，共374个载频，每个载频有8个时隙。常用频段为上行1710～1755 MHz、下行1805～1880 MHz，该频段适用于对信道容量需求大的市场，应用范围仅次于GMS 900 MHz频段。

中国DCS 1800使用的频段包括：中国移动为上行1710～1720 MHz、下行1805～1815 MHz；中国联通为上行1745～1755 MHz、下行1840～1850 MHz。

截至2004年，全球有超过10亿人使用GSM系统，GSM系统占到全球移动通信市场份额的70%。在1998－2000年，GSM用户数增长的主要原因是移动运营商推出预付费电话服务，它允许那些不能或者不想跟运营商签署合同的人们拥有移动电话。这种服务在欧洲的移动运营商之间竞争也比较激烈，即使没有长期的签约，人们也可以从运营商那里以很低廉的价格买到一款手机。

3. GSM多址方式

GSM采用的是时分和频分相结合的多址接入技术。系统的基站将用户数据按时隙排列广播发送，根据地址信息取出送给自己的数据。下行发送使用一个载频；上行方向，所有

时隙共享上行载频，在基站控制下，按分配给自己的时隙将数据发送到移动交换中心。时分多址的特点有：多个用户共享一个载波频率；非连续传输，使切换更简单；时隙可以根据动态 TDMA 的需求分配。

如图 4.14 所示，在时分多址下，同一个载波频率上形成 N 个信道，即可以容纳 N 个用户，容量比频分多址大得多。比如，有 8 个用户都处于相同的工作频率，按频分多址系统来看，它们不能同时工作，只能是一个用户工作完成后，另一个用户才能工作，否则会造成同频干扰。但若按图 4.14 所示的时分多址方式，把同一频段按时间划分出若干时隙，把时隙 1 分配给第一个用户，把时隙 2 分配给第二个用户，以此类推，周而复始。用这种“分时复用”的方式，可以使同频率的用户同时工作，有效地利用频率资源，提高了系统的容量。例如，一个系统的总频段划分成 124 个频段，若只能按 FDMA 方式，则只有 124 个信道。若在 FDMA 基础上，再采用时分多址，每个频段容纳 8 个时隙，则系统信道总的容量为 $124 \times 8 = 992$ 个信道。需要说明的是，同一个载波上划分的时隙不能过多，过多的话数据传输的连续性将会下降，影响业务（如语音业务）质量。

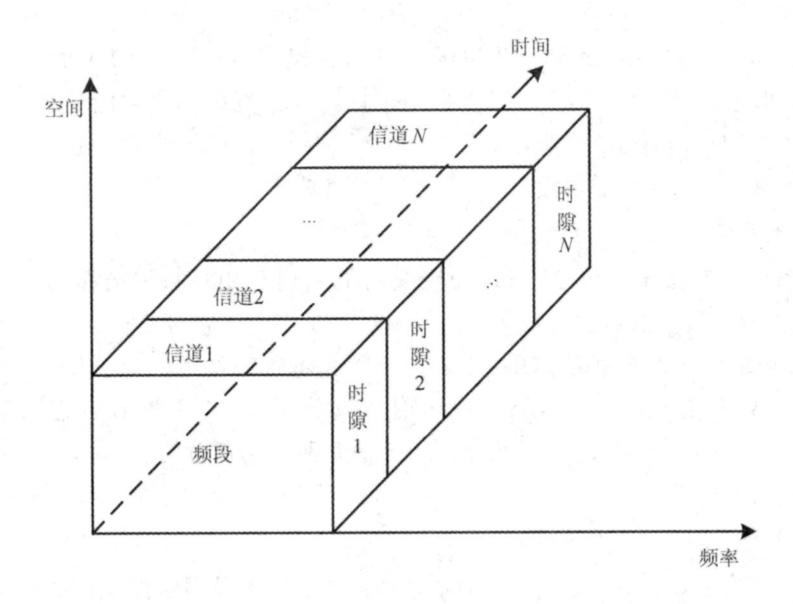

图 4.14　时分多址（TDMA）

4. GSM 网络架构

如图 4.15 所示，GSM 系统主要由移动台（MS）、基站子系统（BSS）、网络子系统（NSS）和操作支持系统（OSS）四部分组成。

1）移动台

移动台是 GSM 移动通信网中用户使用的设备。移动台的类型包括手持台、车载台和便携式台。随着 GSM 的数字式手持台进一步小型化、轻巧化和功能多样化，手持台的用户占据了整个移动用户的最大份额。

2）基站子系统

基站子系统由基站收发信台（BTS）和基站控制器（BSC）两部分组成，是 GSM 系统中与无线蜂窝方面关系最直接的基本组成部分。它通过无线接口直接与移动台通信，负责无线

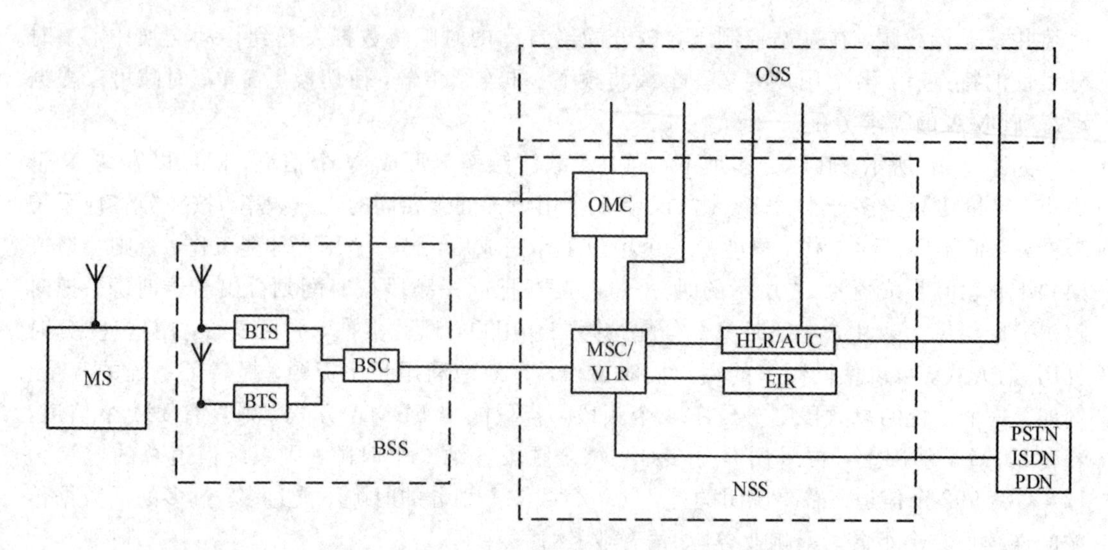

图 4.15　GSM 系统架构

发送接收和无线资源管理。此外，基站子系统与网络子系统(NSS)中的移动交换中心(MSC/VLR)相连，实现移动用户之间或移动用户与固定网络用户之间的通信连接，用于传送系统信号和用户信息等。当然，要对 BSS 部分进行操作维护管理，还要建立 BSS 与操作支持子系统(OSS)之间的通信连接。

3）网络子系统

网络子系统主要包含有 GSM 系统的交换功能和用于用户数据与移动性管理(MSC/VLR)、安全性管理所需的数据库功能(HLR/AUC 和 EIR)。它对 GSM 移动用户之间的通信和 GSM 移动用户与其他通信网用户之间的通信起着管理作用。NSS 由一系列功能实体构成，整个 GSM 系统内部，即 NSS 的各功能实体之间和 NSS 与 BSS 之间都通过符合 CCITT 信令系统 No.7 协议和 GSM 规范的 7 号信令网络互相通信。最后，网络子系统向上还要与公共交换电话网(PSTN)、综合业务数字网(ISDN)和公用数据网(PDN)连接。

4）操作支持系统

操作支持系统主要负责移动用户管理、移动设备管理以及网络操作和维护等。

5. GPRS 网络架构

通用分组无线业务(General Packet Radio Service，GPRS)是 GSM Phase2.1 规范实现的内容之一，能提供比 GSM 网络 9.6 kb/s 更高的数据率。GPRS 采用与 GSM 相同的频段、频带宽度、突发结构、无线调制标准、跳频规则以及 TDMA 帧结构。

通用分组无线业务(GPRS)在无线接入网引入了分组控制单元(Packet Control Unit，PCU)节点，在核心网中引入了 SGSN 和 GGSN 节点，如图 4.16 所示。SGSN 和 GGSN 采用分组交换平台方式，它们定义了基于 TCP/IP 的 GTP 方式来承载高层数据。

SGSN 与 MSC 在同一等级水平，并跟踪单个 MS 的存储单元，实现安全功能和接入控制；GGSN 支持与外部分组交换网的互通，实现与外部 IP 网的无缝连接，GGSN 可实现与外部 IP 网络的透明与非透明的连接，支持特定的点对点和点对多点服务，以实现一些特殊应用如远程信息处理。

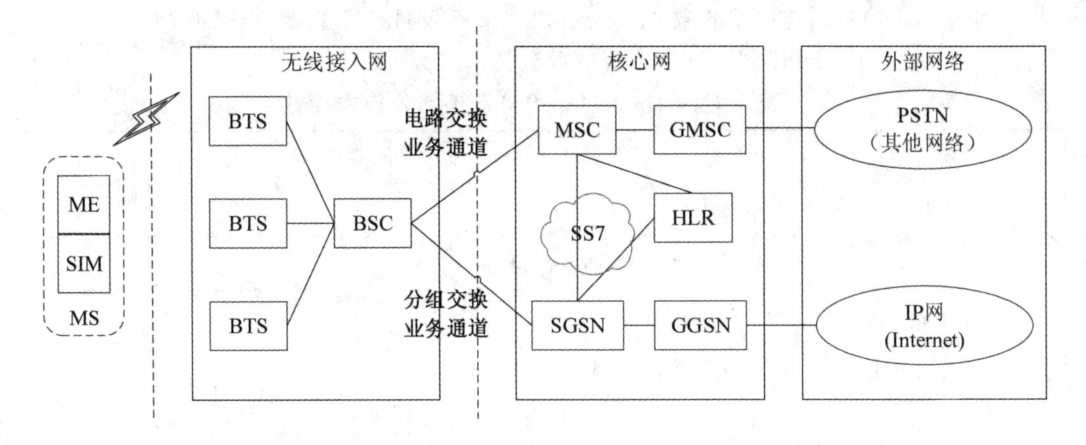

图 4.16　GPRS 系统架构

4.2.4　CDMA 移动通信系统

第二次世界大战期间，因战争的需要，人们研究开发了 CDMA 技术。其目的是防止敌方对己方通信进行干扰。CDMA 技术在战争期间被广泛应用，后来由美国高通公司改造成为商用蜂窝移动通信技术。自从 1993 年美国通信工业协会批准 CDMA 为数字蜂窝系统标准以来，CDMA 技术得到迅速发展。1995 年，第一个 CDMA 商用系统运行后，CDMA 技术的诸多优势在实践中得到了检验，从而在北美、南美和亚洲等地得到了迅速推广和应用。全球许多国家和地区，包括我国香港、韩国、日本、美国都已建有 CDMA 商用网络。在美国和日本，CDMA 成为主要的移动通信技术。在美国，10 个移动通信运营公司中有 7 家选用 CDMA。韩国 60％的人口成为 CDMA 用户。澳大利亚主办的第 27 届奥运会，CDMA 技术更是发挥了重要作用。

中国联通公司于 2002 年 1 月 8 日正式开通了 CDMA 网络并投入商用。2008 年 10 月 1 日后转由中国电信经营，手机号段为 133、153、189。

1. CDMA 的概述

CDMA 技术的标准化经历了几个阶段。IS－95 是 CDMA 系列标准中最先发布的标准。这一标准支持 8K 编码语音服务。随着移动通信对数据业务需求的增长，1998 年 2 月，美国高通公司宣布将 IS－95B 标准用于 CDMA 基础平台上。IS－95B 可提高 CDMA 系统性能，并增加用户移动通信设备的数据流量，提供对 64 kb/s 数据业务的支持。其后，CDMA2000 成为窄带 CDMA 系统向第三代系统过渡的标准。

CDMA 技术的标准化，推进了这项技术在世界范围的应用。据世界 CDMA 发展集团统计，1996 年底 CDMA 用户数仅为 100 万；到 1998 年 3 月迅速增长到 1000 万；1999 年 9 月，用户数超过 4000 万。2000 年初全球 CDMA 移动电话用户的总数突破 5000 万，在一年内用户数增长率达到 118％。

2. CDMA 的频段

CDMA 系统的工作频谱：上行 870～894 MHz，下行 825～849 MHz，双工间隔为 45 MHz。

我国的 CDMA 系统占用的载频：上行 825～835 MHz，下行 870～880 MHz。

表 4.1 示出了 CDMA(IS-95)系统的部分技术参数。

表 4.1　CDMA(IS-95)系统部分技术参数

性能指标	技术参数
带宽	1.25 MHz
码片速率	1.2288 Mchip/s(兆码片每秒)
上行链路带宽	869～894 MHz、1930～1980 MHz
下行链路带宽	824～849 MHz、1850～1910 MHz
帧长度	20 ms
比特率	速率集 1：9.6 kb/s；速率集 2：14.4 kb/s；IS-95B：115.2 kb/s
语音编码器	QCELP：8 kb/s；ACELP：13 kb/s；KVRC：8 kb/s
软切换	是
功率控制	上行：开环＋快速闭环；下行：慢性环
RAKE 分支数目	4
扩频码	沃尔什函数＋长 M 序列

3. CDMA 的扩频技术

扩频通信

CDMA 的扩频技术是 CDMA 移动通信系统的关键特色技术。根据香农(C. E. Shannon)在信息论研究中总结出的信道容量公式，即香农公式：

$$C=W\times \mathrm{lb}\left(1+\frac{S}{N}\right)$$

式中：C 为信息的传输速率，单位为 b/s；W 为带宽，单位为 Hz；S 为有用信号功率，单位为 W；N 为噪声功率，单位为 W。

由香农公式可以看出：为了提高信息的传输速率 C，可以从两种途径实现，即加大信号的传输带宽 W 或提高信号的信噪比 S/N。换句话说，当信号的传输速率 C 一定时，信号带宽 W 和信噪比 S/N 是可以互换的，即增加信号带宽可以降低对信噪比的要求。当通信带宽增加到一定程度，允许信噪比进一步降低，有用信号功率接近噪声功率甚至淹没在噪声之下也是可能通信的。通过增加传输宽带来换取信噪比的降低，就是扩频通信的基本思想和理论依据。

扩频通信技术通过在发送端采用扩频码调制，使信号所占的带宽远大于所传信息必需的带宽，在接收端采用相同的扩频码进行相关解扩以恢复所传信息数据。如图 4.17，扩频通信有以下 3 种方式：

(1) 直扩(DS)：多用户完全在同一时间、同一地点占用同一频率资源。即将需要传送的信号与速率远大于信息速率的伪随机序列编码(扩频码)直接扩频调制，这样调制信号的频谱宽度远大于原来信息的频谱宽度。

(2) 跳频(FH)：单一用户单一时刻占用的频谱带宽较窄，占用频率随时间变化，并按

照一定规律跳变，跳变规律由地址码决定。

(3) 跳时(TH)：单一用户不定时占用较宽的频谱，占用的时间按照一定规律变化，时间改变的规律由地址码决定。

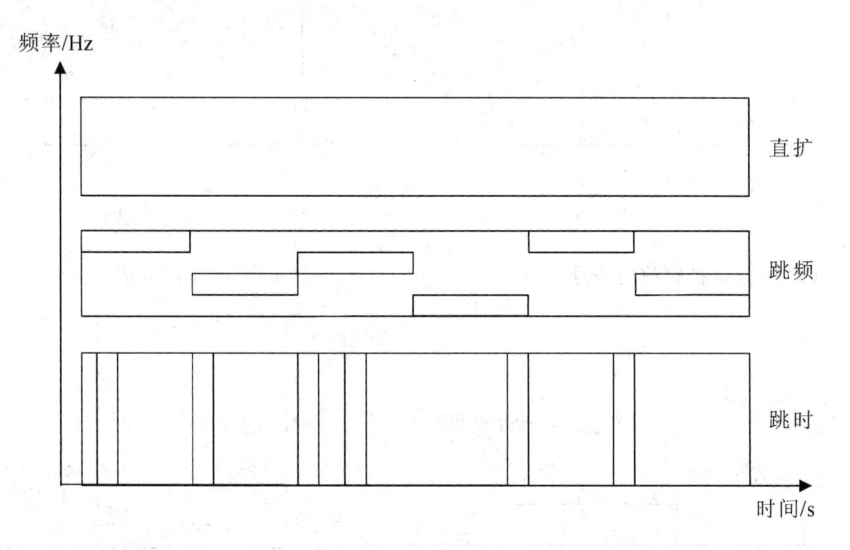

图 4.17　三种扩频方式

CDMA 系统采用的是直扩方式。如图 4.18 所示，这种扩频通信在发送端采用扩频码调制，使得信号所占的带宽远大于所传信息的带宽；在接收端采用相同的扩频码进行相干解扩来恢复所传输的数据。

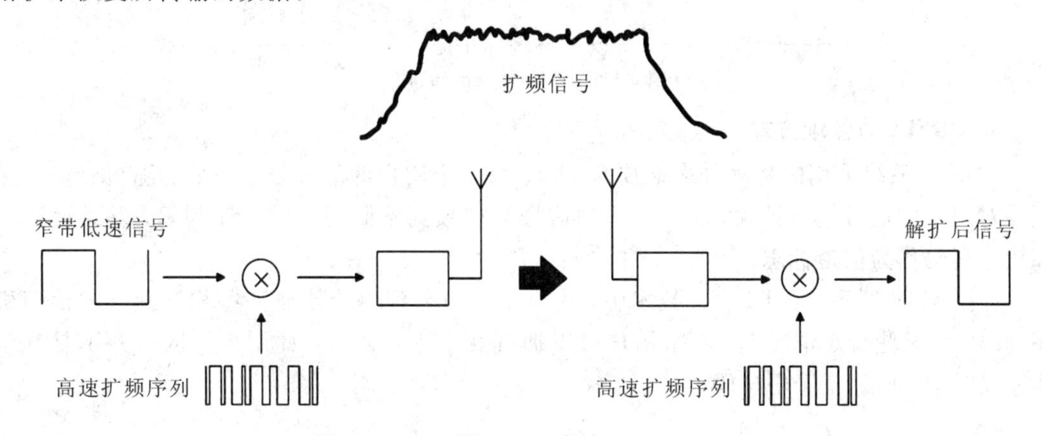

图 4.18　直扩

扩频和解扩的过程如下：

(1) 信息数据经过常规的数据调制，变成窄带信号，如图 4.19(a)所示。

(2) 窄带信号经扩频编码发生器产生的伪随机编码(PN)扩频调制，形成功率谱密度极低的宽带扩频信号，然后被发射出去，如图 4.19(b)所示。

(3) 信号在空中信道传输的过程中会叠加干扰噪声(包括窄带噪声、宽带噪声)，如图 4.19(c)所示。

(4) 在接收端，扩频宽带信号经与发射时相同的伪随机编码解扩，恢复成常规的窄带信号，如图 4.19(d)所示。

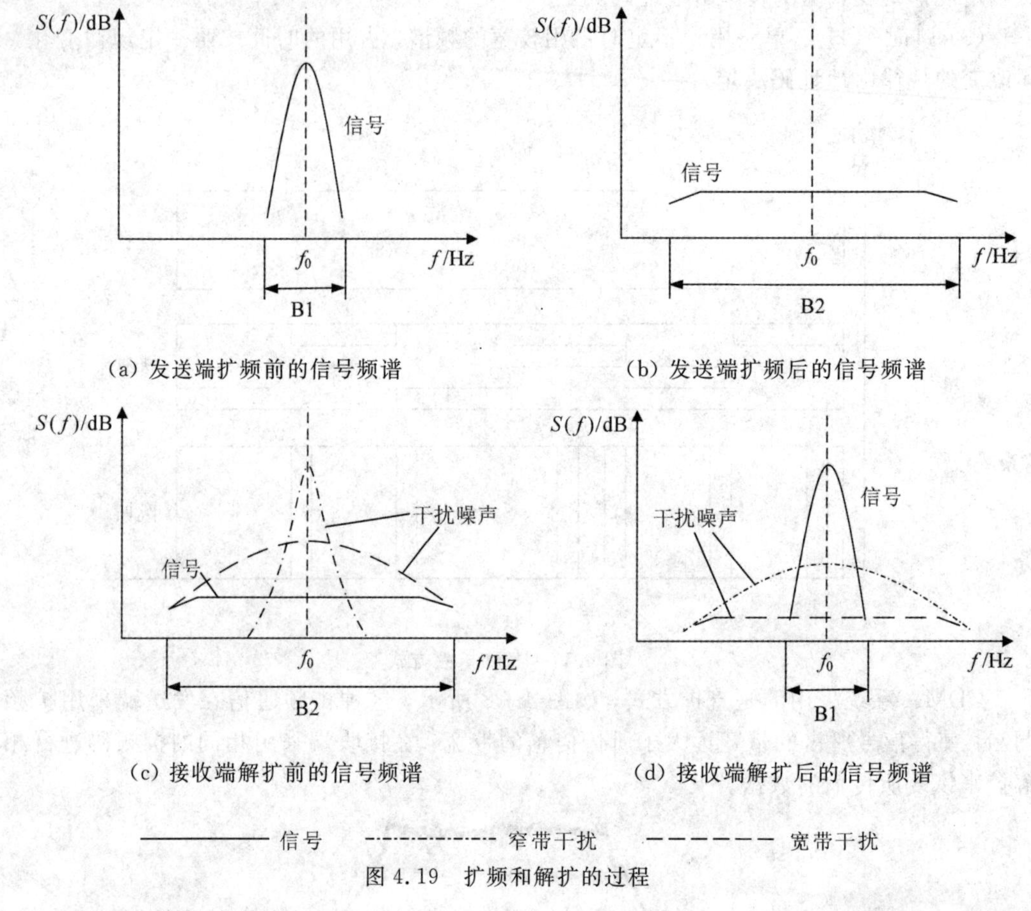

图 4.19 扩频和解扩的过程

4. CDMA 的多址方式

CDMA 系统采用的是码分多址技术，即给每一个用户的信号分配一个伪随机二进制序列并对用户的信号进行扩频，不同用户的信号被扩频到不同的伪随机序列里，基站使用伪随机序列码作为信道标志。

如图 4.20 所示，在 CDMA 技术中，给每个用户分配一个或者一些相互独立的伪随机序列码。在某些特定情况下，一个用户可以拥有几个用户码，因此用户的区分并不是基于频率或时间，而是基于用户码。

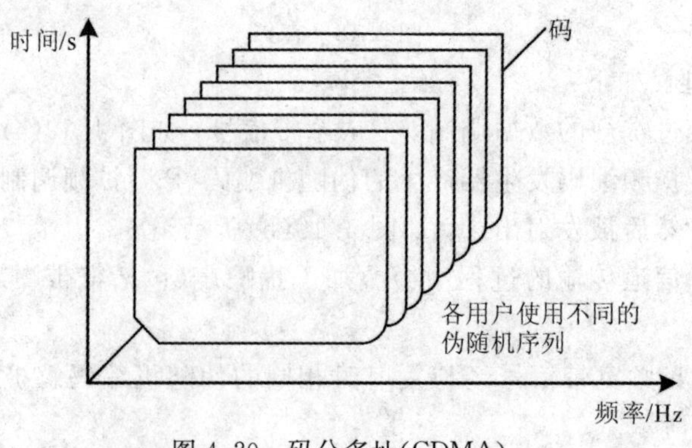

图 4.20 码分多址(CDMA)

5. CDMA 的网络架构

如图 4.21 所示，CDMA 的网络由基站子系统(BSS)、移动交换子系统(MSS)、集群子系统(DSS)和分组数据子系统(PDSS)组成。其中 BSS 包括基站收发信台(BTS)和基站控制器(BSC)两部分。基站与移动台通过空口通信。

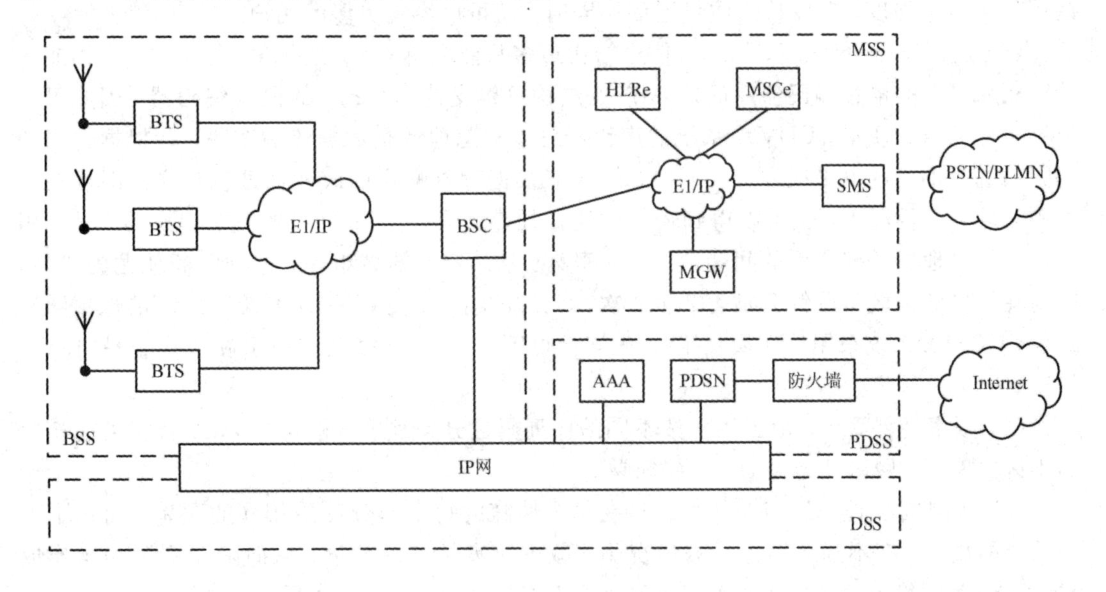

图 4.21　CDMA 的网络架构

CDMA 的网络架构和 GSM 网络在无线接入网等方面一致，但是在核心网的分组域不同。

CDMA 核心网分组域主要逻辑实体包括分组数据服务节点(Packet Data Serving Node，PDSN)、认证授权和计费服务器(Attestation Authentication Accounting，AAA)等，其功能如下：

分组数据服务节点是将 CDMA 接入 Internet 的模块，PDSN 负责为移动用户提供分组数据业务的管理和控制，包括负责建立、维持和释放链路，对用户进行身份认证，对分组数据进行管理和转发等。

认证授权和计费服务器主要负责管理交换网的移动用户的权限，提供管理用户的权限、开通的业务、认证信息、计费信息等功能。AAA 负责支持 CDMA 用户的认证授权和计费服务。

6. CDMA 的技术特点

CDMA 采用了扩频、多址接入、蜂窝组网和频率复用等技术，是含有频域、时域和码域三维信号处理的一种系统，因此它具有抗干扰性好、抗多径衰落、保密安全性高，同一频率可在多个小区内重复使用，容量和质量之间可权衡取舍等特点。这些特点使 CDMA 比其他系统有很大的优势。具体如下：

(1) 系统容量大。理论上，在使用相同频率资源的情况下，CDMA 比第一代移动通信网络容量大 20 倍，实际使用中比第一代移动通信网络大 10 倍，比 GSM 系统要大 4～5 倍。

(2) 系统容量配置灵活。在 CDMA 系统中，用户数的增加相当于背景噪声的增加，这会造成语音质量的下降，小区之间可根据话务量和干扰情况自动均衡。CDMA 是一个自扰

系统，所有移动用户都占用相同带宽和频率。打个比方，将带宽想象成一个大房子，所有的人将进入这个唯一的大房子。如果他们使用完全不同的语言，就可以清楚地听到同伴的声音而不会受到一些来自别人谈话的干扰。在这里，屋里的空气可以被想象成宽带的载波，而不同的语言即被当作编码，可以不断地增加用户直到整个背景噪声被限制住。如果能控制用户的信号强度，在保持高质量通话的同时，就可以容纳更多的用户。

(3) 通话质量更佳。TDMA 的信道结构最多只能支持 4 kb/s 的语音编码器，它不能支持8 kb/s以上的语音编码器，而 CDMA 的结构可以支持 13 kb/s 的语音编码器。因此可以提供更好的通话质量。CDMA 系统的声码器可以动态地调整数据传输速率，并根据适当的门限值选择不同的电平级发射。同时，门限值根据背景噪声的改变而改变，这样即使在背景噪声较大的情况下，也可以得到较好的通话质量。另外，TDMA 采用硬切换的方式，用户可以明显地感觉到通话的间断，在用户密集、基站密集的城市中，这种间断就尤为明显，因为在这样的地区每分钟会发生 2 至 4 次“移交”的情形。而 CDMA 系统“掉话”的现象明显减少，CDMA 系统采用软切换技术，“先连接再断开”，这样完全克服了硬切换容易“掉话”的缺点。

(4) 频率规划简单。由于用户按不同的序列码区分，因此不相同 CDMA 载波可在相邻的小区内使用，网络规划灵活，扩展简单。

(5) 建网成本低。CDMA 技术通过在每个蜂窝的每个部分使用相同的频率，简化了整个系统的规划，在不降低话务量的情况下，减少所需站点的数量，从而降低部署和操作成本。CDMA 网络覆盖范围大，系统容量大，所需基站少，建网成本低。

4.3 第三代移动通信系统

自从国际电信联盟(International Telecommunication Union，ITU)在 20 世纪 80 年代提出 IMT2000 移动通信系统后，经历了十多年的努力，第三代移动通信系统就迅速地发展起来了。与第二代移动通信系统相比，第三代移动通信系统拥有全球统一的标准，语音业务质量大大提升，并增加了多媒体通信业务。第三代移动通信的典型系统有 WCDMA 系统，TD-SCDMA 和 CDMA2000 系统。

4.3.1 第三代移动通信系统的概述

1999 年，随着移动通信技术的迅速发展，全球移动用户总数已超过 4 亿，其中一半以上是 GSM 用户。2002 年，全球开通上网服务的手机数量超过 6000 万，比当时开通上网服务的电脑用户数量还多。

当时，移动运营商面临的主要机遇和挑战是在手机端引入互联网业务和其他增值业务(如银行业务、定位业务等)。新业务的引入对无线通信网络提出了新的要求。GPRS 这类建立在原有制式上的数据传输方案已经远远不能满足新的需求。这是因为原有制式使用的频谱比较少(不到 100 MHz)，加上第二代移动通信系统的频谱利用率本身比较低，甚至无法满足之前的以语音为主的业务需求。第二代移动通信系统频谱利用率低还导致了一些国家和城市的中心地带用户容量严重不足。这些问题都表明需要重新构建一个适合于宽带数据业务和 IP 业务的宽带移动通信系统。另外，第二代移动通信系统的多种制式在空中接口和

网络设备上存在不统一、不兼容的问题，而在全球一体化的大背景下，人们迫切需要一个全球统一的移动通信系统。

早在1985年，国际电信联盟(ITU)就提出要规划设计第三代移动通信系统。当时称为未来公众陆地移动通信系统。1996年更名为国际移动通信-2000(IMT-2000)，即该系统工作在2000 MHz频段，最高业务速率可达2000 kb/s，预计在2000年左右得到商用。

1998年12月，多个电信标准组织签署了《第三代伙伴计划协议》。3GPP(第三代合作伙伴计划)组织由此诞生。3GPP最初是为第三代移动通信系统制定全球适用技术规范和技术报告，致力于研究如何从GSM系统向WCDMA(UMTS)系统演进。1999年1月，3GPP2(第三代合作伙伴计划2)组织成立，致力于研究如何从CDMA IS-95系统向CDMA2000系统演进。

2000年5月，ITU最终确定美国电信工业协会提交的CDMA2000标准、欧洲电信标准化协会提交的WCDMA标准和中国电信科学技术研究院提交的TD-SCDMA标准成为第三代移动通信系统的主流标准。

在第三代移动通信系统的标准中，WCDMA和CDMA2000基于频分双工(FDD)模式，TD-SCDMA基于时分双工(TDD)模式。第三代移动通信系统业务将从语音扩展到数据、图像、视频等多媒体业务，它是一个全球覆盖的移动综合业务数字网，将高速移动接入和基于Internet协议的服务结合起来，在提高无线频谱利用率的同时，为用户提供更经济、内容更丰富的无线通信服务。图4.22是制定第三代移动通信系统标准的组织机构及其成员。ITU提出技术规划，3GPP和3GPP2负责标准的制定和实施。

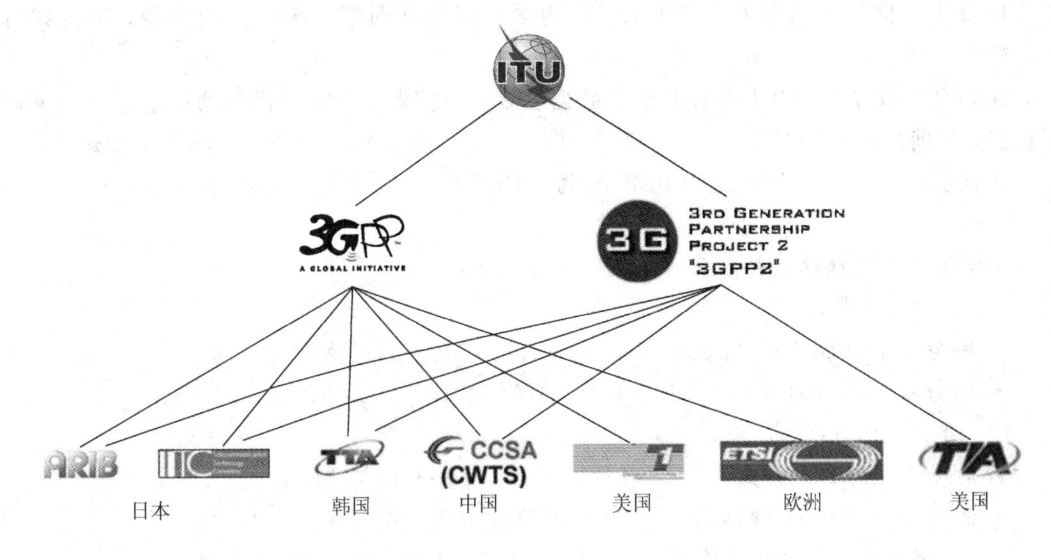

图4.22　第三代移动通信的标准组织

1. 基本目标

第三代移动通信是一个全球无缝覆盖、全球漫游，包括卫星移动通信、陆地移动通信和无绳电话等蜂窝移动通信的大系统。它可以向公众提供各种宽带数据业务，如图像、音乐、网页、视频等，并与改进的GSM系统兼容。

第三代移动通信系统的基本目标包括：全球统一频段、统一标准，能无缝覆盖；比第二代移动通信系统具有更高的频谱利用率；具有高服务质量、高保密性能；能提供宽带多媒体业务，速率最高可达到 2 Mb/s(车速环境：144 kb/s，步行环境：384 kb/s，室内环境：2 Mb/s)；易于从第二代移动通信系统过渡和演进；具有价格低廉的多媒体终端。

2. 技术标准

2000 年 5 月，ITU - R 2000 年全会批准通过了 IMT - 2000 的无线接口技术规范(RSPC)建议，它分为 CDMA 和 TDMA 两大类，共五种技术。其中主流技术为以下 3 种：

(1) IMT - 2000 CDMA - DS(IMT - 2000 直接扩频 CDMA)，即 WCDMA，它是在一个宽为 5 MHz 的频带内直接对信号进行扩频；

(2) IMT - 2000 CDMA - MC(IMT - 2000 多载波 CDMA)，即 CDMA2000，它是美国提出的技术，由多个 1.25 M 的窄带直接扩频组成一个宽带系统；

(3) IMT - 2000 CDMA TDD(IMT - 2000 时分双工 CDMA)，包括 TD - SCDMA 和 UTRA TDD，其中 TD - SCDMA 是我国提出的技术。

最终，基于 CDMA 技术的三个标准被 ITU 接纳，形成了 3G 的三大标准，即 WCDMA、CDMA2000 和 TD - SCDMA。其中，WCDMA 和 TD - SCDMA 可以后向兼容第二代移动通信系统 GSM，CDMA2000 后向兼容第二代移动通信系统 CDMA。这些标准的技术细节，主要是由 3GPP 和 3GPP2 两大标准组织根据 ITU 的建议来进一步完成的。其中，WCDMA 和 TD - SCDMA 标准由 3GPP 开发和维护，CDMA2000 标准由 3GPP2 开发和维护。

3. 频谱划分

1992 年，世界无线电大会 WRC - 92 为第三代移动通信分配了使用频段，带宽共有 230 MHz(1885～2025 MHz，2110～2200 MHz)。

2000 年，世界无线电大会针对未来数据发展需求问题，对第三代移动通信的频段进行了扩展，扩展后频段分别为：806～960 MHz，1710～1885 MHz，2500～2690 MHz。

在欧洲，UTRA TDD 的可用频段为：1900～1920 MHz、2010～2025 MHz，共 35 MHz。

中国第三代公众移动通信系统的工作频段如下：

(1) 主要工作频段：

· 频分双工(FDD)方式：1920～1980 MHz、2110～2170 MHz；

· 时分双工(TDD)方式：1880～1920 MHz、2010～2025 MHz。

(2) 补充工作频率：

· 频分双工(FDD)方式：1755～1785 MHz、1850～1880 MHz；

· 时分双工(TDD)方式：2300～2400 MHz，与无线电定位业务共用。

(3) 卫星移动通信系统工作频段：1980～2010 MHz、2170～2200 MHz。

4. 技术特点

第三代移动通信技术致力于为用户提供更好的语音、文本和数据服务。与第二代移动通信技术相较而言，3G 技术的主要优点是能极大地增加系统容量、提高通信质量和数据传输速率。此外，利用在不同网络间的无缝漫游技术，可将移动通信网和 IP 网连接起来，从而可对移动终端用户提供更多样的服务。

3G 与 2G 的主要区别是在传输速上，它能够在全球范围内更好地实现无线漫游，并处

理图像、音乐、视频流等多种媒体形式，提供包括网页浏览、电话会议、电子商务等多种信息服务，同时也考虑与已有第二代系统的良好兼容性。为了提供这种服务，无线网络必须能够支持不同的数据传输速率，也就是说在室内、室外和行车的环境中能够分别支持至少2 Mb/s、384 kb/s以及144 kb/s的传输速率(此数值根据网络环境会发生变化)。

第二代移动通信克服了第一代移动通信系统的弱点，话音质量、保密性得到了很大提高，并可进行省内、省际自动漫游。但由于第二代移动通信系统带宽有限，因此限制了数据业务的应用，也无法实现移动的多媒体业务。同时，由于各国第二代移动通信系统标准不统一，因而无法进行全球漫游。比如，采用日本的PHS系统的手机用户，只有在日本国内使用，而我国GSM手机用户到美国旅行时，手机就无法使用了。而且2G的GSM信号覆盖盲区较多，一般高楼、偏远地方都会信号较差。

和前面两代移动通信系统相比，第三代移动通信系统是覆盖全球的多媒体移动通信系统。它的主要特点之一是可实现全球漫游，使任意时间、任意地点、任意人之间的交流成为可能。也就是说，每个用户都有一个个人通信号码，带着手机，走到世界任何一个国家，人们都可以找到你；反过来，你走到世界任何一个地方，都可以很方便地与国内用户或他国用户通信，与在国内通信时毫无分别。能够实现高速数据传输和宽带多媒体服务是第三代移动通信系统的另一个主要特点。这就是说，用手机除了可以进行普通的寻呼和通话外，还可以上网读报纸，查信息、下载文件和图片。由于带宽的提高，第三代移动通信系统还可以传输图像，提供可视电话业务。

4.3.2　第三代移动通信系统的关键技术

第三代移动通信最大的创新就是先进行全球顶层的标准化设计，然后开发生产设备和建设网络，使移动通信网络迅速得到了全球化部署。另外，第三代移动通信系统的双工技术也得到创新性的发展。

1. 双工技术

在第三代移动通信系统的三大主流技术中，WCDMA技术和CDMA2000技术采用频分双工(FDD)方式，而TD-SCDMA采用时分双工(TDD)方式。这两种双工方式还延续到了第四代移动通信系统中。

图4.23是FDD的工作示意图。FDD是移动通信系统在相互隔离的两个对称频率信道上接收和传送信号，用保护频段来分离接收和传送信道的方式，即采用两个对称的频率信道来分别发射和接收信号，依靠频率来区分上、下行链路，其单方向的通道在时间上是连续的。

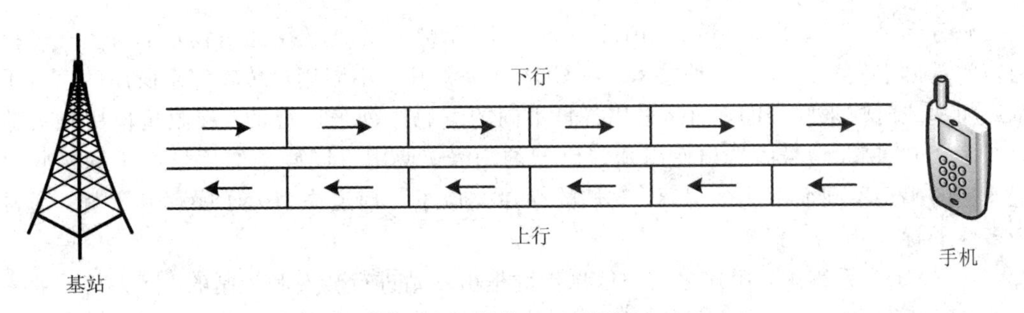

图4.23　频分双工(FDD)

图4.24是TDD的工作示意图。在采用TDD的移动通信系统中，接收和传送信号是在同一频率信道(即载波)的不同时隙上进行的，用时间来分离接收和传送信道。TDD在不对称业务中有着不可比拟的灵活性。例如，TD-SCDMA只需一个不对称频段的频率分配，其载波为1.6 MHz。由于上、下行的切换点可灵活变动，因此对于对称业务(如语音业务)和不对称业务(如上网业务)，可充分利用无线频谱。

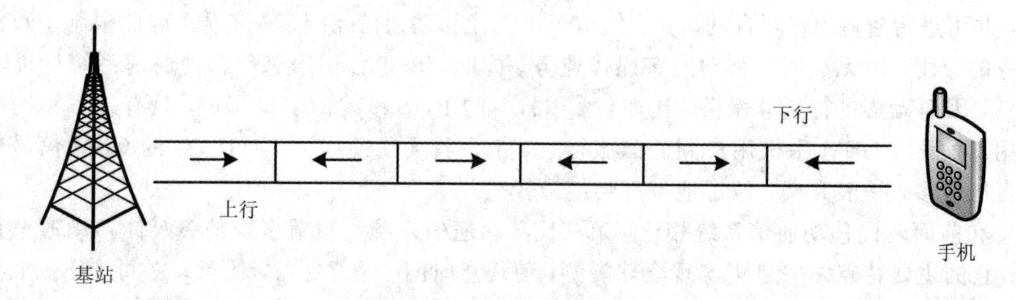

图4.24 时分双工(TDD)

采用FDD方式的移动通信系统与采用TDD方式的移动通信系统相比，有以下优缺点：

(1) FDD必须使用成对的收发频率。在支持对称业务时能充分利用上、下行的频谱，但在进行非对称的数据交换业务时，频谱的利用率则大为降低，约为对称业务时的60%。而TDD则不需要成对的频率，通信网络可根据实际情况灵活地变换信道上、下行的切换点，有效提高系统传输不对称业务时的频谱利用率。

(2) 根据ITU对3G的要求，采用FDD方式的系统最高移动速度可达500 km/h，而采用TDD方式的系统最高移动速度只有120 km/h。两者相比，TDD系统明显稍逊一筹。

(3) 采用TDD方式工作的系统，上、下行工作于同一频率，其上、下行信道的一致性使之适合运用智能天线技术，通过智能天线具有的自适应波束赋形，可有效减少多径干扰，提高设备的可靠性。而收、发采用一定频段间隔的FDD系统则难以采用上述技术。同时，智能天线要求采用多个小功率的线性功率放大器代替单一的大功率线性放大器，其价格远低于单一大功率线性放大器。据测算，TDD系统的基站设备成本比FDD系统的基站成本低约20%～50%左右。

(4) 使用FDD可消除邻近蜂窝区基站和本区基站之间的干扰，而使用TDD则可能会引起邻区基站对本区基站、邻区基站对本区移动机、邻区移动机对本区基站及邻区移动机对本区移动机的4项干扰。综合比较，可见FDD系统的抗干扰性能要好于TDD系统。

2. 码分多址技术

码分多址(Code Division Multiple Access，CDMA)是在数字通信技术的分支——扩频通信的基础上发展起来的一种技术。在CDMA系统中，不同用户传输信息所用的信号不是依靠频率或时隙来区分的，而是采用各自不同的编码序列来区分的，接收机使用相关器可以在多个CDMA信号中选出使用预定码型的信号。使用不同码型的信号由于和接收机本地产生的码型不同而不能被解调，它们的存在类似于在信道中引入了噪声和干扰，通常称为多址干扰。

在CMDA系统中，用户之间的信息传输是由基站进行转发和控制的，除去传输业务信息外，还必须传送相应的控制信息。为了传送不同的信息，需要设置相应的信道。但是，

CDMA 系统既不分频道又不分时隙，无论传送何种信息的信道都需要依靠不同的码型来区分，类似的信道属于逻辑信道，这些逻辑信道无论从频域或者时域来看都是相互重叠的，或者说它们均占用相同的频段和时间。

CDMA 系统具有如下特点：

(1) CDMA 通信系统与 FDMA 系统或 TDMA 系统相比具有更大的通信量。

(2) CDMA 系统的全部用户共享无线信道，用户信号的区分只是所用码型的不同，因此 CDMA 系统具有软容量，或者说软过载特性，即系统满负荷时，接入少量新用户只会造成语音质量的轻微下降，而不会出现阻塞现象。

(3) CDMA 系统具有软切换能力。

(4) CDMA 系统可以充分利用人类对话的不连续特性，实现语音激活技术以提高系统的通信容量。

(5) CDMA 系统以扩频技术为基础，因而它有抗干扰、抗多径衰落和具有保密性等优点。

第三代移动通信系统的标准(WCDMA、CDMA2000、TD－SCDMA)都使用码分多址接入技术。

3. 切换技术

蜂窝结构的移动通信系统中，当移动台从一个区域移动到另一个区域时，为保持移动用户不中断通信，需要进行的无线资源再分配称为切换。

GSM 系统中的切换都是硬切换，而在 WCDMA 和 CDMA2000 系统中主要采用软切换。与硬切换相比，软切换提高了切换的成功率，但在实际的 CDMA 网络中，硬切换也是不可避免的。CDMA 系统中的跨频切换、跨 BSC 切换都还是硬切换。TD－SCDMA 技术则采用了独有的接力切换技术。这种技术综合了硬切换与软切换的优点，是一种全新的切换技术。

4. 功率控制

功率控制是 CDMA 通信技术的关键，要实现 CDMA 通信的规模商用，必须解决好功率控制。CDMA 系统是一个同频自干扰系统，任何多余不必要的功率都不允许发射，这是必须要遵守的总准则。

功率控制的目的主要是克服远近效应和补偿衰落；减小多址干扰，保证网络容量；延长电池使用时间。在 3G 移动通信标准中都采用了功率控制技术。

在 CDMA 通信系统中每个用户对于其他用户都相当于干扰，远近效应明显，严重影响系统容量。采用功率控制技术可减少用户间的相互干扰，提高系统整体容量。

CDMA 系统也易受多址干扰的影响，其原因为：一是由于各用户使用的通信频率相同，在不同的用户之间的扩频序列不能进行完全正交，即相关系数不为零；二是即使扩频序列能正交，实际信道中的异步传输也会引入相关性。

功率控制有以下 3 种。

(1) 开环功率控制：从信道中测量干扰条件，并调整发射功率。开环功率控制的目的在于对新请求业务的初始发射功率作出估计。下行链路的开环功率控制的原理在于利用 UE 所测得的 P－CPICH 的信号质量来对下行链路信道的初始发射功率作出估计，同时需要考虑业务的 QoS、数据速率、下行链路的实时总发射功率、其他小区对本小区的干扰等因素。

(2) 闭环－内环功率控制：比较测量信噪比和目标信噪比，并向移动台发送指令调整信号

的发射功率。TD-SCDMA 控制频率为 200 Hz；CDMA2000 控制频率为 800 Hz；WCDMA 控制频率为 1500 Hz。接收方根据接收到的信号的信干比(SIR)与控制信道的目标信干比向发送方返回一个 TPC 命令，发送方根据接收到的 TPC 命令，通过高层给定的闭环功率控制算法得出是增加发射功率还是减小发射功率，如图 4.25 所示。若测定 SIR 大于目标 SIR，则降低移动台发射功率；若测定 SIR 小于目标 SIR，则增加移动台发射功率。

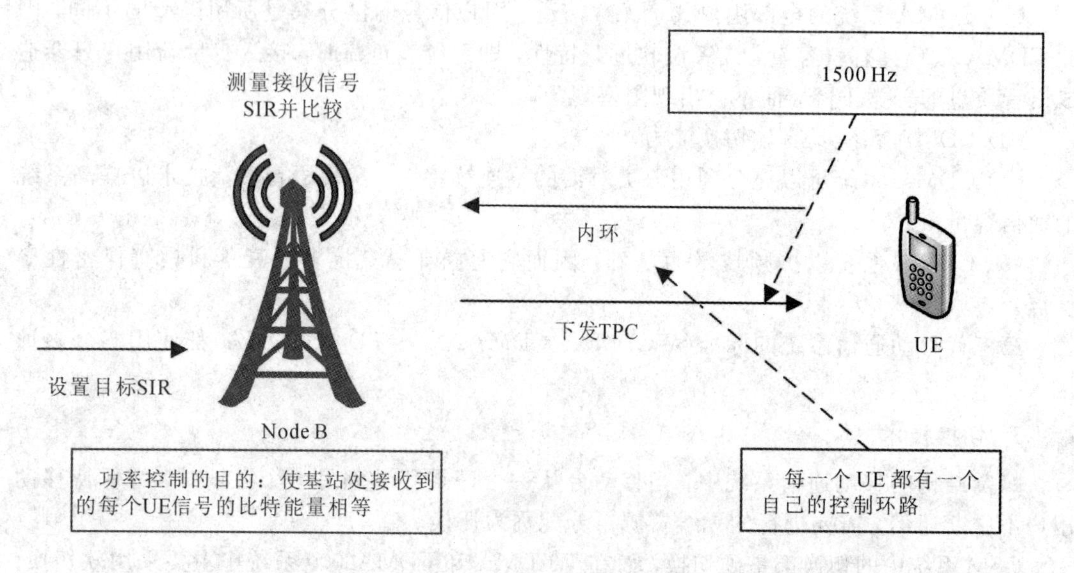

图 4.25　闭环-内环功率控制

(3) 闭环-外环功率控制：测量误帧率(误块率)，调整目标信噪比。其主要思想是将闭环功率控制测量单链路的 SIR 与外环功率控制算法根据 QoS 要求设定的目标 SIR 进行比较，控制单链路的 SIR 逼近目标 SIR，同时根据测量上报得到的质量信息(如 CRCI)慢速调整目标 SIR，以使业务质量不受无线环境的变化的影响，保持相对恒定的通信质量。外环功率控制的入口参数有目标 BLER、CRC 检验结果以及 SIR error，出口参数为目标 SIR，如图 4.26 所示。

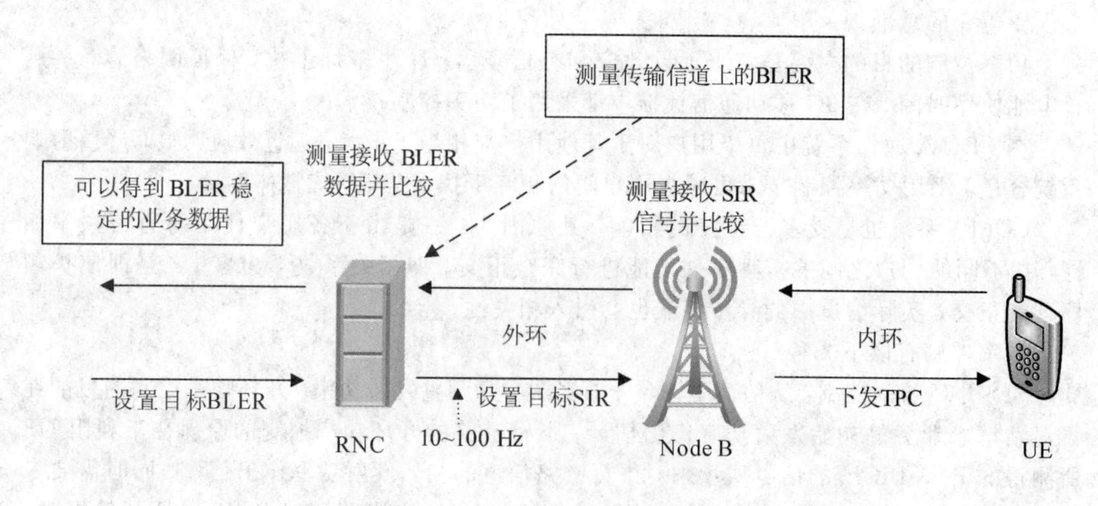

图 4.26　闭环-外环功率控制

5. Rake 接收技术

在 CDMA 系统中，信道带宽远大于信道的平坦衰落宽度。采用传统的调制技术需要用均衡器来消除符号间的干扰，而在采用 CDMA 技术的系统中，无线信道传输中出现的时延扩展可以被认为是信号的再次传输，如果这些多径信号相互间的时延超过了一个码片的宽度，那么，它们将被 CDMA 接收机看作非相关的噪声，不再需要均衡。

扩频信号非常适合多径信道传输。在多径信道中，传输信号被障碍物如建筑物和大山等反射，接收机就会接收到多个不同时延的码片信号。如果码片信号之间的时延不超过一个码片，接收机就可以分别对它们进行解调。实际上，从每个多径信号的角度看，其他多径信号都是干扰，并被处理增益抑制，但是，对于 Rake 接收机则可以对多个信号进行分别处理，合成获得接收信号，如图 4.27 所示。因此，CDMA 的信号很容易实现多路分集。从频率范围看，传输信号的带宽大于信号相关带宽，并且信号频率是可选择的。

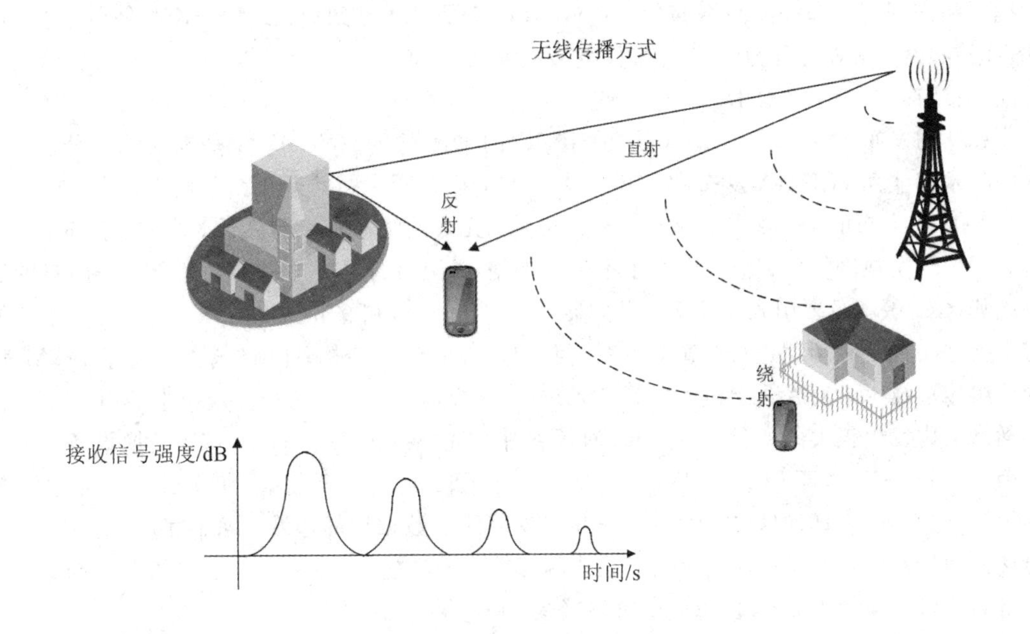

图 4.27　多径传播导致的多径延迟

由于在多径信号中含有可以利用的信息，因此 CDMA 接收机可以通过合并多径信号来改善接收信号的信噪比。Rake 接收机包含多个相关检测器，每个相关检测器接收一个多路信号。Rake 接收机就是通过多个相关检测器接收多径信号中的各路信号，并把它们合并在一起。

经扩频和调制后，信号被发送，每个信道具有不同的时延和衰落因子，分别对应不同的传播环境。经过多径信道传输，Rake 接收机利用相关检测器检测出多径信号中最强的 M 个支路信号，然后对每个 Rake 支路的输出进行加权合并，以提供优于单路信号的接收信噪比，在此基础上进行判决。

4.3.3　WCDMA 移动通信系统

通用移动通信系统（Universal Mobile Telecommunication Systems，UMTS）是采用宽

带码分多址(Wideband Code Division Multiple Access，WCDMA)空中接口的第三代移动通信系统，通常把UMTS系统称为WCDMA通信系统，它是由3GPP具体制定的，基于GSM MAP核心网，UTRAN(UMTS陆地无线接入网)为无线接口的第三代移动通信系统。

WCDMA采用直接序列扩频码分多址(DS-CDMA)、频分双工(FDD)方式，码片速率为3.84 Mchip/s，载波带宽为5 MHz。

1. WCDMA发展历程

WCDMA发展的技术路线是：无线接口向高速传送分组数据发展，无线网络向IP化发展，工作频段向多频段方向发展。简单说就是：高速、IP化、多频段。

2000年发布的R99是WCDMA技术真正商用的第一个标准版本。R99充分考虑了WCDMA网络与GSM网络并存，从而保证广大GSM运营商的既得利益和已有的投资，通过提高频谱利用率和提高网络容量，使GSM网络平滑演进到WCDMA。R99保留了2G的GSM核心网。核心网分为电路域和分组域；接入网引入WCDMA RAN；核心网与接入网之间的接口基于ATM技术。

R99的发布实现了WCDMA从2G到3G的平滑过渡。WCDMA基本秉承了分层、分离的技术路线。WCDMA发布的R99版本其实更适合新建网的运营商采用。

2001年发布的R4版本主要变化在核心网，无线网络基本没有实质性的变化。R4版本抛弃了传统交换网络的概念，引入了下一代网络(NGN)的层次结构，更符合未来网络的发展趋势。R4版本主要引入了MSC服务器(MSC Server)和媒介网关(MGW)，在电路交换域中把呼叫控制和承载进行分离，也就是我们常说的分层结构；电路域支持基于ATM/IP的分组传输技术，包括语音和信令等；Streaming级别的分组业务。分组技术的引入造成核心网络结构发生很大的变化。由于GSM系统中的MSC节点是一个TDM交换设备，很难应用到这样一个基于ATM/IP的网络结构中，因此，一个崭新的节点——媒介网关(MGW)出现在3GPP R4的网络中。它位于网络用户数据层的边缘，除了完成ATM/IP层的交换和传输外，在接入侧负责完成无线网络接入的功能，在另一端，它是通向外部PSTN网络的接口。媒介网关通过H.248协议接受MSC服务器控制。

R5版本是2002年6月冻结的。R5版本是全IP(全分组化)的第一个版本，而且在技术研究上有了新的突破：在无线接入网引入了HSDPA(High Speed Downlink Packet Access，高速下行链路分组接入)，大大改善了下行分组数据传输性能，下行峰值数据速率达到了8～10 Mb/s，容量提高了2～3倍。

WCDMA后续又推出了R6版本和R7版本。R6版本在无线网络中引入HSUPA(High Speed Uplink Packet Access，高速上行链路分组接入)功能。HSUPA是上行链路方向针对分组业务的优化和演进。利用HSUPA技术，上行用户峰值传输速率可以提高2～5倍，同时还可以提高小区上行吞吐量。R7版本HSPA技术演进到HSPA+，引入更好的调制方式和MIMO技术。

2. WCDMA系统的技术特点

WCDMA系统的技术特点包括：

(1) 基站同步方式，支持异步和同步的基站运行方式，灵活组网。

(2) 信号带宽为5 MHz；码片速率为3.84 Mchip/s。

(3) 发射分集方式包括TSTD(时间切换发射分集)、STTD(时空编码发射分集)、FBTD(反馈发射分集)。

(4) 信道编码包括卷积码和Turbo码，支持2 M速率的数据业务。

(5) 调制方式，上行为BPSK；下行为QPSK。

(6) 功率控制为上下行闭环功率控制、外环功率控制。

(7) 解调方式为导频辅助的相干解调。

(8) 语音编码为AMR，与GSM兼容。

(9) 核心网络基于GSM/GPRS网络的演进，并保持与GSM/GPRS网络的兼容性。

(10) MAP技术和GPRS隧道技术是WCDMA体制的移动性管理机制的核心，保持与GPRS网络的兼容性。

(11) 支持软切换和更软切换。

(12) 基站无需严格同步，组网方便。

3. WCDMA系统网络架构

WCDMA系统网络结构分两部分，即无线接入网部分和核心网部分，如图4.28所示。

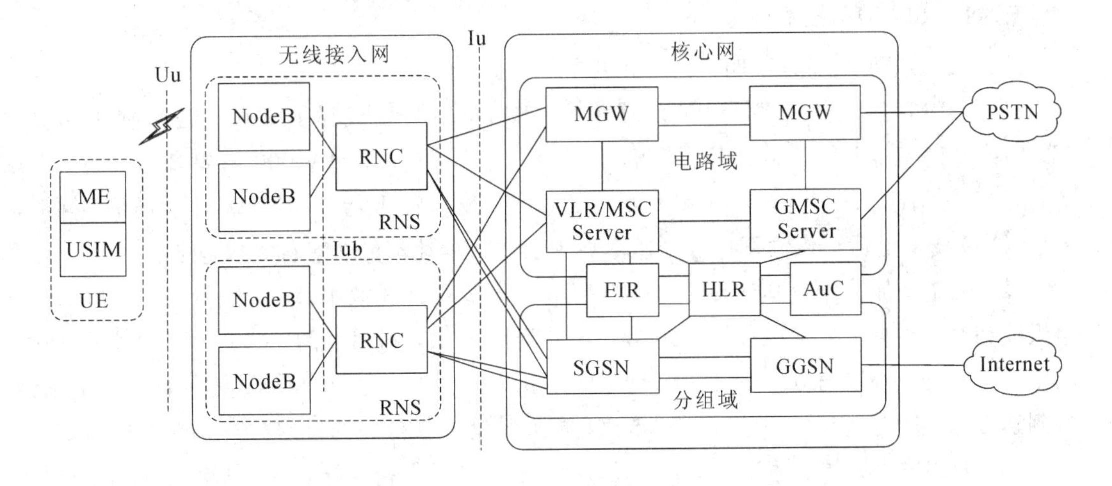

图4.28　WCDMA系统网络架构

1) 核心网(Core Network，CN)

核心网处理UMTS系统内所有的语音呼叫和数据连接，并实现与外部网络的交换和路由功能，逻辑上分为：电路域和分组域。

在WCDMA核心网电路域中，业务和信令的处理将被区分到2个功能模块上处理。专门用于对信令处理的称为MSC服务器(MSC Server)，在规范中定义的名称是Call Server，所有的信令处理将集中在MSC服务器上完成，业务部分将直接通过多媒体网关(MGW)进行处理，建立语音和业务在分组骨干网上的承载。

MSC服务器(MSC Server)主要包含GSM/WCDMA MSC中的呼叫控制和移动控制部分。它负责对由移动台发起和移动台终结的电路域的呼叫控制，接收和处理网络信令，此外它还保存移动用户业务相关的数据。

对一个特定网络而言，MGW是PSTN/PLMN网络的传输终结点，通过Iu与UTRAN连接。MGW可以接收来自电路交换网的承载通道，也可以接收来自分组网络的媒体流。

2）无线接入网(Radio Access Network，RAN)

无线接入网处理所有与无线有关的功能，由Node B和RNC两部分组成。Node B主要提供空中接口(Uu)用于实现与移动终端的对接，提供Iub接口用于实现与RNC的对接；RNC称为无线网络控制器，完成空中接口无线资源的管理和分配以及陆地资源的管理和分配(完成Iu、Iub、Iur的管理和分配)。从功能结构上来说，UTRAN的无线接入网部分只有2个功能节点，相当于2G中的基站和BSC，但功能上与2G是有区别的。

4.3.4 TD-SCDMA移动通信系统

TD-SCDMA(Time Division-Synchronous Code Division Multiple Access，时分同步码分多址)的接入方案是DS-CDMA(直接序列扩频码分多址)，码片速率为1.28 Mchip/s，扩频带宽为1.6 MHz，采用不需配对频率的TDD(时分双工)工作方式。

1. TD-SCDMA技术优势

TD-SCDMA具有以下明显的技术优势：

(1) 采用时分双工(TDD)技术。TD-SCDMA不需要成对的频段，频谱利用率高。TD-SCDMA只需一个1.6 MHz带宽，而FDD为代表的CDMA2000需要2.5 MHz(上、下行各1.25 MHz)的带宽，WCDMA则需要10 MHz(上、下行各5 MHz)才能通信。同时，采用TDD技术更适合传输下行数据速率高于上行数据速率的非对称多媒体业务。

(2) 采用智能天线。智能天线的核心技术是自适应天线波束赋形技术。其原理是使一组天线和对应的收、发信机按照一定的方式排列和激励，利用波的干涉原理产生强方向性的辐射方向图，将辐射方向图的主瓣自适应地指向用户来波方向，旁瓣或零陷对准干扰信号到达方向，就能达到增加信号的载干比，扩大系统覆盖范围的目的。

(3) 采用联合检测技术。TD-SCDMA系统采用了联合检测技术，基本思想是利用所有与码间干扰(ISI)和多址干扰(MAI)相关的先验信息，在一步之内将所有用户的信号分离开来。联合检测技术的使用可以降低甚至完全消除MAI干扰。联合检测技术充分利用了MAI的所有用户信息，使得在相同RAWBER的前提下，所需的接收信号SNR可以大大降低，这样就大大提高了接收机性能并增加了系统容量。

(4) 采用接力切换技术。接力切换可以克服软切换大量占用资源的缺点，是一种应用于同步码分多址(SCDMA)移动通信系统中的切换方法，是TD-SCDMA移动通信系统的核心技术之一。其设计思想是利用智能天线、上行同步等技术，在对UE的距离和方位进行定位的基础上，根据UE方位和距离信息作为辅助信息来判断目前UE是否移动到了可进行切换的相邻基站的临近区域。如果UE进入切换区，则RNC通知该基站做好切换的准备，从而达到快速、可靠和高效切换的目的。这个过程就像是田径比赛中的接力赛跑传递接力棒一样，因而形象地称之为“接力切换”。

与通常的硬切换相比，接力切换除了要进行硬切换所进行的测量外，还要对符合切换条件的相邻小区的同步时间参数进行测量、计算和保持。接力切换使用上行预同步技术，在切换过程中，UE从信号源小区接收下行数据，向目标小区发送上行数据，即上、下行通信链路先后转移到目标小区。上行预同步的技术在移动台与信号源小区通信保持不变的情况下，与目标小区建立起开环同步关系，提前获取切换后的上行信道发送时间，从而达到减少切换时间，提高切换成功率，降低切换"掉话"率的目的。接力切换是介于硬切换和软切换之间的一种新的切换方法。

与软切换相比，接力切换与软切换都具有较高的切换成功率、较低的"掉话"率、较小的上行干扰等优点；不同之处在于接力切换不需要同时有多个基站为一个移动台提供服务，因而克服了软切换需要占用的信道资源多、信令复杂、增加下行链路干扰等缺点。

与硬切换相比，接力切换与硬切换都具有较高的资源利用率、较简单的算法、较轻的信令负荷等优点；不同之处在于接力切换断开原基站与目标基站建立通信链路几乎是同时进行的，因而克服了传统硬切换"掉话"率高、切换成功率低的缺点。

传统的软切换、硬切换都是在不知道UE的准确位置下进行的，因而需要对所有相邻小区进行测量，而接力切换只对UE移动方向的少数小区测量。

(5) 采用动态信道分配。移动通信系统中资源的合理分配和最佳利用问题统称为信道分配问题。资源在不同的系统中有不同的含义：在FDMA中，是指某一固定的频率带宽；在TDMA中，是指某一帧中特定的时隙；在CDMA中，是指某一类特殊的编码。信道分配问题就是如何有效利用这些资源，为尽可能多的用户提供尽可能好的服务。由于TD-SCDMA系统采用时分双工，且使用了智能天线技术，因此，TD-SCDMA系统包括频率、时隙、码道和空间方向4个方面，一条物理信道由频率、时隙、码道的组合来标志。

2. TD-SCDMA 的网络结构

在结构上，TD-SCDMA与WCDMA的UMTS具有一样的网络结构，由CN(核心网)、UTRAN(通用陆地无线接入网)和UE(用户终端)3部分组成，各组成部分的功能都与WCDMA的功能大同小异。

3. TD-SCDMA 的发展历程

TD-SCDMA的发展始于1998年初，在原邮电部科技司的直接领导下，由原电信科学技术研究院组织队伍，在SCDMA技术的基础上研究和起草了符合IMT-2000要求的TD-SCDMA建议草案。该标准草案以智能天线、同步码分多址、接力切换、时分双工为主要特点，于ITU征集IMT-2000第三代移动通信无线传输技术候选方案的截止时间——1998年6月30日，提交到ITU，从而成为IMT-2000的15个候选方案之一。

1999年5月，加入3GPP以后，CWTS(中国无线通信标准研究组)作为代表我国的区域性标准化组织，经过4个月的充分准备，并与3GPP PCG(项目协调组)、TSG(技术规范组)进行了大量协调工作后，在同年9月向3GPP建议将TD-SCDMA纳入3GPP标准规范的工作。

1999年11月，赫尔辛基ITU-RTG8/1第18次会议上和2000年5月伊斯坦布尔的ITU-R全会上，TD-SCDMA被正式接纳为CDMA TDD制式的方案之一。

1999年12月，在法国尼斯的3GPP会议上，我国的提案被3GPP TSGRAN(无线接入网)全会所接受，正式纳入Release 2000(后拆分为R4和R5)的工作计划中。

2001年3月，棕榈泉的RAN全会上，经过一年多的时间，经历了几十次工作组会议几百篇提交文稿的讨论，随着包含TD-SCDMA标准在内的R4版本规范正式发布。

2005年，第一个TD-SCDMA试验网依托重庆邮电大学无线通信研究所，在重庆进行第一次实际入网实验。

2007年，韩国最大的移动通信运营商韩国SK电讯在首都首尔建成了TD-SCDMA试验网。同年，欧洲第二大电信运营商法国电信建成了TD-SCDMA试验网。

2008年1月，中国移动在我国北京、上海、天津、沈阳、广州等城市建成了TD-SCDMA试验网；中国电信集团股份有限公司在我国保定市建成了TD-SCDMA试验网；原中国网络通信集团公司(现中国联合网络通信集团股份有限公司)在我国青岛市建成了TD-SCDMA试验网。

2008年4月1日，中国移动在我国北京、上海、天津、沈阳等10个城市启动TD-SCDMA社会化业务测试和试商用。

2008年9月12日，中国移动在网站上公布《中国移动扩大的TD-SCDMA规模网络技术应用试验网二期工程无线网设备采购招标公告》，正式启动国产3G标准TD-SCDMA的二期招标工作。根据安排，这次招标覆盖了石家庄、太原、呼和浩特、大连、长春等28个城市。

2009年1月7日，我国政府正式向中国移动颁发了TD-SCDMA业务的经营许可。中国移动开始在我国的28个直辖市、省会城市和计划单列市进行TD-SCDMA的二期网络建设。

到2010年12月末，根据三大运营商各自公布的数据，我国共有3G用户4705.2万户，其中中国联通1406万，占29.88%；中国电信1229万，占26.12%；中国移动2070.2万，占44.00%。至此，TD-SCDMA不论在形式上还是在实质上，都已在国际上被广大运营商、设备制造商所认可和接受，形成了真正的国际标准。

TD-SCDMA技术和WCDMA技术都属一个3GPP小组。两个标准的进程是同步的。另外，TD-SCDMA的核心网和WCDMA的核心网是一致的。

TD-SCDMA基础版本为3GPP R4，主要是以实现语音和中低速数据业务为主。增强版本指TD-SCDMA的3GPP R5/R6/R7。TD-SCDMA采用的增强技术以HSDPA、HSUPA、MBMS(包含优化的MBMS)、HSPA+为代表。

4.3.5 CDMA2000移动通信系统

CDMA2000是美国TIA标准组织用于第三代CDMA移动通信系统的名称，也是IS-95标准向第三代移动通信系统演进的技术体制方案。实现CDMA2000技术体制的正式标准名称为IS-2000，它由TIA制定，并经3GPP2批准成为第三代移动通信系统的一种空中接口标准。作为一种宽带CDMA技术，CDMA2000数据速率为：室外车辆环境下达144 kb/s，室外步行环境下达384 kb/s，室内环境下达2 Mb/s。

1. CDMA2000 的发展历程

CDMA2000 也称为 CDMA Multi-Carrier，由美国高通公司主导提出，摩托罗拉、Lucent和韩国三星等公司参与开发。这套系统是从窄频 CDMA One 数字标准衍生出来的，可以从原有的 CDMA One 结构直接升级到 3G。使用 CDMA 的地区主要有日、韩、北美和我国，相对于 WCDMA 来说，CDMA2000 的应用范围要小些。

最初，3GPP2 在 CDMA2000 发展方向及标准的研究主要集中在 1x EV 方面(其中 1x 表示 1 个 1.25 MHz 载波，EV 意为演进)，包括 1x EV-DO(也称为高速分组数据 HRPD)和 1x EV-DV 两大体系。其中 1x EV-DO 专门为高速无线分组数据业务设计，1x EV-DV 体系则能够提供混合的高速数据和语音业务。其中 CDMA2000 1x EV-DO 的设计初衷是作为 CDMA2000 1x 的补充，提供更高速无线接入因特网的方法。EV-DO 仅提供非实时数据业务，其中前向峰值速率高达 3.1 Mb/s。EV-DO 适应于类似流媒体及大文件下载等业务的开发。至于实时业务(如语音)，可通过与 CDMA2000 1x 网络的配合或 VoIP 的方式实现。但 EV-DO 不能完全后向兼容 CDMA2000 1x。CDMA2000 1x EV-DV 的设计初衷是提供可与 HRPD 竞争的数据速率，并且能够兼容 CDMA2000 1x，1x EV-DV 可提供非实时高速分组数据业务和实时业务，前向峰值速率高达 3.1 Mb/s，还可为用户提供各种多媒体服务，但是由于技术实现的难度较大，因此不具备商用化的条件。相反，由于 EV-DO 能够提供高速的移动数据业务，得到市场的认可。

CDMA2000 还运用干扰抵消、解码器改进和其他增强技术使网络容量扩大 1 倍以上，这样网络运营商就能够在一个 1.25 MHz 的信道上为一个扇区同时提供多达 100 个语音通话。利用这些网络增强技术的运营商将能够以半数频段满足现有和未来的语音需求。除了通过扩大语音服务容量来提高收益外，CDMA2000 技术路线还涉及增强的 EV-DO 网络解决方案，该方案具有更强的移动宽带连接能力、广播/多播能力，丰富的多媒体信息处理能力。

EV-DO 版本 B(增强版)能使运营商在现有频段内实现版本 A 多载波聚合，创造更宽的数据信道。通过聚合多个版本 A 载波，版本 B 的运营商除了能够提供更快的数据传输速率，还能为用户带来稳定的宽带体验。版本 B 最初将提供 3 倍于单个版本 A 信道的数据传输速率，通过更多无缝下载和更快的数据共享能力，提供高达14.7 Mb/s的前向链路数据速率(反向链路速率仍然是 5.4 Mb/s)，极大地提高了用户体验。同时，它通过先进的基站调制解调器，实现干扰抵消和更高阶的调制能力。

2002 年 1 月 8 日，中国联通正式开通了 CDMA 网络并投入商用，用户发展到2800 万。2008 年 7 月，中国电信股份有限公司收购联通运营公司 CDMA 业务和相关资产及与 CDMA 用户相关的债权债务。

2011 年 3 月 30 日，中国电信在北京宣布，截至 3 月 29 日，电信 CDMA 用户数突破 1 亿户，超过拥有 9000 多万用户数的美国 Verizon Wireless，成为全球最大的 C 网运营商。此前，电信已建成全球规模最大的 CDMA 网络。

2. CDMA2000 的网络架构

CDMA2000 无线网络由移动终端(MS/AT)、无线接入网(RAN)和核心网(CN)3 个部

分构成，其中核心网依然分为电路域和分组域，如图 4.29 所示。

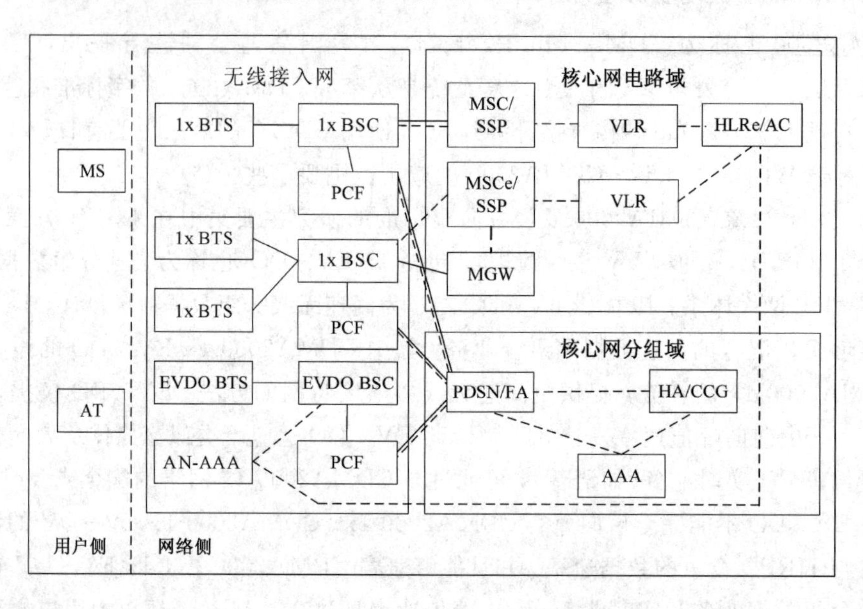

图 4.29　典型的 CDMA2000 无线网络架构图

1）无线接入网

无线接入网实现移动终端接入到移动网络，主要逻辑实体包括 1x 基站(1x BTS)、1x 基站控制器(1x BSC)，EVDO 基站(EVDO BTS)，EVDO 基站控制器(EVDO BSC)，接入网鉴权授权与计费服务器(AN－AAA)和分组控制功能(PCF)。

(1) 1x 基站(1x BTS)，包括基带单元、射频单元和控制单元 3 部分，属于基站系统的无线部分，是由基站控制器(BSC)控制的，服务于某个小区的无线收发信设备，主要完成基站控制器与无线信道之间的转换，进行无线介质和有线介质的转换。1x BTS 采用 CDMA2000 1x Rev. 0 版本的空中接口技术，提供无线收发信息功能。

(2) EVDO 基站(EVDO BTS)，采用 CDMA2000 EVDO Rev. A 版本的空中接口技术，提供无线收发信息功能。在现网中，1x 基站和 EVDO 基站采用共站方式建设。

(3) 1x 基站控制器(1x BSC)，是无线网络中的控制部分，起交换作用。1x BSC 管理多个 1x 基站，提供语音、数据业务的资源管理、会话管理、路由转发、移动性管理等功能。

(4) EVDO 基站控制器(EVDO BSC)，管理多个 EVDO 基站，提供数据业务的资源管理、会话管理、路由转发、移动性管理等功能。

(5) 分组控制功能(PCF)，与 AN－AAA 配合完成与分组数据业务有关的无线信道控制功能。

2）核心网

核心网负责移动性管理，会话管理，认证鉴权，基本的电路和分组业务的提供、管理和维护等功能。

核心网电路域分为两种，即 TDM 电路域和软交换电路域。

TDM 电路域采用 ANSI－41 标准，主要逻辑实体包括移动交换中心(MSC)、漫游位置

寄存器(VLR)、归属位置寄存器(HLR)和鉴权中心(AC)等。

软交换电路域采用了控制面与承载面相分离的网络架构。控制面提供呼叫控制、承载控制和路由解析等信令功能；承载面提供语音和媒体流的传递和转换功能，主要网元包括移动软交换(MSCe)和媒体网关(MGW)。移动软交换(MSCe)是软交换电路域中的核心控制设备。它完成呼叫处理控制功能、接入协议适配功能、业务接口提供功能、互连互通功能、支持应用系统功能等。媒体网关(MGW)的主要功能是完成媒体资源处理、媒体转换、承载控制，以支持各种不同呼叫相关业务的网络实体。

核心网分组域主要逻辑实体包括分组数据服务节点(PDSN)，认证授权和计费服务器(AAA)，接入网鉴权授权与计费服务器(AN-AAA)、归属代理(HA)、拜访代理(FA)。

(1) 分组数据服务节点(PDSN)，是将CDMA2000接入Internet的模块，PDSN负责为移动用户提供分组数据业务的管理和控制，包括负责建立、维持和释放链路，对用户进行身份认证，对分组数据的管理和转发等。

(2) 认证授权和计费服务器(AAA)，主要负责管理交换网的移动用户的权限，提供管理用户的权限、开通的业务、认证信息、计费信息等功能。AAA负责支持CDMA2000-1x用户的认证授权和计费服务。

(3) 接入网鉴权、授权与计费服务器(AN-AAA)，是EVDO接入网执行接入鉴权和对用户进行授权的逻辑实体。AN-AAA对EV-DO用户进行鉴权认证，完成EV-DO用户终端身份合法性的鉴权功能，也就是AN-Level级别的认证。同时，AN-AAA完成EV-DO用户终端的开户管理功能。

与CDMA2000-1x网络不同的是，在CDMA2000 EV-DO网络中，EV-DO用户接入网络时的身份认证将不通过HLR进行，而是通过AN-AAA对EV-DO用户进行身份认证。

(4) 归属代理(HA)，主要负责用户的分组数据业务的移动管理和注册认证，包括鉴别来自移动台的移动IP注册信息，将来自外部网络的分组数据包发送到外地代理(FA)，并通过加密服务建立、保持和终止FA与PDSN之间的通信，接收从认证、授权与计费服务器(AAA)得到用户的身份信息，动态地为移动用户分配归属IP地址等。

(5) 拜访代理(FA)，提供移动IP注册、反向隧道协商以及数据分组转发等功能。

诺基亚手机的辉煌与没落

在手机功能机时代，诺基亚手机是绝对的王者，巅峰时期全球市场份额高达72.8%。也就是说，世界上每卖出10台手机，就有7台来自诺基亚。从1996年起，诺基亚手机连续15年占据全球市场份额第一。

到了2007年，苹果iPhone手机登上历史舞台，彻底拉开了手机智能机时代的序幕。在苹果发布了首款搭载iOS系统的手机iPhone初代后，吸引众多手机厂商跟风效仿。同年，谷歌对外展示了安卓操作系统(Android)。如果在当时诺基亚手机转投安卓，也往智能化发展，凭它多年积累下来的口碑加上强大的线下渠道，应该会成为“安卓一哥”。但诺基亚却执着于自己取得的市场份额，不认为搭载 iOS 系统和安卓系统的智能手机会成为市场的主流，而是大力发展自己的塞班系统(Symbian)，这使得它未能及时地跟上其他厂家的步伐，最终退出了历史舞台。

随着 iPhone 手机和安卓手机的强势崛起，到了 2011 年，安卓系统智能手机销量超过了塞班系统成为市场第一，iOS 系统同样也得到了市场的认可，诺基亚在智能手机市场上却"颗粒无收"。随后，诺基亚公司被迫作出改变，但它仍然未选择安卓，而是选择和微软合作，深度合作共同研发 Windows Phone 手机。这个选择并没有改变诺基亚手机的命运。到 2014 年，诺基亚宣布正式退出手机市场。曾经的王者在残酷的市场竞争中仅仅几年就"轰然倒下"，让人叹息不已。

思考：从诺基亚手机的辉煌与没落的过程中，你能得到什么样的启迪？

4.4 第四代移动通信系统

随着全球信息化时代的到来，数据总量呈现爆炸式增长，人们对数据信息的需求日益增多。第四代移动通信技术的诞生是为不断优化无线通信技术以满足人们对随时随地通信的需求。

4.4.1 第四代移动通信系统的概述

1. 第四代移动通信技术演进路线

2004 年 12 月，在 3GPP 的多伦多会议上，第四代移动通信被正式立项并启动标准化调研工作。与 3G 以 CDMA 技术为基础不同，第四代移动通信是以 OFDM 技术为基础，采用多天线和快速分组调度等设计理念，形成了新的移动通信系统空中接口技术，新系统被称为长期演进系统(Long Term Evolution，LTE)。

2008 年初，3GPP 完成了 LTE 第一个版本的系统技术规范，即 R8。在 3GPP 进行 LTE 技术研究的同时，国际电信联盟(ITU)一直在开展关于下一代移动通信系统的市场需求和频率规划等方面的调研工作，为制定 4G 技术的国际标准建议做准备。2008 年 3 月，ITU 开始了候选技术的征集和标准化进程，称为 IMT - Advanced。为了响应 ITU 关于 IMT - Advanced 技术的征集，3GPP 将正在研究的 LTE R8 以及之后的技术版本称为 LTE - Advanced，并且向 ITU 提交了候选技术方案。

图 4.30 是移动通信系统的演进路径。在第三代移动通信技术以前移动通信网络一直是多种技术并存，如第三代移动通信的三大主流技术标准 WCDMA，TD - SCDMA 和 CDMA2000，但它们到第四代移动通信时都演进到了单一网络——LTE 移动通信网络。尽管如此，以后的移动通信网络仍将多频段并存，同时移动通信网络向着宽带化，IP 化方向发展。

在 LTE 的 R8 版本中，LTE 的载波采用最大 20 MHz 的通信带宽，空中接口的下行峰值速率超过 100 Mb/s，上行方向的峰值速率也超过了 50 Mb/s。LTE 的 R10 版本中，空中

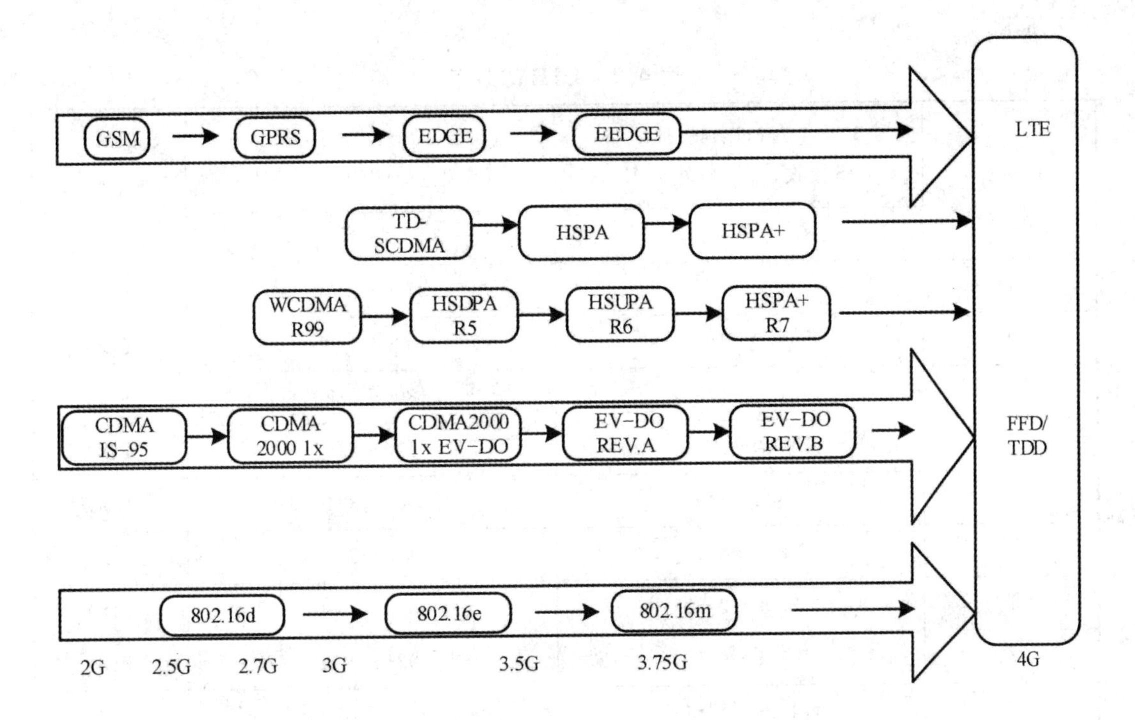

图 4.30　移动通信系统的演进(802.16d、802.16e、802.16m 均为标准协议号)

接口的峰值速率超过 1 Gb/s。值得一提的是，作为 TD-SCDMA 技术的后续演进，LTE 的 TDD 模式又称为 TD-LTE。出于对 TD-SCDMA 技术演进路线的关注，我国的成员单位在 3GPP 中深度参与了相关的系统设计过程。2009 年 10 月，我国正式向 ITU 提交了 TD-LTE-Advanced 建议作为 4G 国际标准候选技术。

2. LTE 技术目标和需求

LTE 移动通信网的技术目标可以概括为：

(1) 容量提升：在 20 MHz 带宽下，下行峰值速率达到 100 Mb/s，上行峰值速率达到 50 Mb/s。频谱利用率达到 3GPP R6(第三代移动通信网络的一个技术规范)规划值的 2～4 倍；

(2) 覆盖增强：提高“小区边缘比特率”，在 5 km 区域满足最优容量，30 km 区域轻微下降，并支持 100 km 的覆盖半径；

(3) 移动性提高：0～15 km/h 性能最优，15～120 km/h 高性能，支持 120～350 km/h，甚至在某些频段支持 500 km/h；

(4) 质量优化：在 RAN 用户面的网络时延小于 10 ms，控制面的网络时延小于100 ms；

(5) 服务内容综合多样化：提供高性能的广播业务 MBMS，提高实时业务支持能力；

(6) 运维成本降低：采用扁平化架构，可以降低网络建设成本与运营成本。

3. LTE 频谱划分

频谱是移动运营商的基础和核心资源，3GPP 规范定义了 FDD-LTE 和 TDD-LTE 的统一频谱。其中，1～25 号频谱用于 FDD-LTE，33～43 号频谱用于 TDD-LTE，如表

4.2 所示。

表 4.2 LTE 的频谱

频段号	上行(UL)频段 (BS 接收、UE 发送)/MHz	下行(DL)频段 (BS 发送、UE 接收)/MHz	双工模式
	$F_{UL\_low} \sim F_{UL\_high}$	$F_{DL\_low} \sim F_{DL\_high}$	
1	1920～1980	2110～2170	FDD
2	1850～1910	1930～1990	FDD
3	1710～1785	1805～1880	FDD
4	1710～1755	2110～2155	FDD
5	824～849	869～894	FDD
6	830～840	875～885	FDD
7	2500～2570	2620～2690	FDD
8	880～915	925～960	FDD
9	1749.9～1784.9	1844.9～1879.9	FDD
10	1710～1770	2110～2170	FDD
11	1427.9～1447.9	1475.9～1495.9	FDD
12	699～716	729～746	FDD
13	777～787	746～756	FDD
14	788～798	758～768	FDD
15	保留	保留	FDD
16	保留	保留	FDD
17	704～716	734～746	FDD
18	815～830	860～875	FDD
19	830～845	875～890	FDD
20	832～862	791～821	FDD
21	1447.9～1462.9	1495.9～1510.9	FDD
22	3410～3490	3510～3590	FDD
23	2000～2020	2180～2200	FDD
24	1626.5～1660.5	1525～1559	FDD
25	1850～1915	1930～1995	FDD
…	…	…	…

续表

频段号	上行(UL)频段 (BS 接收、UE 发送)/MHz	下行(DL)频段 (BS 发送、UE 接收)/MHz	双工模式
	$F_{UL\_low} \sim F_{UL\_high}$	$F_{DL\_low} \sim F_{DL\_high}$	
33	1900～1920	1900～1920	TDD
34	2010～2025	2010～2025	TDD
35	1850～1910	1850～1910	TDD
36	1930～1990	1930～1990	TDD
37	1910～1930	1910～1930	TDD
38	2570～2620	2570～2620	TDD
39	1880～1920	1880～1920	TDD
40	2300～2400	2300～2400	TDD
41	2496～2690	2496～2690	TDD
42	3400～3600	3400～3600	TDD
43	3600～3800	3600～3800	TDD

2013 年 12 月 4 日，我国工业和信息化部向三大运营商颁发“LTE/第四代数字蜂窝移动通信业务(TD－LTE)”经营许可。TD－LTE 系统频谱分配如下：

中国移动获得 130 MHz 频谱资源，分别为 1880～1900 MHz、2320～2370 MHz、2575～2635 MHz；

中国联通获得 40 MHz 频谱资源，分别为 2300～2320 MHz、2555～2575 MHz；

中国电信获得 40 MHz 频谱资源，分别为 2370～2390 MHz、2635～2655 MHz。

2015 年 2 月 27 日，工业和信息化部向中国电信和中国联通颁发“LTE/第四代数字蜂窝移动通信业务(LTE FDD)”经营许可。FDD－LTE 系统频谱分配如下：

中国电信获得了 1.8 GHz 频段的 15 MHz 频谱资源(1765～1780 MHz/1860～1875 MHz)；

中国联通获得了 1.8 GHz 频段的 10 MHz 频谱资源(1755～1765 MHz/1850～1860 MHz)。

4.4.2　第四代移动通信系统的关键技术

第四代移动通信也提出了一系列创新性的技术，例如，正交频分复用、多输入多输出、自适应调制编码、混合自动重传请求等技术，使得第四代移动通信系统具有抗干扰能力强、频谱效率高、通信速率高等优势。

1. 正交频分复用(Orthogonal Frequency Division Multiplexing，OFDM)

OFDM 技术

在传统的 FDM 系统中，为了避免各子载波间的干扰，整个信号频段被划分为 N 个相互不重叠的频率子信道，子信道相邻载波之间需要较大的保护频带，每个子信道先传输独立的调制符号，然后再将 N 个子信道进行频率复用。这种避免信道频谱重叠的方法看起来有利于消除信道间的干扰，但是不能有效利用频谱资源，频

谱效率较低。

OFDM 技术是一种能够充分利用频谱资源的多载波传输方式。OFDM 的主要思想是将 LTE 的载波分成若干正交子载波，将高速数据信号转换成若干并行的低速数据流，然后将低速数据流调制到子载波上进行传输。每个子载波上的信号带宽小于无线信道的相关带宽，因此在每个子信道上子载波上的信号可以看成平坦性衰落，从而可以很好地对抗频率选择性衰落和时间选择性衰落，如图 4.31 所示。OFDM 系统允许各子载波之间紧密相邻，甚至部分重合，通过正交复用方式避免频率间干扰，降低了保护频带的要求，从而实现很高的频谱效率。

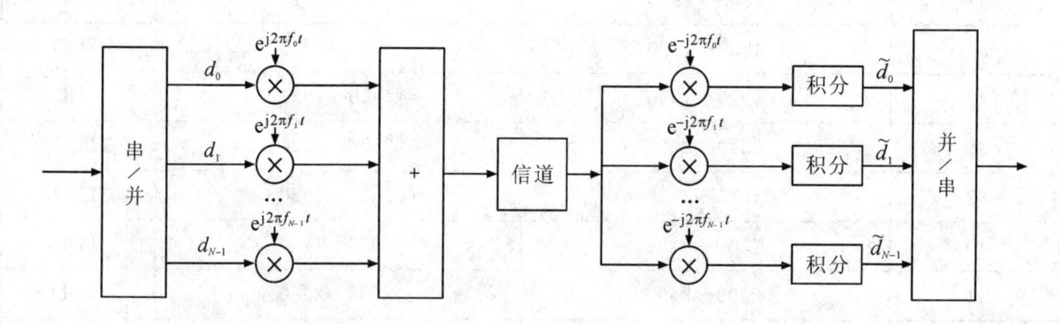

图 4.31　OFDM 工作原理

由于 OFDM 的频谱效率很高，又可采用 FFT 算法处理，近年来在多种系统中得到成功应用，在理论和技术上已经成熟，因此，3GPP 推荐 OFDM 作为第四代移动通信无线接入技术之一。目前，OFDM 技术在 4G LTE 技术中已得到使用，是 LTE 关键技术之一。

通常的数字调制都是在单个载波上进行的，如 PSK、QAM 等。这种单载波的调制方法易发生码间干扰而增加误码率，而且在多径传播的环境中受到频率选择性衰落的影响而产生突发误码。若将高速的串行数据转换为若干低速数据流，每个低速数据流对应一个子载波进行调制，组成一个多载波同时调制的并行传输系统。这样将总的信号带宽划分为 N 个互不重叠的子通道，N 个子通道进行正交频分多重调制，就可以克服上述单载波串行数据系统的缺陷。

如图 4.32 和图 4.33 所示，OFDM 中的各个子载波是相互正交的，每个载波在一个符号时间内有整数个载波周期，每个载波的频谱最高点和相邻载波的零点重叠，这样便减小了载波间的干扰。由于载波间有部分重叠，因此它比传统的 FDMA 提高了频带利用率。

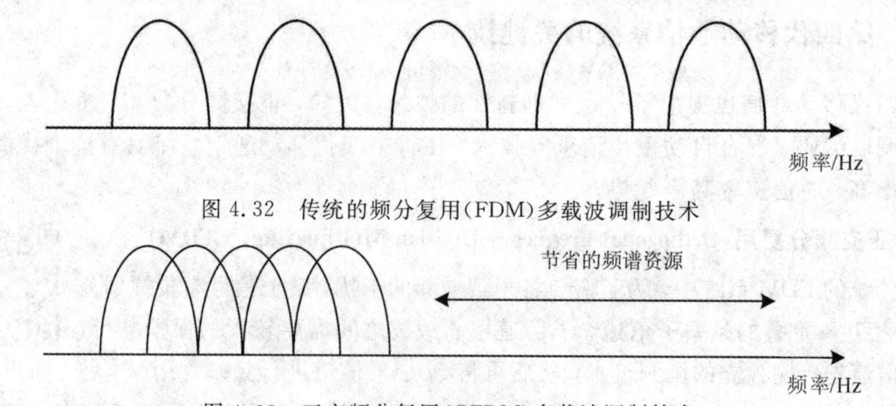

图 4.32　传统的频分复用(FDM)多载波调制技术

图 4.33　正交频分复用(OFDM)多载波调制技术

OFDM 具有如下技术优点：

(1) 多个窄带的载波同时传输高速数据。OFDM 技术能同时传输至少 1000 路数字信号，可以很好地对抗频率选择性衰落和时间选择性衰落。

(2) OFDM 技术能够持续地估计传输介质上通信特性的变化。由于通信路径传送数据的能力会随时间发生变化，因此 OFDM 能动态地与之相适应。

(3) OFDM 技术可以自动地检测到传输介质上特定的载波存在较高的信号衰减或干扰脉冲，然后采取合适的调制方式来使指定频率下的载波进行成功通信。

(4) OFDM 技术的最大优点是对抗频率选择性衰落或窄带干扰。在单载波系统中，单个衰落或干扰能够导致整个通信链路失败，但是在多载波系统中，仅仅有很小一部分载波会受到干扰。

(5) 可以有效地对抗信号载波间的干扰，适用于多径环境和衰落信道中的高速数据传输。当信道中因为多径传输而出现频率选择性衰落时，只有落在频带凹陷处的子载波及其携带的信息会受影响，其他的子载波未受损害，因此系统总的误码率性能要好得多。

(6) 通过各个子载波进行联合编码，具有很强的抗衰落能力。OFDM 技术本身已经利用了信道的频率分集，如果衰落不是特别严重，就没有必要再加时域均衡器。通过将各个信道联合编码，可以使系统性能得到提高。

(7) OFDM 技术抗窄带干扰性很强，这是因为这些干扰仅仅影响到很小一部分的子信道。

(8) 基于快速傅里叶变换和快速傅里叶逆变换的 OFDM，实现技术简单成熟。

(9) 信道利用率高，这一点在频谱资源有限的无线环境中尤为重要。当子载波个数很多时，系统的频谱利用率趋于 2 Baud/Hz (Baud 即波特，1 Baud=lb M(b/s，其中 M 是信号的编码级数)。

虽然 OFDM 有上述优点，但是其信号调制机制也使 OFDM 信号在传输过程中存在以下问题：

(1) 对相位噪声和载波频偏十分敏感。这是 OFDM 技术的一个致命缺点，整个 OFDM 系统对各个子载波之间的正交性要求格外严格，任何一点小的载波频偏都会破坏子载波之间的正交性，引起 ICI(载波间的干扰)。同样，相位噪声也会导致码元星座点的旋转、扩散，形成 ICI，而单载波系统就没有这个问题，相位噪声和载波频偏仅仅是降低了接收到的信噪比 SNR，不会引起互相之间的干扰。

(2) 峰均比过大。OFDM 信号由多个子载波信号组成，这些子载波信号由不同的调制符号独立调制。同传统的恒包络的调制方法相比，OFDM 调制存在很高的峰均比。由于 OFDM 信号是很多小信号的总和，这些小信号的相位是由要传输的数据序列决定的。对某些数据，这些小信号可能同相，叠加在一起会产生很大的瞬时峰值幅度。峰均比过大，将会增加对 A/D 和 D/A 器件的技术要求，而且会降低射频功率放大器的效率，因此 OFDM 技术仅用在 LTE 的下行方向，又被称作 OFDMA 技术。

(3) 所需线性范围宽。由于 OFDM 系统峰值平均功率比(PAPR)大，对非线性放大更为敏感，因此 OFDM 调制系统比单载波系统对放大器的线性范围要求更高。

需要指出的是，OFDM 还需要一系列的配套技术才能将技术性能发挥到最优。这些配套技术包括循环前缀技术、同步技术、信道估计技术等。

3GPP 定义 LTE 空中接口标准时，在下行采用正交频分多址(OFDMA)技术，在上行

采用单载波频分多址(SC-FDMA)技术。它与OFDMA相比，具有较低的峰均比。更低的PAPR可以使移动终端在发送功效方面具有优势，进而延长电池使用时间。SC-FDMA具有单载波的低PAPR和多载波的强抗干扰两大优势。

SC-FDMA技术是基于OFDM的一种改进技术。在发射机的IFFT处理前对系统进行预扩展处理，其中最典型的就是用离散傅里叶变换进行扩展。将每个用户所使用的子载波进行DFT处理，由时域转换到频域，然后将各用户的频域信号输入IFFT模块，这样各用户的信号又一起被转换到时域并发送。每个用户的发送信号由频域信号(传统OFDM)又回到了时域信号(和单载波系统相同)，PAPR就大大降低了。虽然SC-FDMA是从OFDM技术演变而来的，但是在这个技术中，每个用户的发送信号波形类似于单载波，因此也将其看作一种单载波技术。

在接收端，系统先通过IFFT将信号转换到频域，然后用频域均衡器对每个用户的信号进行均衡(在发送端须插入循环前缀以实现频域均衡)，最后通过DFT解扩展恢复用户数据。

2. 多输入多输出(Multiple Input Multiple Output, MIMO)

在第四代移动通信系统中，为了突破空中接口的限制，有效提高通信系统的容量和频谱利用率，还使用了MIMO技术。一方面MIMO是提高频谱效率的有效方法，能有效利用多径效应，在不增加发射功率的情况下就能获得很高的系统容量；另一方面，OFDM技术可以与MIMO技术更好地结合起来。将MIMO技术与OFDM技术相结合是下一代无线局域网发展的趋势。

MIMO技术是指在发送端和接收端分别使用多个发射天线和接收天线，使信号通过发送端与接收端的多个天线传送和接收，从而改善通信质量，提高通信容量。它充分利用空间资源，通过多个天线实现“多发多收”，在不增加频谱资源和天线发射功率的情况下，可以成倍地提高系统信道容量，被视为第四代移动通信的核心技术之一。

为了满足系统中高速数据传输速率和高系统容量方面的需求，LTE系统的下行MIMO技术主要包括空间复用、空间分集及波束赋形三大类。与下行MIMO相似，LTE系统上行MIMO技术也包括空间分集和空间复用。在LTE系统中，应用MIMO技术的上行基本天线配置为1×2，即一根发射天线和两根接收天线。考虑终端实现复杂度的问题，目前，上行并不支持一个终端同时使用两根天线进行信号发送，即只考虑存在单一上行传输链路的情况，因此，在当前阶段，上行仅仅支持上行天线选择和多用户MIMO两种方案。下面分别详细介绍。

1) 空间复用

空间复用(Spatial Multiplexing)工作在MIMO天线配置下，能够在不增加带宽的条件下，成倍地提升信息传输速率，从而极大地提高频谱利用率。在发送端，高速数据被分割为多个低速数据流，不同的低速数据流在不同的发射天线上的相同频段发射出去。如果发送端与接收端的天线阵列构成的空域子信道足够不同，即能够在时域和频域之外额外提供空域的维度，使得在不同发射天线上传送的信号能够相互区别开，那么接收机能够区分出这些并行的低速数据流，而不需付出额外的频率或者时间资源。LTE系统中空间复用技术包括开环空间复用和闭环空间复用两种。

(1) 开环空间复用，即LTE系统支持基于多码字的空间复用传输。所谓多码字，即用于空间复用传输的多层数据来自多个不同的、独立进行信道编码的数据流，每个码字可以独立地进行速率控制。

(2) 闭环空间复用，即所谓的线性预编码。线性预编码的作用是将天线域的处理转化为波束域进行处理，在发送端利用已知的空间信道信息进行预处理操作，从而进一步提高用户和系统的吞吐量。线性预编码可以按其预编码矩阵的获取方式划分为两大类，即非码本的预编码和基于码本的预编码。

对于非码本的预编码，预编码矩阵中发送端利用预测的信道状态信息，进行预编码矩阵计算。常见的预编码矩阵计算方法有奇异值分解、均匀信道分解等。对于非码本的预编码方式，发送端有多种方式可以获得空间信道状态信息，如直接反馈信道、差分反馈、利用TDD信道对称性等。

对于基于码本的预编码，预编码矩阵在接收端获得。接收端利用预测的信道状态信息，在预定的预编码矩阵码本中进行预编码矩阵的选择，并将选定的预编码矩阵的序号反馈至发送端。

2) 空间分集

空间分集是指利用多根发射天线将具有相同信息的信号通过不同的路径发射出去，同时在接收端获得同一个数据符号的多个独立衰落的信号，从而提高分集的接收可靠性。空间分集分为发射分集、接收分集和接收发射分集3种。

发射分集是在发送端使用多幅发射天线发射信息，通过对不同天线发射的信号进行编码达到空间分集的目的，接收端可以获得比单天线更高的信噪比。发射分集包含空时发射分集(STTD)、空频发射分集(SFBC)和循环延迟分集(CDD)3种。

接收分集指多个天线接收来自多个信道的承载同一信息的多个独立的信号副本。由于信号不可能同时处于深衰落情况中，因此在任一给定的时刻至少可以保证有一个强度足够大的信号副本提供给接收机使用，从而提高接收信号的信噪比。

接收发射分集是综合发射分集和接收分集的技术。

3) 波束赋形

MIMO中的波束赋形方式与智能天线系统中的波束赋形类似，在发送端将待发送数据矢量加权，形成某种方向图后到达接收端；接收端再对收到的信号进行上行波束赋形，抑制噪声和干扰。

与常规智能天线不同的是，原来的下行波束赋形只针对一个天线，现在需要针对多个天线。通过下行波束赋形，使信号在用户方向上得到加强，而通过上行波束赋形，使用户信号具有更强的抗干扰能力和抗噪能力。因此，和发射分集类似，可以利用额外的波束赋形增益提高通信链路的可靠性，也可在同样的可靠性下利用高阶调制提高数据传输速率和频谱利用率。

4) 传输模式

LTE移动通信发布的技术规范R8/R9版本中下行引入了8种MIMO传输模式，其中LTE FDD常用的MIMO传输模式为模式1～模式6(TM1～TM6)，而模式7(TM7)和模式8(TM8)主要应用于LTE TDD系统中，表4.3中是不同传输模式的简要说明。

表 4.3 MIMO 传输模式说明

MIMO 传输模式	简要说明
模式 1(TM1)	单天线端口传输(端口 0)
模式 2(TM2)	开环发射分集
模式 3(TM3)	大延迟 CDD 空间复用与开环发射分集自适应
模式 4(TM4)	闭环空间复用与开环发射分集自适应
模式 5(TM5)	多用户 MIMO 与开环发射分集自适应
模式 6(TM6)	单层闭环空间复用与开环发射分集自适应
模式 7(TM7)	单流波束赋形，与开环发射分集或单天线端口传输自适应
模式 8(TM8)	双流波束赋形或单流波束赋形，与开环发射分集或单天线端口传输自适应

3. 自适应调制编码(Adaptive Modulation and Coding, AMC)

AMC 技术是无线信道上采用的一种自适应的编码调制技术。

AMC 在保证发射功率恒定的情况下，通过调整无线链路传输的调制方式与编码速率，来确保链路的传输质量。当信道质量较差时，选择较小的调制方式与编码速率，当信道质量较好时，选择较大的调制方式，从而最大化传输速率。

如表 4.4 所示，采用 AMC 技术可以使基站能够根据终端反馈的信道状况及时地调整不同的调制方式(如 QPSK、16QAM、64QAM)和编码速率，从而使数据传输能及时跟上信道的变化状况。LTE 下行方向的链路自适应技术基于终端反馈的 CQI 参数，从预定义的 CQI 表格中选择具体的调制与编码方式。

表 4.4 CQI 与调制方式、编码速率、效率的对应关系

CQI 序号	编码方式	编码速率×1024	效率
0	范围之外		
1	QPSK	78	0.1523
2	QPSK	120	0.2344
3	QPSK	193	0.3770
4	QPSK	308	0.6016
5	QPSK	449	0.8770
6	QPSK	602	1.1758
7	16QAM	378	1.4766
8	16QAM	490	1.9141
9	16QAM	616	2.4063
10	64QAM	466	2.7305

续表

CQI 序号	编码方式	编码速率×1024	效　　率
11	64QAM	567	3.3223
12	64QAM	666	3.9023
13	64QAM	772	4.5234
14	64QAM	873	5.1152
15	64QAM	948	5.5547

4. 混合自动重传请求(Hybrid Automatic Repeat Quest，HARQ)

HARQ 技术是一种将前向纠错编码(FEC)和自动重传请求(ARQ)相结合而形成的技术。

接收端在解码失败的情况下，保存接收到的数据，并要求发送方重传数据，接收端将重传的数据和先前接收到的数据进行合并后再解码。HARQ 技术可有一定的分集增益，可减少重传次数，进而减少时延。而传统的 ARQ 技术简单地抛弃错误的数据，不进行存储，也就不存在合并的过程，自然没有分集增益，往往需要过多重传、过长时间等待。

根据 LTE 协议，LTE 上行链路采用同步 HARQ 协议(如图 4.34 所示)。重传在预先定义好的时间进行，接收端不需要被告知重传的进程号。LTE 下行链路采用异步 HARQ 协议(如图 4.35 所示)。重传在上一次传输之后的任何可用时间上进行，接收端需要被告知具体的进程号。

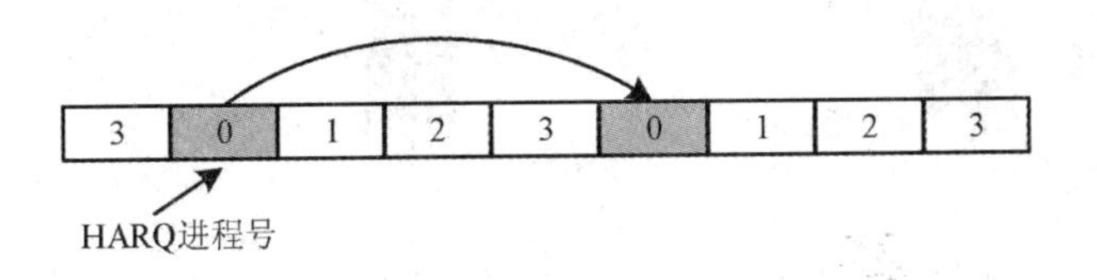

图 4.34　同步 HARQ

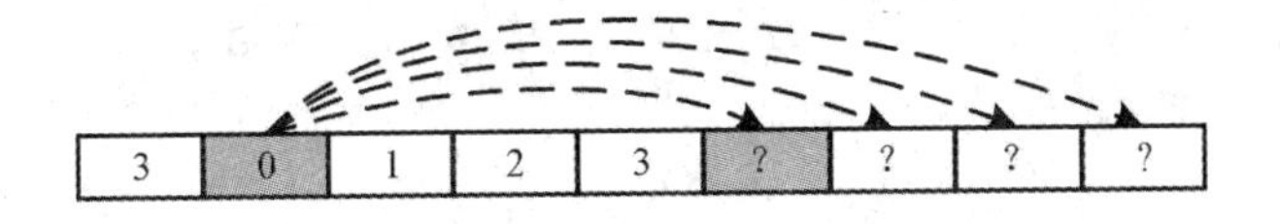

图 4.35　异步 HARQ

4.4.3　第四代移动通信系统的网络架构

与第三代移动通信系统相比，第四代移动通信系统网络中的无线传输技术、空中接口协议和网络架构等方面都发生了革命性的变化。对应的无线接入网和核心网被称为演进的通用陆基无线接入网(Evolved Universal Terrestrial Radio Access Network，EUTRAN)和演进的分组核心网(Evolved Packet Core，EPC)，整个网络系统命名为演进的分组系统

(Evolved Packet System, EPS)。

1. 网络架构的特点

EUTRAN 采用由 eNode B(Evolved Node B)构成的单层结构。eNode B 是在 Node B 原有功能的基础上，融合了 RNC 的大部分功能。与 Node B 和 RNC 两部分构成的双层结构相比，eNode B 构成的单层结构有利于简化网络和减小延迟，实现低时延、低复杂度和低成本。eNode B 底层之间采用 IP 传输，在逻辑上通过 X2 接口相互连接。这样的网络架构设计，可以有效地支持移动终端在整个网络内的移动性，保证无缝切换。

EPC 采用控制面和用户面相分离的架构，主要由移动性管理实体(Mobility Management Entity, MME)、服务网关(Serving Gateway, SGW)、分组数据网络网关(Packet Data Network Gateway, PGW)和归属用户服务器(Home Subscriber Server, HSS)等组成。MME/SGW 可以看成核心网和无线接入网之间的边界节点，类似于 UMTS 系统中的SGSN，其中 MME 负责对接 eNode B 的控制面，SGW 负责对接 eNode B 的用户面，PGW 则类似于 UMTS 系统中的 GGSN。

如图 4.36 所示，eNode B 和 eNode B 之间通过 X2 接口相互连接，eNode B 通过 S1 接口连接到 EPC。S1 接口分为控制面和用户面。eNode B 通过 S1 的控制面 S1-MME 连接到 MME，通过 S1 的用户面 S1-U 连接到 SGW。S1 接口支持 MME/SGW 和 eNode B 之间的多对多连接，即一个 eNode B 可以和多个 MME/SGW 连接，多个 eNode B 也可以同时连接到同一个 MME/SGW。

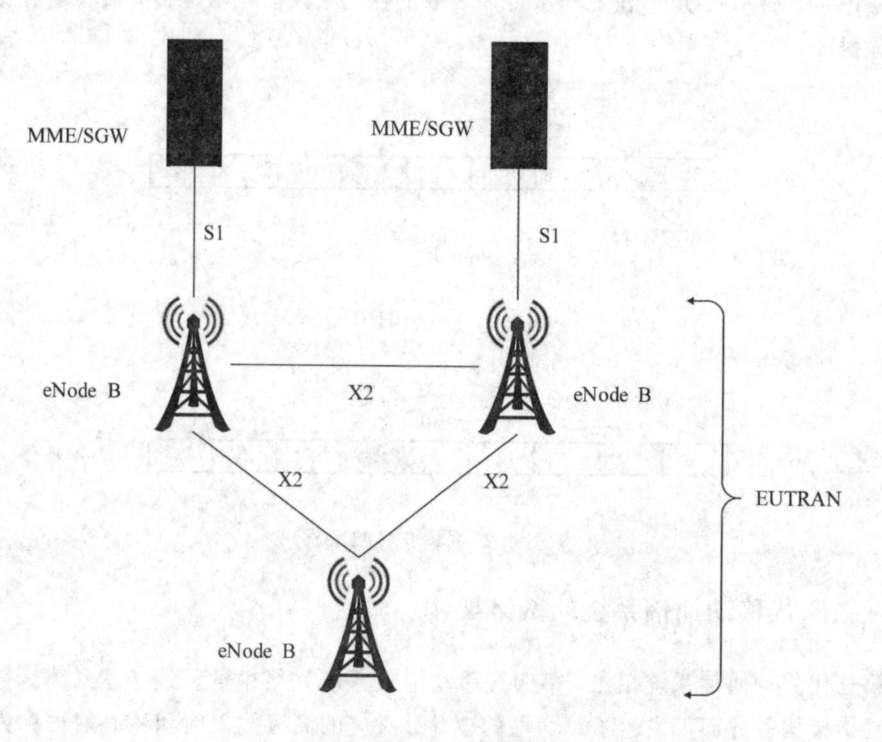

图 4.36 LTE 网络架构

新的网络架构可以带来以下好处：

(1) 网络扁平化使得系统延时减少，从而改善用户体验，以便开展更多业务。

(2) 无线接入网取消了 RNC 的集中控制，避免了单点故障，有利于提高网络稳定性。

(3) 核心网控制面/用户面分离的架构，有助于网络部署、单个技术的演进以及全面灵活的扩容。

2. EUTRAN 的主要功能

EUTRAN 除了提供空中接口(包含物理层、MAC、RLC、PDCP、RRC)功能外，主要负责无线资源管理和移动性管理。无线资源管理主要包括无线承载控制、无线接纳控制、连接移动性控制、上下行链路的动态资源分配等。移动性管理主要包括移动性管理区域划分、不同状态下的移动性管理、不同无线接入系统间的移动性管理等。

EUTRAN 实现的具体功能包括：

(1) 完成上、下行 UE 的动态资源分配。

(2) 完成 IP 头压缩及用户数据流加密。

(3) 完成 UE 附着时的 MME 选择，当从提供给 UE 的信息无法获知到 MME 的路由信息时，选择 UE 附着的 MME。

(4) 完成 SGW 用户数据的路由选择，将用户面数据送到 SGW。

(5) 完成有关移动性配置和调度的测量。

(6) 调度和传输从 MME 发起的寻呼和广播消息，如 MME 发起的 ETWS(即地震和海啸预警系统)消息。

3. EPC 主要功能实体及其功能

EPC 主要完成控制信令处理、安全性管理、移动性管理、EPS 承载控制、移动锚点、移动终端 IP 地址分配和分组过滤等功能。这些功能主要通过以下多个功能实体实现：

1) MME

MME 作为控制面功能实体，是 EPC 的控制核心，主要负责用户接入控制、业务承载控制、寻呼、切换控制等控制信令的处理。除此之外，MME 还可临时存储用户数据和相关信息(如 UE 用户标识、移动性管理状态、用户安全参数等)，为用户分配临时标识，对用户进行鉴权，处理核心网和 UE 之间所有的非接入层消息等。

2) SGW

SGW 作为用户面功能实体，主要负责用户面数据路由处理、终结处于空闲状态的移动终端设备的下行数据、管理和存储移动终端设备的承载信息等。SGW 网元的功能相对简单，它只需要在 MME 的控制下完成基站和公共数据网关之间的数据转发，即将从 eNode B 侧接收到的用户数据转发给指定的 PGW，同时将从 PGW 侧接收到的网络数据经 eNode B 转发给指定的用户。因此，SGW 是用户承载和本地基站切换时的锚定点，即 SGW 负责用户和核心网之间用户面承载通道的建立、维系和拆除。

3) PGW

PGW 作为 EPC 网络的边界网关，主要负责提供用户的会话管理和承载控制、数据转发、IP 地址分配以及非 3GPP 用户接入等功能。它是 3GPP 接入和非 3GPP 接入公用数据网络(Public Data Network，PDN)的锚点。所谓 3GPP 接入是指 3GPP 标准中的无线接入技术，比如 WCDMA 技术、LTE 技术等。而非 3GPP 接入就是 3GPP 标准以外的无线接入技术，如 CDMA 接入技术和 WiFi 接入技术等。也就是说，在 EPC 网络中，移动终端是通过 PGW 网元最终接入 PDN 的。

另外，PGW 作为网络侧数据承载的锚定点，还可提供包转发、包解析、基于业务计费、业务 QoS 控制以及和非 3GPP 网络间互联等功能。

4）HSS

HSS 的功能与 HLR 类似，但相较而言，HSS 支持更多接口，功能也更加强大，可以处理更多的用户信息。HSS 可处理的信息包括：用户识别、编号和地址信息；用户安全信息，即针对鉴权和授权的网络接入控制信息；用户定位信息，即 HSS 支持用户登记、存储位置信息；用户清单信息。

4.4.4　FDD－LTE 与 TDD－LTE 的区别

第四代移动通信系统有两种制式：FDD－LTE 与 TDD－LTE，分别是频分双工(FDD)方式和时分双工(TDD)方式。

1. 双工方式不同

在采用 TDD 的移动通信系统中，接收和传送在同一频率信道(即载波)的不同时隙，用时间来分离接收信道和传送信道。这种方式在不对称业务中有着无可比拟的灵活性。由于时域上、下行的切换点可灵活变动，因此对于不对称业务(包交换和因特网等)，可充分利用无线频谱。TDD－LTE 上行理论速率为 50 Mb/s，下行理论速率为 100 Mb/s。

FDD 是在相互隔离的两个对称频率信道上进行接收和传送，用保护频段来分离接收和传送信道，即采用两个对称的频率信道来分别发射和接收信号，依靠频率来区分上、下行链路，其单方向的通道在时间上是连续的。FDD－LTE 系统中，上、下行频率间隔可以达到 190 MHz。由于无线技术的差异、使用频段的不同以及各个厂家的利益等因素，FDD－LTE 的标准化与产业发展都领先于 TDD－LTE。FDD－LTE 已成为当前世界上采用的国家及地区最广泛、终端种类最丰富的一种 4G 标准。FDD－LTE 上行理论速率为 40 Mb/s，下行理论速率为 150 Mb/s。

2. TDD－LTE 的优缺点

TDD 系统的演进与 FDD 系统的演进是同步进行的。绝大多数企业对 LTE 标准的贡献可同时用于 FDD 系统和 TDD 系统。

TDD 双工方式的工作特点使 TDD 具有如下优势：

(1) 能够灵活配置频率，使用 FDD 系统不易使用的零散频段。

(2) 可以通过调整上、下行时隙转换点，提高下行时隙比例，很好地支持非对称业务。

(3) 具有上、下行信道一致性，基站的接收和发送可以共用部分射频单元，降低了设备成本。

(4) 接收上、下行数据时，不需要收发隔离器，只需要一个开关即可，降低了设备的复杂度。

(5) 具有上、下行信道互惠性，能够更好地采用传输预处理技术，能有效地降低移动终端的处理复杂性。

但是，TDD 双工方式相较于 FDD，也存在以下明显的不足：

(1) 由于 TDD 方式的时间资源分别分给了上行和下行，因此 TDD 方式的发送时间大约只有 FDD 的一半，如果 TDD 要发送和 FDD 同样多的数据，就要增大 TDD 的发送功率。

(2) TDD 系统上行受限，因此 TDD 基站的覆盖范围明显小于 FDD 基站。

(3) TDD 系统收发信道同频，无法进行干扰隔离，系统内和系统间存在干扰。

(4) 为了避免与其他无线系统之间的干扰，TDD 需要预留较大的保护带，影响了整体频谱利用率。

从技术上而言，在视频流媒体、交互 Web 等下行流占据绝对优势的 4G 网络时代，TDD 高容量、非对称的优势将逐步显现，尤其在 FDD 资源日趋紧张的情况下，推动 LTE TDD/FDD 融合组网将成为必然趋势。

3. FDD - LTE 与 TDD - LTE 的对比

FDD - LTE 与 TDD - LTE 本质上共用一套基础标准，但在业务实现的技术上有着一定差别。FDD 需要成对的频谱用于上、下行链路通信，再用保护频段来分离上、下行信道，其单方向的资源在时间上是连续的，如图 4.37(a)所示。而 TDD 的发送和接收信号均在同一个频率信道里进行，是通过不同的时间段来分别传输的，其单方向的资源在时间上是不连续的，如图 4.37(b)所示。

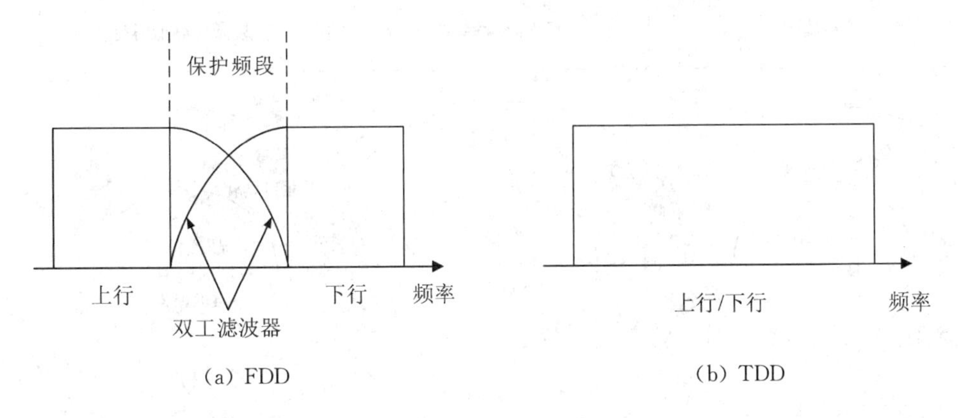

(a) FDD　　(b) TDD

图 4.37　FDD - LTE 与 TDD - LTE 的双工方式

FDD - LTE 在支持对称业务(如语音业务)时，能充分利用上、下行的频谱，但在支持非对称业务(如上网业务)时，频谱利用率则大大降低(由于低上行负载，造成频谱利用率降低约 40%)。而 TDD - LTE 不需要分配成对的频段，并可在每个信道内灵活控制并改变发送和接收时段的长短比例，在支持非对称业务时，可充分利用有限的频谱资源，提高频谱利用率。

因此，从技术上讲，这两大4G标准各有千秋。虽然从运营商的频谱资源利用角度来说，TDD-LTE更节省资源，但是在用户感知层面，FDD-LTE速度却相对更快。在实际组网时，TDD-LTE适用于城市间高密度地区的局域覆盖，而FDD-LTE适用于郊区、公路铁路等广域覆盖。因此，两者混合组网，是更好的选择。

4.5 第五代移动通信系统

随着互联网和物联网的高速发展，高清视频、VR/AR、智能设备等新业务层出不穷，未来通信网络将实现更加灵活、可靠、智能化的用户体验。为了适应新的多样化的业务需求，实现万物互通互联，第五代移动通信(5G)应运而生。

第五代移动通信技术(5th Generation Mobile Communication Technology，简称5G)是具有高速率、低时延和大连接特点的新一代宽带移动通信技术，是实现人、机、物互联的网络基础，也是继2G(GSM)、3G(WCDMA、TD-SCDMA、CDMA2000)和4G(LTE-A、LTE)系统之后的延伸。

4.5.1 第五代移动通信系统的概述

1. 三大场景需求

ITU定义了第五代移动通信的三大场景需求，分别是增强型移动宽带(Enhanced Mobile Broadband，eMBB)，海量机器通信(Massive Machine Type Communications，mMTC)和超高可靠低时延通信(Ultra-Reliable Low-Latency Communications，URLLC)。这三个场景概括了第五代移动通信的应用场景和需求，如图4.38所示。

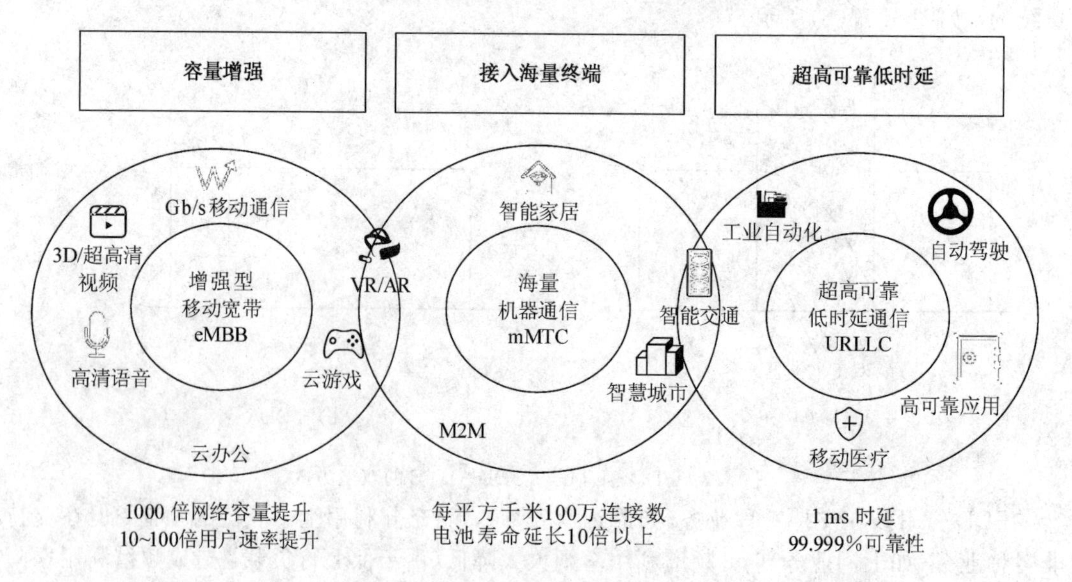

图4.38　ITU定义的5G三大应用场景

eMBB主要是为了满足高速率、大带宽的移动宽带业务，提升以“人”为中心的娱乐、社

交等个人消费业务的通信体验。其最高数据传输速率达到 20 Gb/s，单位无线带宽和单位网络单元数据吞吐量是 4G 网络的 3～4 倍，区域内总流量密度达到 $10(\text{Mb/s})/\text{m}^2$。在能效控制方面，eMBB 装置收发数据所需功耗的能效比相比 4G 移动通信标准提升 100 倍。eMBB 主要应用场景包括随时随地的 3D/超高清视频直播及分享、虚拟现实、随时随地云存取、高速移动上网等，是三大场景中最先实现商用的。

mMTC 主要满足海量物联的通信需求，面向以传感和数据采集为目标的应用场景。连接数密度(每单位地区可连接设备数量)达到每平方千米 100 万连接。通过 mMTC 技术，未来所有家庭中的白色家电、门禁、烟感、各种电子器件都能联网，城市管理中的井盖、垃圾桶、交通灯，智能农业中的农业机械，环境监测的水文、气候，所有通过传感器搜集的数据都会联网。这个场景将诞生大量的联网设备，真正实现万物互联。

URLLC 基于其低时延和高可靠的特点，主要面向垂直行业的特殊应用需求。其空中接口时延低至 1 ms，移动性支持 500 km/h 的高速移动，可支持车联网、工业控制、远程医疗等应用场景。

2. 技术性能

为了满足协议规定的应用场景需求，第五代移动通信需要满足以下技术性能：

1) 移动性

移动性是移动通信系统重要的性能指标。在满足一定系统性能的前提下，通信双方尽可能有最大相对移动速度。5G 移动通信系统需要支持飞机、高速公路、城市地铁等超高速移动场景，同时，也需要支持数据采集、工业控制低速移动或非移动场景。因此，5G 移动通信系统需要支持更广泛的移动性。

2) 时延性能

在 4G 时代，网络架构扁平化设计大大提升了系统时延性能。在 5G 时代，车辆通信、工业控制、增强现实等业务应用场景，对时延提出了更高的要求，最低空中接口时延要求达到 1 ms。

3) 用户感知速率

用户感知速率是指单位时间内用户获得用户面数据传送量。5G 时代将构建以用户为中心的移动生态信息系统，首次将用户感知速率作为网络性能指标。实际网络应用中，用户感知速率受到众多因素的影响，包括网络覆盖环境、网络负荷、用户规模和分布范围、用户位置、业务应用等，一般采用期望平均值和统计方法进行评估。

4) 峰值速率

峰值速率是指用户可以获得的最大业务速率，相比 4G 网络，5G 移动通信系统将进一步提升峰值速率，峰值速率可以达到数十吉比特每秒。

5) 连接数密度

连接数密度是指单位面积内可以支持的在线设备总和，是衡量 5G 移动网络对海量规模终端设备支持能力的重要指标，一般不低于 10 万台每平方千米。在 5G 时代存在大量物联网应用需求，网络要求具备超千亿设备连接能力。

6）流量密度

流量密度是单位面积内的总流量数，用于衡量移动网络在一定区域范围内的数据传输能力。在5G时代需要支持一定局部区域的超高数据传输，网络架构应该支持每平方千米能提供数十太比特每秒的流量。在实际网络中，流量密度与多个因素相关，包括网络拓扑结构、用户分布、业务模型等。

7）能源效率

能源效率是指每消耗单位能量可以传送的数据量。在移动通信系统中，能源消耗主要指基站和移动终端的发送功率以及整个移动通信系统设备所消耗的功率。在5G移动通信系统架构设计中，为了降低功率消耗，采取了一系列新型接入技术，如低功率基站、D2D技术、流量均衡技术、移动中继等。

3. 频谱划分

在3GPP协议中，5G的总体频谱资源可以分为以下两个频率范围（Frequency Range，FR），如图4.39所示。

FR1：450 MHz～6 GHz，也叫Sub6G（低于6 GHz），也就是低频频段，是5G的主频段；其中3 GHz以下的频率称之为Sub3G，其余频段称为C－band。

FR2：24～52 GHz，这段频谱的电磁波波长大部分都是毫米级别的，因此也叫毫米波（严格来说大于30 GHz才叫毫米波），也就是高频频段，为5G的扩展频段，频段资源丰富。

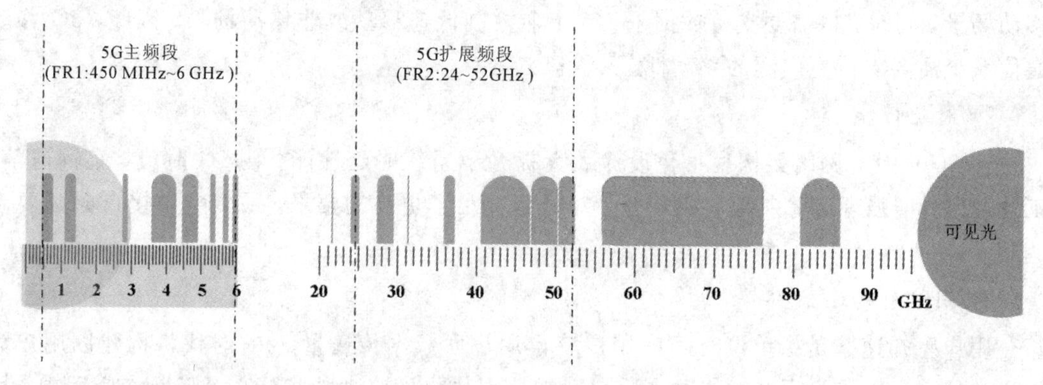

图4.39　5G频段

FR1的优点是频率低、绕射能力强、覆盖效果好，是当前5G的主频段。FR1主要作为基础覆盖频段，最大支持100 Mb/s的带宽。其中低于3 GHz的部分，包括了现网在用的2G、3G、4G的频谱，在建网初期可以利用旧站址的部分资源实现5G网络的快速部署。

FR2的优点是带宽超大、频谱干净、干扰较小，作为5G后续的扩展频段。FR2主要作为容量补充频段，最大支持400 Mb/s的带宽，未来很多高速应用都会基于此段频谱实现，5G高达20 Gb/s的峰值速率也是基于FR2的超大带宽。

2017年11月15日，工业和信息化部发布《关于第五代移动通信系统使用3300～3600 MHz和4800～5000 MHz频段相关事宜的通知》，确定5G中频频谱，能够兼顾系统覆盖和大容量的基本需求，如表4.5表示。

表 4.5　第五代移动通信的频谱

NR 频段号	上行频段/MHz	下行频段/MHz	双工模式
n1	1920～1980	2110～2170	FDD
n2	1850～1910	1930～1990	FDD
n3	1710～1785	1805～1880	FDD
n5	824～849	869～894	FDD
n7	2500～2570	2620～2690	FDD
n8	880～915	925～960	FDD
n12	699～716	729～746	FDD
n20	832～862	791～821	FDD
n25	1850～1915	1930～1995	FDD
n28	703～748	758～803	FDD
n34	2010～2025	2010～2025	TDD
n38	2570～2620	2570～2620	TDD
n39	1880～1920	1880～1920	TDD
n40	2300～2400	2300～2400	TDD
n41	2496～2690	2496～2690	TDD
n50	1432～1517	1432～1517	TDD
n51	1427～1432	1427～1432	TDD
n65	1920～2010	2110～2200	FDD
n66	1710～1780	2110～2200	FDD
n70	1695～1710	1995～2020	FDD
n71	663～698	617～652	FDD
n74	1427～1470	1475～1518	FDD
n75	N/A	1432～1517	SDL
n76	N/A	1427～1432	SDL
n77	3300～4200	3300～4200	TDD
n78	3300～3800	3300～3800	TDD
n79	4400～5000	4400～5000	TDD
n80	1710～1785	N/A	SUL
n81	880～915	N/A	SUL
n82	832～862	N/A	SUL
n83	703～748	N/A	SUL
n84	1920～1980	N/A	SUL
n86	1710～1780	N/A	SUL

注：FDD 为频分双工，TDD 为时分双工，SDL 只能用于下行传输，SUL 只能用于上行传输。

目前我国仅对FR1中的频段进行了分配，我国四大运营商的5G频谱划分如下。

中国移动：2515～2675 MHz，共160 MHz，频段号为n41；4800～4900 MHz，共100 MHz，频段号为n79。

中国电信：3400～3500 MHz，共100 MHz，频段号为n78。

中国联通：3500～3600 MHz，共100 MHz，频段号为n78。

中国广电：703～743 MHz，758～798 MHz，共80 MHz，频段号为n28；4900～5000 MHz，共100 MHz，频段号为n79。

4. 标准演进

关于5G标准的形成，业界倾向于统一标准，而非2G、3G时代的多制式标准并行。

2017年，3GPP分组大会在美国举行，3GPP 5G NSA(5G非独立组网)第一个版本正式冻结。发布了3GPP R15标准版本。该版本4G基站(eNode B)和5G基站(gNode B)共用4G核心网(EPC)，eNode B为主站，gNode B为从站，控制面信令走4G通道至EPC，即沿用4G核心网(EPC)，以4G作为控制面的锚点，采用LTE与5G NR双连接的方式。这种方式利用现有的LTE网络部署5G，以满足运营商快速实现5G部署覆盖的需求。

2018年6月13日(北京时间2018年6月14日)，在美国圣地亚哥，3GPP全会(TSG ＃80)批准了第五代移动通信技术标准的独立组网功能冻结。独立组网(SA)下基站为5G基站(gNB)，核心网为5G独立核心网(5GC)。

2019年6月，3GPP正式批准了第五代移动通信技术标准(5G)新空口(NR)独立建网(SA)功能冻结。5G NR正式具备了独立部署的能力，同时意味着3GPP首个完整的5G标准R15正式确定。5G标准版本演进时间，如图4.40所示。

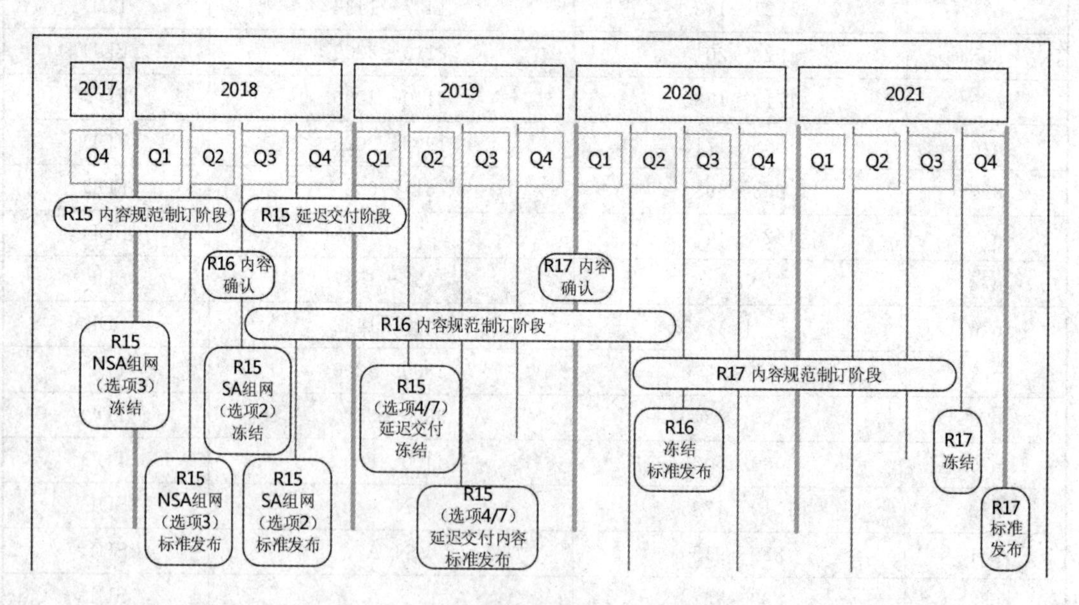

图4.40　第五代移动通信协议演进时间

2020年7月3日，3GPP宣布R16标准冻结，标志5G第一个演进版本标准完成。R16标准，不仅增强了5G的功能，让5G进一步走入各行各业并催生新的数字生态产业，还更多兼顾了成本、效率、效能等因素，使通信基础投资发挥更大的效益，进一步助力社会经济的数字转型。

2022 年 3 月，全球 5G 标准的第三个版本 3GPP R17 完成第三阶段的功能性冻结，即完成系统设计。R17 的完成标志着 5G 技术演进第一阶段的圆满结束，R17 让更多 5G 系统增强功能逐步走向成熟，将 5G 持续扩展至全新终端、应用和商用部署。

按照 3GPP 之前的工作计划，在 2022 年 6 月达成 R17 的下一个里程碑，完成ASN.1冻结(协议冻结可进入执行阶段)，但 3GPP 已经展开 R18 的研究工作。R18 是 5G Advanced 的首个标准版本，它将开启新一轮无线技术创新并进一步实现 5G 愿景。

5G 技术演进的第一阶段包括 R15、R16、R17 三个标准版本。其中，R15 侧重于 eMBB(增强型移动宽带)相关性能的规范。R16 的主要任务是把 5G 向行业应用拓展。R17 是 5G 技术演进第一阶段收官版本，它将 5G 系统增强性能扩展至全新的垂直行业、部署模式、应用及频谱，同时为后续第二阶段的 5G 创新做好铺垫。

4.5.2　第五代移动通信系统的关键技术

5G 移动通信系统的关键技术主要包括大规模天线阵列、毫米波、非正交多址技术等。

1. 大规模天线阵列(Massive Multiple Input and Multiple Output, Massive MIMO)

Massive MIMO 是 5G 最具潜力的传输技术之一，它是现有 4G 网络中 MIMO 技术的扩展和延伸。

现阶段 Massive MIMO 技术已经取得了突破性进展，在低频领域已有面向 5G 的商用产品发布。在大规模天线阵列系统中，基站侧配置大规模的天线阵列(从几十至上千)，利用空分多址(SDMA)技术，可以在相同时频资源上同时服务多个用户；利用大规模天线阵列带来的巨大阵列增益、分集增益和多用户复用增益，可以使得小区总频谱效率和边缘用户的频谱效率得到极大的提升；基于大规模天线可以进行波束赋形，在水平和垂直两个维度动态调整信号方向，形成极精确的用户级超窄波束，并随用户位置的不同而不同，将能量定向投放到用户位置，相对传统宽波束天线可提升信号覆盖，同时降低小区间用户干扰，如图 4.41 所示。

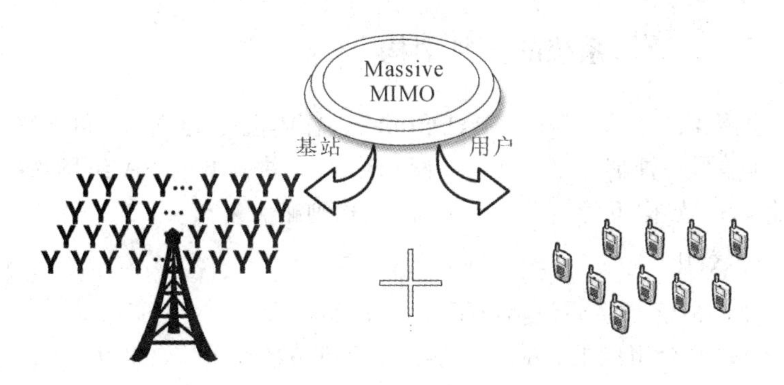

图 4.41　Massive MIMO 系统示意图

传统的 LTE 网络的天线基本是 2 天线、4 天线或 8 天线，而 Massive MIMO 的通道数达到 64、128 或 256。

传统的 MIMO，我们称之为 2D－MIMO。以 8 天线为例，实际信号在进行覆盖时，只能在水平方向移动，垂直方向是不动的，信号是在一个平面上发射出去，仅能在水平维度区分用户；而 Massive MIMO，是信号在水平维度空间基础上，引入垂直维度的空域进行利用，信号的辐射状是个电磁波束，提升同时、同频可服务的用户数，极大地提升系统容量。

2. 毫米波

目前，移动通信工作频段主要集中在 3 GHz 以下，这使得频谱资源十分拥挤，为了寻找更丰富的频谱资源，人们开始向高频段(如毫米波、厘米波频段)进军。

毫米波是一种波长为 1～10 mm，频率为 30～300 GHz 的电磁波，频段位于微波和红外波相交叠的波长范围，因而兼有两种波谱的特点。毫米波的理论和技术分别是微波向高频的延伸和光波向低频的发展。

应用于 5G 技术的毫米波为 24～100 GHz 的频段。毫米波的极高频率让它有着极快的传输速率，同时它的较高带宽也让运营商的频段选择更广。

毫米波并不完美，其超短的波长(1～10 mm)使得穿透物体的能力很弱，导致信号衰减大，这些物体包括空气、雾、云层和厚实的物体等。但短波长也有优点，比如短波长使收发天线能被做到很小，小到轻松塞进手机。小体积天线也让在有限空间内建造多天线组合系统变得更加容易。

由于毫米波具有足够量的可用带宽、较高的天线增益，因此可以支持超高速的传输率，且波束窄，灵活可控，可以连接大量设备。

3. 非正交多址技术

非正交多址(Non-Orthogonal Multiple Access，NOMA)是一种功分多址技术，与正交多址技术通过频域或码域上的调度实现分集增益不同，非正交多址技术通过将不同信道增益情况下多个用户在功率域上的叠加获得复用增益。

NOMA 的基本思想是在发送端采用非正交发送，不同发送功率的信号在频率完全复用，仅通过功率来区分，且主动引入干扰信息；在接收端，基于不同的信道增益，通过串行干扰删除，接收机可实现正确解调。虽然，这类接收机复杂度有一定的提高，但是可以很好地提高频谱效率。

4.5.3 第五代移动通信系统的网络架构

5G 的部署方式

5G 的网络组网架构有很多种选项(Option)，总体上分为 NSA 和 SA 两类。图 4.42 列举了一种典型的 NSA 组网选项和一种典型的 SA 组网选项。相比较而言，SA 架构更为简单，而 NSA 架构则略为复杂。

1. NSA 与 SA 对比

相较 SA，NSA 的优势主要包括以下 3 个方面：

(1) 通过与 4G 联合组网的方式可以实现 5G 单站覆盖范围的扩大；

(2) NSA 标准更早结束，产品更成熟；

(3) 无须建设新的核心网。

相较 SA，NSA 架构也有如下劣势：

(1) NSA 是 4G 网络和 5G 网络融合的组网方式，因此涉及对 4G 网络的升级改造。

(2) 5G NR 应用频段更高，覆盖范围更小，现有 4G 网络密度无法满足 5G 覆盖。

(3) NSA 组网方式下，更加依托于原有的设备投入，仍然需要采购原网厂商的设备，运营商不能重新划分设备厂商的投资结构。

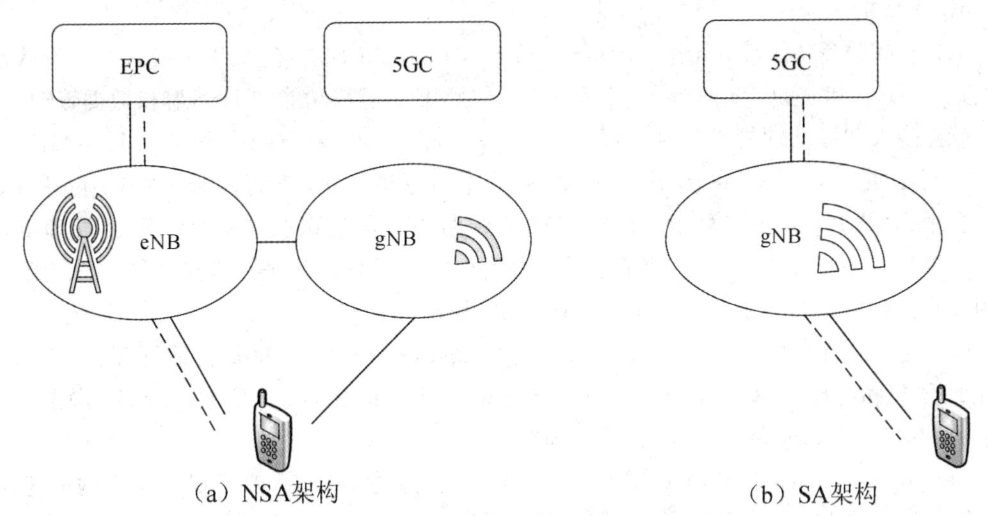

EPC—4G 核心网；eNB—4G 基站；5GC—5G 核心网；gNB—5G 基站

图 4.42　NSA 架构和 SA 架构

(4) 无法满足 5G 高可靠、低时延要求。

NSA 架构有助于快速建网，但较 SA 直接建网资本开支更高。

2. 5G 核心网

5G 核心网以网络功能(Network Function，NF)的方式重新定义了网络实体，各 NF 对外按独立的功能提供服务并可互相调用，从而实现了从传统的刚性网络向基于服务的柔性网络的转变。

5G 核心网架构(如图 4.43 所示)支持控制与转发分离、网络功能模块化设计、接口服务化和 IT 化、增强的能力开放等新特性，以适应 5G 网络灵活、高效、开放的发展趋势。5G 核心网实现了网络功能模块化以及控制功能与转发功能的完全分离。控制面可以集中部署，对转发资源进行全局调度；用户面则可按需集中或分布式灵活部署，当用户面下沉靠近网络边缘部署时，可实现本地流量分流，支持端到端毫秒级时延。

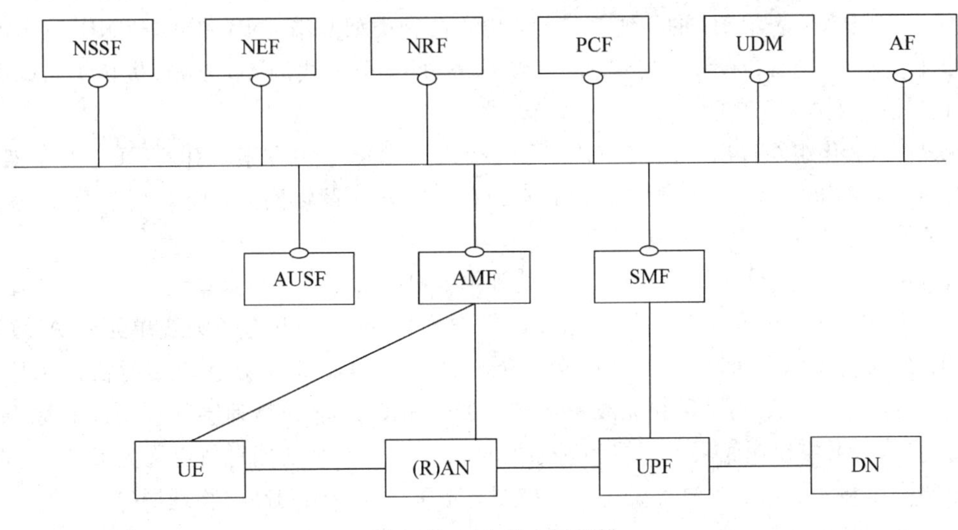

图 4.43　5G 核心网架构

5G 主要的功能网元如下：

(1) 鉴权服务功能(Authentication Server Function，AUSF)：完成用户接入的身份认证功能，实现 3GPP 和非 3GPP 的接入认证，类似于 MME 中鉴权功能和 HSS 鉴权数据管理。

(2) 接入和移动性管理功能(Access and Mobility Management Function，AMF)：5G 的核心网功能网元之一，和 gNB 通过 NG 接口进行逻辑互联，执行注册、连接、可达性、移动性管理、NAS MM 信令处理、NAS SM 信令路由、安全锚点和安全上下文管理等，为 UE 和 SMF 提供会话管理消息传输通道，为用户接入时提供认证、鉴权功能，是终端和无线的核心网控制面接入点，类似于 4G MME 中移动性管理。

(3) 会话管理功能(Session Management Function，SMF)：负责会话管理、隧道维护、IP 地址分配和管理、UP 功能选择、策略实施和 QoS 中的控制、计费数据采集、漫游等，类似于 4G 中 MME、SGW、PGW 会话管理等控制面的功能。

(4) 用户面功能(User Plane Function，UPF)：通过 NG3 接口实现与接入网的逻辑互联，负责分组路由转发、策略实施、流量报告处理、QoS 处理等，类似于 4G 中 SGW 和 PGW 用户面功能。

(5) 网络切片选择功能(Network Slice Selection Function，NSSF)：根据 UE 的切片选择辅助信息、签约信息等确定 UE 允许接入的网络切片实例。

(6) 网络开放功能(Network Exposure Function，NEF)：使内部或外部应用可以访问网络提供的信息或业务，可根据不同的使用场景实现网络功能定制。

(7) 网络存储功能(NF Repository Function，NRF)：提供注册和发现功能的新功能，可以使网络功能(NF)相互发现并通过 API 接口进行通信。

(8) 统一数据管理(The Unified Data Management，UDM)：主要完成用户鉴权认证、用户识别、访问授权、注册、移动、订阅、短信管理等，类似于 4G 的 HSS。

(9) 策略控制功能(Policy Control Function，PCF)：支持统一策略框架，提供控制面功能的策略规则，类似于 4G 的 PCRF。PCF 下发控制面网络功能。

3. 5G 接入网

5G NG-RAN 表示 5G 的无线接入网，包含两种类型基站 gNB 和 ng-eNB。gNB(5G 基站)提供 NR 用户面和控制面协议和功能；ng-eNB(下一代的 4G 基站)提供 E-UTRA 用户面和控制面协议和功能。

3GPP 标准化组织提出了面向 5G 的无线接入网功能重构方案，引入 CU-DU 架构。在此架构下，5G 的 BBU 基带部分拆分成 CU 和 DU 两个逻辑网元，而射频单元以及部分基带物理层底层功能与天线构成 AAU。

相对于 4G 无线接入网(RAN)的基带处理单元(BBU)、射频拉远单元(RRU)2 级结构，支持 5G 新空口的 gNB 可采用集中单元(CU)、分布单元(DU)和有源天线单元(AAU)3 级结构。原 BBU 的非实时部分将分割出来，重新定义为 CU，负责处理非实时协议和服务，主要包含分组数据汇聚协议层和无线资源控制层；BBU 的部分物理层处理功能和原 RRU 合并为 AAU，主要包含底层物理层和射频模块；BBU 的剩余功能重新定义为 DU，负责处理物理层协议和实时服务，包含无线链路控制、介质访问控制和高层物理层等。

5G RAN 的 CU 和 DU 存在多种部署方式。当 CU、DU 合设时，5G RAN 与 4G RAN

结构类似，相应承载也是前传和回传两级结构，但5G基站(gNB)的接口速率和类型发生了明显变化；当CU、DU分设时，相应承载将演进为前传、中传和回传3级结构。

1）回传

回传(Backhaul)指无线接入网连接到核心网的部分，光纤是回传网络的理想选择，但在光纤难以部署或部署成本过高的环境下，无线回传是替代方案，比如点对点微波、毫米波回传等。

2）前传

前传(Fronthaul)指BBU池连接拉远AAU/RRU部分。前传链路容量主要取决于无线空口速率和MIMO天线数量，4G前传链路采用通用公共无线接口协议，但由于5G无线速率大幅提升，MIMO天线数量成倍增加，通用公共无线接口无法满足5G时代的前传容量和时延需求，为此，标准组织积极研究和制定新的前传技术，包括将一些处理能力从BBU下沉到AAU/RRU单元，以减小时延和前传容量等。

3)中传

中传(Middlehaul)指CU和DU之间的连接部分，中传只存在于CU、DU分设的网络中。采用CU、DU分设，可实现基带资源的共享，通过将DU集中部署，并由CU统一调度，可节省一半的基带资源。另外，CU、DU分设也有利于实现无线接入的切片和云化，满足5G复杂组网情况下的站点协同。当然，CU和DU的分设也会带来时延增加和网络复杂度的提升的问题，这也是中传模块产品需要解决的问题。

【思考与练习】

1. 试从发展时间、标准化、技术性能特点和提供的业务角度比较第一代到第四代移动通信系统，你能从中得出什么结论。

2. 试从技术性能、应用领域等方面比较第五代移动通信系统与前面四代移动通信系统的区别，你能从中得出什么结论。

3. 试通过调查，阐述移动通信如何日益渗透到我们生活的方方面面，这其中的原因是什么。

4. 移动通信发展的终极目标：实现完全的个人通信(Personal Communication)。该目标可简要描述为5个“W”，这些“W”分别指什么?

5. 试比较分析FDD－LTE系统和TDD－LTE系统有什么不同，各自的优缺点是什么?

6. 第五代移动通信的三大场景需求分别是什么?

第五章　新一代移动通信技术

知识引入

当前，5G移动通信系统已经在全球实现广泛部署，成为迄今为止发展最快的网络，其发展速度远远超出了人们的预期。5G是个人消费体验升级和行业数智化转型的关键。全球的主要经济体均明确要求将5G作为长期产业发展的重要一环。业务上，5G将赋能千行百业；技术上，5G将进一步融合数据技术(DT)、运营技术(OT)、信息技术(IT)和通信技术(CT)。

本章主要介绍5G演进方案(5G-Advanced)和第六代移动通信技术(6G)的研究进展、应用场景和潜在技术等。

5.1　5G发展现状

5.1.1　5G通信网络的部署现状

截至2022年6月，在全球范围内已有150个国家和地区的496家运营商以测试、试点、获取许可证、计划和实际部署的形式投资5G通信网络。其中87个国家和地区的218家运营商已商用兼容3GPP的5G移动或固定无线接入服务。108家运营商正在以评估、测试、试点、规划或部署的方式投资公共5G独立网络。其中，24家运营商已部署或推出公共5G独立网络。

我国5G建设和应用保持着全球领先水平，截至2022年9月，5G通信网络已经覆盖全国所有地市一级和所有县城城区以及96%的乡镇镇区，覆盖面在全球保持领先。目前，我国累计建成开通5G基站超过222万个，已经超额完成2022年的建设目标，预计2023年我国5G基站总数将达到250万个以上。

5.1.2　5G通信技术的应用现状

5G的三大特性是大带宽、低延时、广连接，基于这些特性可以延伸出很多应用。在ToB(面向企业用户)和ToC(面向消费者)时，5G可以开启不同的应用。在ToB领域，又可以分为公网应用和私网应用。私网应用一般适用于矿山、码头、工厂等在一个区域范围内有多个移动终端设备需要数据传输，特别是需要实时数据传输时的场景；公网应用可以满足自动驾驶、物流等跨范围的场景需求。在ToC领域，5G大带宽和低延时的特性可以大大提升VR、高清视频、游戏等业务的用户体验。

我国已经建成全球规模最大的5G独立组网网络，同时，也构建出了最完备的无线产业链。5G作为新基建之首，是产业数字化和数字产业化的新引擎。5G已经融入工业、能源、医疗、交通、媒体、教育等各个领域，其中工业互联网是5G应用的主战场，全国“5G+工业互联网”在建的项目已经超过2000个，覆盖40多个国民经济重点行业。

5.2 5G-Advanced(5G演进)发展展望

5.2.1 5G-Advanced网络的演进动力

1. 产业发展驱动力

5G网络的全球商用部署正如火如荼。全球已经有150多个国家和地区发布了近500个5G商用网络。在此基础上，已有上千个行业5G网络项目签署了商用合同，体现出5G在行业市场的快速发展。据全球移动通信系统协会预测，5G连接数到2025年将达到18亿以上。但是整体而言，全球的5G产业仍然处于网络建设早期，业界普遍认为，未来的6G技术至少要到2030年才会开始应用，因此无论从业务场景、网络技术，还是从产业进程、部署节奏等方面来看，未来3～5年仍将是5G发展的关键时期。

与前几代通信网络不同，5G被认为是行业数智化转型的基石。全球的主要经济体均明确要求将5G作为长期产业发展的重要一环。欧盟提出2030数字罗盘计划，明确制定了企业数字化转型、公共服务数字化等纲要，并采用5G作为工业4.0发展的基础。韩国作为最早部署5G的国家，提出进一步加强“5G+融合生态系统”的构建，推进5G融合服务的发展。日本持续推进B5G(Beyond 5G)对民生、社会的价值体现。我国也提出了以坚持科技创新为牵引的面向2035年的远景目标，并将持续深化“5G+工业互联网”作为当前的重要目标。

因此，5G-Advanced需要充分考虑架构演进及功能增强，从当前仍然以消费者为中心的移动宽带网络成长为真正的工业互联网核心。当前虽然可以利用网络切片、多接入边缘计算(Multi-access Edge Computing，MEC)、非公共网(Non Public Network，NPN)等功能为行业服务，但是无论是从网络部署形态、业务服务等级协议(Service Level Agreement，SLA)保障能力、易运维能力，还是从行业需要的辅助功能来看，5G网络当前的能力还有所不足，因此需要在3GPP R18及后续版本中继续增强。

为此，3GPP在2021年4月举行的会议上初步确定以5G-Advanced作为5G网络演进的理念。后续，电信产业各方面都将从3GPP R18开始逐步为5G-Advanced完善框架和充实内容。

首先，以扩展现实(Extended Reality，XR)为代表的新兴业务逐渐成为5G网络需要重点扶持的对象，不但XR的清晰度将从8K向16K/32K甚至更高升级，而且面向行业应用的增强现实(Augmented Reality，AR)业务场景也将从单终端通信演进到多XR协同交互，并预计在2025年左右得以快速发展。这类业务同时具备了增强移动宽带(Enhanced Mobile Broadband，eMBB)与超高可靠低时延通信(Ultra Reliable Low Latency Communication，uRLLC)业务的大带宽、高可靠、低时延等特征。届时由于业务流量和业务特征的影响，XR业务对网络容量、时延、带宽等SLA服务等级协议(Service Level Agreement，SLA)保障

将提出更高的要求。与此同时，基础通信业务仍然有着较大的发展空间，以远程办公为代表的多方视频通话、虚拟会议等将成为常态。在业务形式上，当前固定接入＋视频＋通话的会议方式，将转变为移动接入＋富媒体＋实时互动的多方远程协作。例如，企业员工在家可随时以虚拟形象接入企业办公环境并与同事进行高效沟通。因此，5G-Advanced 可以预见的潜在增强方面，包括提供新的话音网络架构和交互式通信能力、支持更加精细化的 QoS 区分与参数定义、支持网络可见的 XR 应用层数据开发、支持增强的空口资源预先配置及自适应的非连续接收配置等，满足从现有以清晰语音为主的通信方式向全感知、交互式、沉浸式通信方式演进的业务发展需求。

其次，5G 被认为是行业数智化转型的基石，而行业数智化将带来远比消费者网络更为复杂的业务环境。工业互联网、能源互联网、矿山、港口、医疗健康等不同行业不但需要网络为它们提供差异化的业务体验，而且更需要对业务结果提供确定性的 SLA 保障。例如，工业互联网需要上、下有界的确定性通信传输时延，智能电网需要高精度时钟同步及高隔离和高安全，矿山需要在地表下提供精准定位，港口需要远程控制的龙门吊，医疗需要实时的诊疗信息同步并支持超低时延的远程诊断。因此，5G-Advanced 需要充分考虑对行业业务的确定性体验保障，包括实时业务感知、测量、调度并最终形成整体的控制闭环。针对不同行业，5G 需要采用公众网络、本地专网以及多种混合组网模式满足行业所需的业务隔离和数据安全需求，因此 5G-Advanced 应该从整体网络架构、组网方案、设备形态和服务支撑能力上匹配多样性的复杂业务环境。

2. 技术发展驱动力

5G-Advanced 在技术上呈现与 ICT 技术、工业现场网技术、数据技术等全面融合趋势。4G 之后的通信网络充分引入 IT 技术，普遍采用电信云作为基础设施。在实际的电信云落地过程中，网络功能虚拟化(Network Functions Virtualization，NFV)、容器、软件定义网络(Software Defined Network，SDN)、基于应用程序编程接口(Application Programming Interface，API)的系统能力开放等技术都得到了实际商用验证。

同时，边缘网络是未来业务发展的中心，但其商业模式、部署模式、运维模式，尤其是资源可获得性以及资源效率，均与集中化部署的云计算组网方式存在较大的差异。因此，5G-Advanced 的演进中需要综合云原生与边缘网络的特点，通过同一个网络架构实现两者之间的平衡，最终走向云网融合、云网一体的长期演进方向。对于通信技术(Communication Technology，CT)本身，5G-Advanced 需要进一步发挥网络融合的能力。这些融合不仅包括对不同代际、NSA/SA 不同模式的融合，也包括对个人消费者业务、家庭接入业务与行业网络业务的融合。

随着卫星通信的演进，5G-Advanced 核心网也将为面向地海空天一体化的全融合网络架构做好准备。除 ICT 外，未来将有更多的来自生产运营的需求，并通过运营技术(Operational Technology，OT)为移动网络带来新的“血液”。例如，面向工业制造的产业互联网与传统消费互联网不同，其对网络质量有着更为严苛的需求，需要考虑在引入 5G 的同时支持极简组网；基于机器视觉的质检场景，需要网络同时支持大带宽和低时延能力；远程机械控制需要网络支持确定性传输、可保障可承诺的连接数以及带宽；面向柔性制造的智能产线还需要网络提供精准定位、数据采集等能力。

为此，无线接入网需要具备媲美有线接入的可靠性、可用性、确定性和实时性。OT 与

CT的融合将成为移动网络发展的一个重要方向。5G-Advanced网络将成为构建工业环境下全面互联的关键基础设施，实现工业设计、研发、生产、管理、服务等产业全要素的泛在互联，是工业数智化转型的重要推动力。

此外，数据技术(Data Technology，DT)也将为网络演进注入新的动力。数字经济的发展基础是海量连接、数字提取、数据建模和分析判断。5G网络与大数据、人工智能(Artificial Intelligence，AI)等技术结合，可以实现更加精准的数字提取，基于丰富的算法和业务特征构建数据模型利用数字孪生技术作出最合适的分析判断，并反向作用于物理实体，从而充分发挥数智化效应，进一步推动网络演进。

综上，5G-Advanced是以DOICT多技术融合为基础，以提供全业务、全场景应用为目标，形成精准、智能、算力、极简的可信网络。DOICT多技术融合就是指将CT与OT融合，实现容量、带宽、时延、抖动精准可控的确定性网络；与IT融合，实现云网融合、算网一体的算力网络；与DT融合，实现网络自适应、自感知、自运维的智能网络。从架构层面和技术层面持续演进，以满足多样化业务需求，提升网络能力，使5G服务各行业。技术融合一直是驱动移动网络演进的核心动力，DOICT的全融合将共同驱动网络变革和能力升级，助力全社会全领域的数智化发展。

5.2.2　5G-Advanced的网络架构演进

为了满足个人消费者体验升级和行业数智化转型的需求，5G-Advanced网络需要从架构层面和技术层面持续演进，以满足多样化业务需求，提升网络能力。

在架构层面，5G-Advanced网络需要充分考虑云原生(Cloud Native)、边缘网络以及移动算力感知，持续增强网络能力并最终走向云网融合、算网一体。

云原生是在电信云NFV基础上的进一步云化增强，以便更快地实现5G网络的灵活部署和功能的灵活开发与测试。云原生需要考虑通过软件优化提高对硬件资源的占用效率，同时考虑引入云化的安全机制以实现基础设施内的安全。

边缘网络是分布式网络架构与边缘业务相结合的高效部署形态。

“网络即服务”(Network as a Service)模式使5G系统变得高度灵活，可以适配垂直行业需求的各种定制化方案，其具体实现形态可以是5G网络切片，也可以是独立部署的网络。

5G核心网的服务化架构(Service Based Architecture，SBA)设计深入网络逻辑内部，有助于运营商全面掌控网络，贴合“网络即服务”的5G网络发展目标。SBA的设计使得5G网络功能服务(Network Function Service，NFS)可以进行无状态开发。它实现了NFS的模块化，使组网更加灵活，并实现了以应用程序为中心的更高效通信。SBA的一个重要特点是，通过使用基于请求/响应和订阅/通知的方法，有效地管理和控制NFS之间的各种通信。SBA架构使NFS具备鲁棒性的伸缩、监控和负载平衡。运营商以SBA为网络基础、以网络切片为服务框架、以网络平台为核心、以关键网络功能为抓手，构建敏捷定制化的5G能力，帮助用户深度参与到网络服务的定义和设计中，提供差异化的业务体验及更高的业务效率，使得连接与计算共同成为5G服务行业发展的强大助推器。

在网络特征与网络功能层面，未来用户对网络有着越来越复杂多样的需求，基于此，5G-Advanced需要具备AI、融合(Convergence)和更丰富使能(Enabler)的特征，即ACE。

(1) 人工智能：随着5G网络在行业网络中的发展应用，网络规模日益扩大，业务场景日益丰富，网络功能和管理变得愈加复杂。传统网络需要大量手动配置和诊断，带来较高的管理开销，因此需要引入智能化来协助提升从网络功能到网管协作各个层面的服务能力和服务质量。

(2) 融合：多种接入方式融合、多张网络融合是5G-Advanced网络演进的大趋势。在5G应用于行业之前，各个行业在各自使用与演进中形成了彼此独立的网络，采用了多样化的终端、接入方式与传输方式，网络的通用性极差，导致了新功能迭代时间长、设备价格高昂、技术发展缓慢等问题。因此，天地一体化、工业互联网等多行业多协议融合的下一代网络成为新趋势。

(3) 使能：随着5G网络在行业中的应用，网络能力持续丰富和提升，并逐渐由基础设施向业务使能者的角色演变。网络确定性、定制化、面向行业需求的自演进等新能力的引入，都将助力5G-Advanced更好地为行业用户提供按需定制的网络，真正实现"网络即服务"。

5.2.3 5G-Advanced的关键技术

1. 网络智能化

1) 智能化关键技术

网络资源虚拟化、业务多样化以及网络切片、边缘计算等5G新能力的不断引入，给5G运营和商用带来了挑战。通过智能化技术在电信网络中的应用和融合，可提高网络效能，降低运维成本，提升网络智慧运营水平。从3GPP R16开始，为了推动网络智能化，在网络基础架构和网管技术标准化层面开展了持续推进。网络数据分析功能(Network Data Analytics Function，NWDAF)是3GPP在5G引入的标准网元，是AI+大数据的引擎，具备能力标准化、汇聚网络数据、实时性更高、支持闭环可控等特点。3GPP不但定义了NWDAF在网络中的位置以及和其他网络功能的交互协同，也定义了NWDAF部署的灵活性。NWDAF可以通过功能嵌入的方式部署在特定的网络功能单元，也可跨网络功能单元协同完成网络智能的闭环操作。

随着5G网络的演进，网络变得越来越复杂，网络运维的复杂性也相应增加，这就要求网络是一个高度智能化和自动化的自主网络。一方面网络需要根据自身和环境的变化，自动调整以适应快速变化的需求；另一方面，网络也需要根据业务和运维要求，自动完成需要的网络更新和管理。为了满足这些需求，以下人工智能领域技术可为5G-Advanced网络智能化发展提供支持。

(1) 机器学习作为网络智能的基础技术，可广泛地分布于5G网络各节点及网络控制管理系统中，基于5G系统生成丰富的用户和网络数据，并结合移动通信领域的专业知识，可以构建灵活多样的学习框架，形成一个应用广泛、分布与集中相结合的网络智能化处理体系。

(2) 数字孪生可以对网络进行更好的监测和控制，包括对网络状态、流量等进行更好的预测，在虚拟孪生环境中对网络变更提前仿真评估，从而提升网络的数智化管理水平。以认知技术为基础，将移动通信领域的专业知识内置到算法，充分利用5G网络生成的大

数据，增强网络运营智能化程度，以满足复杂多样的业务需求。

(3) 意图驱动网络使运营商能够定义期望的网络目标，系统可以自动将其转化为实时的网络行为，通过意图维持对网络进行持续的监控和调整，从而保证网络行为同业务意图相一致。

(4) 从架构层面，未来可通过引入联邦学习等先进框架来支持多个网络功能单元共同学习训练，这样既能有效增强训练效果，又可保护数据隐私。

2) 智能化应用场景

为实现智能网络构建，赋能各行各业数智化转型，5G 网络需要在网络各领域不断引入 AI 技术。对内可服务网络、安全、管理等领域，将云网的大数据资源通过人工智能算法转化为云网的智能规划、业务分析、故障诊断和动态优化能力。5G 网络通过引入 AI 技术，可实现完整的业务体验优化闭环，主要包括：对用户体验进行智能的评估与监测，并结合业务需求、网络能力进行智能综合分析；通过业务体验反馈机制，进行策略的调整和闭环跟踪，实现网络成本和业务体验的最优匹配等。例如：通过智能数据分析，建立用户体验指标与 QoS 指标的关系模型，并基于该模型实时评估和监测当前业务的用户体验质量；分析挖掘用户的通信习惯，形成最佳匹配于用户/业务与网络的差异化 QoS 参数；使用强化学习等优化决策算法对切片资源和用户进行综合调度和优化，实现切片资源和用户的智能调度，保障切片业务的体验质量；基于 AI 的多接入协同，保障多接入资源得到充分利用的同时提高用户体验。

网络智能技术对外充分利用电信行业的算力、数据和场景优势，重新定义“端、管、云”生态，构建电信行业的新商业模式。在许多特定的应用场景需要云边端协同工作，通过数据采集、模型训练、智能模型推理，可以实现灵活的资源编排和调度，完成特定的业务逻辑。云网边端的可用计算能力和网络状况是实时动态变化的，在引入人工智能技术对计算负载和网络负载进行合理预测的基础上，运营商可以对云网边端中的算力、存储和网络连接等多维资源进行联合优化调度，实现云网边端资源的一体化调度和动态分配，在满足业务服务质量要求并取得资源效率全局优化的前提下，使业务负载在云网边端全域异构资源上合理、灵活地部署和迁移。

2. 网络融合

1) 行业网融合

5G 与行业网融合将成为 5G-Advanced 网络面向垂直行业客户的一个重点场景。5G 网络在行业网络中，凭借无线化、移动性等优势，能带来更多的业务价值，如人员保护、生产柔性化等。从组网角度，5G 网络不仅能大幅降低有线组网的复杂度和人力成本，更能帮助行业客户实现“一网到底”。例如，在工业制造领域的现场与车间组网中，5G 可在垂直层面简化多层次的有线网络层次，实现网络扁平化：基于 5G 确定性能力的差异化保障，5G 可以实现现场网络的 IT 网络(如设备运维数据采集)与 OT 网络合一。行业专网的特点在于为第三方客户在自身的运营管理范围内提供灵活的按需定制化网络。5G 行业专网可将企业自身的网络体系与 5G 网络融合，构建统一管理、无缝切换的融合行业网络。

2) 天地一体化网络融合

5G 网络不仅提供更加高速的数据传输服务，更能提供无处不在的移动网络接入。在偏

远地区，例如山区、沙漠、远洋等，5G 网络建设和维护的成本极高，因此无法通过传统地面 5G 基站在偏远地区提供无缝的 5G 网络覆盖。随着航空航天技术的发展，宽带卫星通信已经可以实现广域甚至全球覆盖。因此，5G 网络应充分融合卫星通信，取长补短，共同构成全球无缝覆盖的天地一体化综合通信网，满足用户无处不在的各种业务需求，如图 5.1 所示。

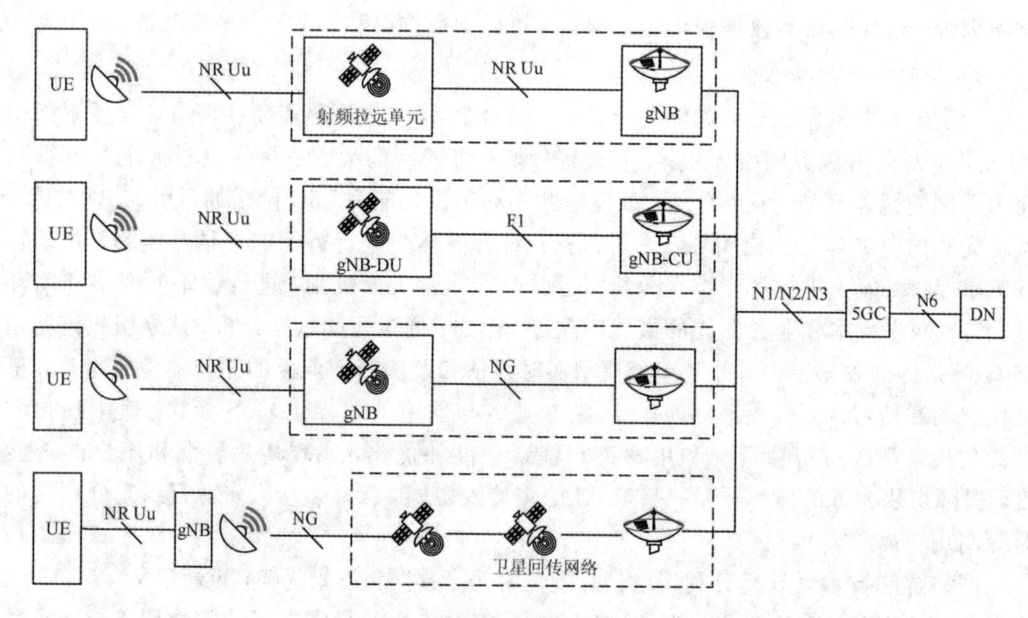

NR Uu—5G 空口；F1—5G 无线接入网 gNB 中 CU 与 DU 之间的接口；
NG—5G 无线接入网和 5G 核心网之间的接口；N1、N2、N3、N6—5G 核心网内部接口

图 5.1　融合卫星通信的 5G 网络

目前卫星基站已支持 5G NR 空口制式，允许终端通过卫星基站接入统一的 5G 核心网，但在语音业务、传输速率等方面还存在一定的局限性。未来支持天地一体化网络融合的 5G-Advanced 网络将具备如下特点：

(1) 支持不同轨道高度的卫星网络与地面 5G 网络的融合，如低、中、高轨不同的移动性管理策略。

(2) 卫星提供无线接入时，可分别提供数据透明转发功能和星上信息处理功能，支持星地或星间组网，支持终端同时使用卫星接入和地面接入，以优化业务数据传输，支持卫星接入或者地面接入属于一个或者多个运营商。5G 核心网应能够对通过卫星接入的终端，采用增强的移动性管理机制。例如，支持基于终端位置的接入控制以满足监管要求，支持终端在卫星接入与地面接入间无缝切换，以及基于卫星接入的类型进行策略与 QoS 控制；支持基于网络的定位来满足终端定位需求。

(3) 基站通过卫星网络提供的回传服务，核心网应能够感知卫星网络的特征(例如时延、带宽等)并进行策略与 QoS 控制，以及向应用层开放回传能力以辅助应用层的适配。

3. 通信能力增强

1) 交互式通信能力增强

随着 5G 网络实现连续覆盖，智能终端大屏化和 AR、VR、XR 等新媒体终端的成熟，

用户实时通信的诉求不再局限于音视频。触、摸、拖、拽等互动操作，针对同一事务共同协作，使沉浸式视频通信等成为可能。实时通信将向高清化、交互式、沉浸式及开放性的交互式通信演进。

交互式通信在实时通信的基础上搭载新的数据传输通道，为用户提供除音视频之外更丰富的实时交互服务，不仅能提升消费者的通信体验，如个性呼叫、远程协作、AR 社交、VR 通信等，而且能提升企业沟通效率，如企业名片提升外呼电话可信度及接通率，可视菜单提升选择效率和客服满意度；同时提供更开放的网络能力，更丰富的行业应用场景，如打车应用、企业园区通信及互动远程教育等。3GPP R17 针对云游戏和 XR 等交互式业务定义了新的 5QI 和 QoS 参数等，而在 5G-Advanced 阶段，交互式通信还需要如下关键技术支撑。

(1) IP 多媒体数据通道：通过建立与音视频通话同步的数据通道，在音视频通话中实现屏幕共享，叠加 AR 甚至听觉、视觉、触觉、动觉、环境信息等同步的全沉浸式体验。

(2) 分布式融合媒体：构建统一的融合媒体面，同时支持音视频、协作以及 AR、VR 等媒体，分布式部署，就近调度，满足此类业务的低时延及上行大带宽需求。

(3) 通话应用可编程：终端除了需要支持 IP 多媒体数据信道，还需要支持通话应用可编程，支持 Web 引擎实时处理数据通道的业务数据并实时在用户界面呈现，可以灵活扩展业务。

(4) 全新 QoS 机制：网络侧针对多流业务进行分层编码和分层传输，并提供不同的 5QI 进行 QoS 保障；识别不同的数据包并以更细粒度实施 QoS 控制(如延迟或可靠性)；引入新的 QoS 参数(如新的等待时间要求、可靠性、带宽)以支持触觉数据或传感器数据传输。

(5) 增强多媒体通信数据流协同：触感通信可支持多维数据采集，从而用于全面表征业务特征。这种新的通信模式需要实现多业务流间的传输协同和统一调度，保障数据包同步到达处理服务器或终端。

(6) 增强的网络能力开放机制：针对 AR、VR 等强交互性业务场景，5G 系统可通过开放更多、更实时的信息来支持更好的用户体验以及更高效网络资源的利用。

2) 确定性通信能力增强

3GPP 自 R15 开始定义确定性通信的能力，并在 R16 及后续标准中从空口、核心网、组网与集成、基于服务品质协议(Service Level Agreement，SLA)、低时延高可靠场景等多个维度持续增强该能力。3GPP R16 定义了较为完整的 5G 集成外部网络的组网模式。3GPP R17 开始，定义了 5G 独立组网模式的确定性通信架构，以适应更多的组网场景，但目前系统级的确定性保障网络架构仍不够完善，难以实现 SLA/QoS 的端到端确定性保障。在 5G-Advanced 网络中，确定性通信能力增强需要覆盖确定性网络服务的管理与部署、度量、调度与协同保障等端到端领域和流程。

(1) 增强确定性网络服务的管理与部署能力：实现行业客户业务场景关键指标需求到网络关键指标需求的完整转换，并将网络关键指标需求进一步完整分解映射到各网络的子域。基于建模仿真功能，预测并验证特定网络中上述转换、映射与分解结果能否满足业务需求，并提前对网络部署和配置进行对应的修正和调整，该机制可大幅避免业务上线过程中的复杂度和降低潜在的业务损失风险。

（2）增强确定性网络的度量能力：当前网络关键指标数据基于统计周期平均值，难以匹配高确定性应用低至毫秒级别的发包周期需求。因此，5G-Advanced网络需要实现时延、带宽、抖动等指标数据的精确度量，以此才能针对性地增强其调度能力和保障能力。

（3）增强确定性网络的调度与协同保障能力：突破5G单域系统的边界，提升系统级确定性传输能力，实现SLA/QoS可预测、可承诺。

3）网络切片增强

网络切片是一种按需组网的技术。网络切片技术在统一的基础设施上隔离出多个虚拟的端到端网络，以适应各种各样的业务需求，是5G SA最关键的显著特性之一。多个相关标准组织如3GPP、ITU－T、ETSI、CCSA等都针对网络切片进行了相关的标准化工作，网络切片相关的功能和技术规范已经基本成熟。为了让网络切片落地商业，应用于千行百业，还需要在智能化配置、SLA保障能力开放和与垂直行业的结合3个方面继续完善。

（1）智能化配置：目前网络切片相关的配置在标准上已经逐步完善，例如3GPP定义了网络切片管理功能网元的相关参数和接口。目前针对这些参数的控制仍然以手动为主，如何实现自动化的闭环控制以满足SLA保障，提高智能化水平等问题还需进一步研究。

（2）SLA保障能力开放：3GPP标准定义了网络切片使用者可以向网络管理者发起订购网络切片的流程。在提出订购网络切片后，如何保证服务质量以及网络切片，使用者如何获知网络切片的资源使用情况等信息，开放给切片使用者，还需要进一步解决。

（3）与垂直行业结合：利用网络切片服务于垂直行业，还需要考虑到垂直行业自身的一些特点，比如行业客户对切片的自管理（如监控、查询等）需求，或者在垂直行业已有独立专网的情况下，当用户通过5G网络切片接入后，需要能将消息发回自己的专网，协同配置现有专网和用户接入的5G网络切片等，这些功能均有待继续增强。

4）定位测距增强

5G定位可以提供对人员及车辆定位管理、物流跟踪、资产管理等场景的支持。随着后续业务的发展，在网络边缘提供低时延、高精度的定位能力尤其重要。未来的网络场景如车联网要求定位精度达到厘米级，且其置信度在90%以上。目前，5G已经在进行相关研究并向3GPP提交标准提案，一方面需要降低定位信息传输的时延，另一方面通过增加参考手机数量以提供视距信息，以此提高定位的精度和置信度，如图5.2所示。

图5.2　定位测距增强

随着5G网络的发展，基于测距和感知的新型网络能力需求正逐渐涌现。例如，在智慧家庭、智慧城市、智慧交通、智慧零售以及工业4.0的某些场景中，获取物体间相对位置和角度，以及感知目标对象的距离、速度和形状等信息的需求逐渐显现。为了满足这些业务需求，5G-Advanced网络应进一步增强，以具备协助无线网进行测距和感知的能力。

5.2.4　5G-Advanced展望

移动通信始终处于不断革新和发展的状态。在5G的第一阶段标准已经开始商用的今天，5G技术还在不断向前发展。2021年4月27日，在3GPP第46次项目合作组会议上，正式将5G演进的名称确定为5G-Advanced。5G-Advanced将为5G后续发展定义新的目标和新的能力，通过网络演进和技术增强，使5G产生更大的社会价值和经济价值。

在网络架构方面，5G-Advanced网络将沿着云原生、边缘网络以及"网络即服务"的理念发展，满足网络功能快速部署、按需迭代的诉求。

在网络技术方面，5G-Advanced网络能力将沿着"智慧、融合和使能"3个方面持续增强。"智慧"将聚焦提高网络智能化水平，降低运维成本，进一步促进智能化技术在电信网络中的应用和融合，开展分布式智能架构，以及终端与网络协同智能的研究。"融合"将促进5G网络与行业网络、家庭网络和天地一体网络融合组网，协同发展。"使能"将继续助力5G网络服务垂直行业，在完善基础的网络切片、边缘计算标志性能力的同时，将支持交互式通信、广播通信等，让网络服务"更多元"，在端到端质量的测量和保障、方案简化方面让网络质量"更确定"，在时间同步、位置服务等方面让网络能力"更开放"。

5.3　6G研究现状与发展展望

5.3.1　6G研究现状

1. 国际组织6G研究现状

1）国际电信联盟(ITU)

2018年7月16—27日，ITU-T第13研究组在日内瓦举行的会议上成立了2030网络技术焦点组(FGNET-2030)，旨在探索面向2030年及以后的新兴ICT部门网络需求以及IMT-2020(5G)系统的预期进展，包括新的媒体数据传输技术、新的网络服务和应用及其使能技术、新的网络架构及其演进。

2020年2月19—26日，在瑞士日内瓦召开的第34次国际电信联盟无线电通信部门5D工作组(ITU—R WP5D)会议上，面向2030及6G的研究工作正式启动。

根据ITU工作计划，在2019—2023年研究周期内，主要是面向5G和B5G技术开展研究，但2020—2023年将开展6G愿景及技术趋势研究。预计在2023年的RA-23会议上会考虑设立下一代IMT技术研究及命名的决议。

2）第三代合作伙伴计划(3GPP)

2018年6月，3GPP已经完成了5G第一版本国际标准(R15)的研制，重点支持增强移动宽带场景和超高可靠低时延场景。

2020 年 7 月，3GPP 冻结了 5G 的第二个标准版本(R16)。在 R15 的基础上，R16 主要在以下 3 个方面进行了加强：基本功能、垂直行业能力扩展、运维自动化及网络智能化。

2022 年 3 月 24 日，3GPP 宣布 5G R17 标准完成。R17 标准版本具有如下三大特点：

(1) 标准与应用的闭环。R17 是在 5G 规模商用之后制定的，汲取了实际部署的经验和不足，标准与应用闭环协同。

(2) 引入新成员。为了进一步拓展 5G 的应用场景，R17 引入了“新终端”“新网络”和“新功能”。

(3) 探索新方向。5G 组网灵活，拓扑复杂，传统网络面临成本高、建模难的问题，急需通过人工智能等跨域技术来解决。

2021 年 4 月 27 日，3GPP 在第 46 次 PCG(项目合作组)会议上正式将 5G 演进的名称确定为 5G-Advanced。会议还决定，5G-Advanced 将从 R18 开始。2021 年 12 月 17 日，在 RAN＃94－e 会议上，5G-Advanced 确定了 R18 的首批 27 个项目。

根据 3GPP 国际通信组织的时间表，3GPP 将于 2023 年开启对 6G 的研究，并将在 2025 年下半年开始对 6G 技术进行标准化(完成 6G 标准的时间点在 2028 年上半年)，预计 2028 年下半年将会有 6G 设备产品面市。

3) 电气电子工程师学会(IEEE)

为了更好地汇总梳理下一代网络相关技术，IEEE 于 2016 年 12 月发起了 IEEE 5G Initiative，并于 2018 年 8 月更名为 IEEE Future Networks，目标为使能 5G 及未来网络。当前 IEEE 已经开展了一些面向 6G 的技术研讨。2019 年 3 月 25 日，在 IEEE 发起下，全球第一届 6G 无线峰会在荷兰召开，邀请了工业界和学术界的相关专家发表对于 6G 的最新见解，探讨实现 6G 愿景需应对的理论和实践挑战。

2. 国外 6G 研究现状

1) 美国

2018 年，美国联邦通信委员会(FCC)官员对 6G 系统进行了展望。2018 年 9 月，美国 FCC 官员首次在公开场合展望 6G 技术，提出 6G 将使用太赫兹频段，6G 基站容量将达到 5G 基站的 1000 倍，同时指出，美国现有的频谱分配机制将难以胜任 6G 时代对于频谱资源高效利用的需求，基于区块链的动态频谱共享技术将成为发展趋势。2019 年，美国决定开放部分太赫兹频段，推动 6G 技术的研发实验。

2019 年年初，美国公开表示要加快美国 6G 技术的发展。同年 3 月，FCC 宣布开放 95 GHz～3 THz 频段作为实验频谱，未来可能用于 6G 服务。

2021 年 2 月，美国贝尔实验室发布了《6G 通信白皮书》。2022 年 6 月 27 日，美国科学基金会正式启动“弹性智能下一代系统”(RINGS)计划。

2) 韩国

作为全球第一个实现 5G 商用的国家，韩国同样是最早开展 6G 研发的国家之一。

2019 年 4 月，韩国通信与信息科学研究院召开了 6G 论坛，正式宣布开始开展 6G 研究并组建了 6G 研究小组，任务是定义 6G 及其应用场景以及开发 6G 核心技术。2019 年 6 月，韩国前总统文在寅在访问芬兰时，两国签署了合作开发 6G 技术的协议。

2020 年 1 月份，韩国政府宣布将于 2028 年在全球率先商用 6G。为此，韩国政府和企

业将共同投资9760亿韩元。韩国6G研发项目目前已通过了可行性调研的技术评估。此外，韩国科学与信息通信技术部公布的14个战略课题中把用于6G的100 GHz以上超高频段无线器件研发列为首要课题。

2021年6月，韩国宣布，在2025年之前投资2200亿韩元开发和标准化6G核心技术。

3）日本

日本在2020年通过"官民合作"制定了2030年实现"后5G"(6G)的综合战略。该计划由日本东京大学校长担任主席，日本东芝等科技巨头公司全力提供技术支持。日本经济产业省在2020年计划投入2200亿日元的预算，主要用于启动6G研发。日本总务省在2022年又追加预算662亿日元，用于6G研发基金。

日本在太赫兹等各项电子通信材料研究领域处于全球领先地位，这是其发展6G的独特优势。广岛大学与信息通信研究机构及松下公司合作，在全球最先实现了低成本工艺的300 GHz频段的太赫兹通信。日本电报电话公司集团旗下的设备技术实验室利用磷化铟化合物半导体开发出传输速度可达5G 5倍的6G超高速芯片。该芯片目前存在的主要问题是传输距离极短，距离真正的商用还有相当长的一段距离。同时，日本电报电话公司还与索尼、英特尔等公司在6G网络研发上合作，将于2030年前后推出6G网络。

4）英国

英国是全球较早开展6G研究的国家之一，产业界对6G系统进行了初步展望。

2019年6月，英国电信集团首席网络架构师Neil McRae预计6G将在2025年得到商用，特征包括"5G+卫星网络(通信、遥测、导航)"，以"无线、光纤"等技术实现高性价比的超快宽带，广泛部署于各处的"纳米天线"和可飞行的传感器等。

在技术研发方面，英国企业和大学开展了一些有益的探索。英国布朗大学实现了非直视太赫兹数据链路传输。GBK国际集团组建了6G通信技术科研小组，并与马来西亚科技网联合共建6G新媒体实验室，共同探索6G时代互联网行业与媒体行业跨界合作的全新模式，推动6G、新媒体、金融银行、物联网、大数据、人工智能、区块链等新兴技术与传媒领域的深度融合。英国贝尔法斯特女王大学等一些大学也正在进行6G相关技术的研究。

5）芬兰

芬兰的信息技术走在世界前列，在大力推广5G技术的同时，已经启动了多个6G研究项目。

2018年3月，芬兰奥卢大学启动6G旗舰研发计划，将在8年内为6G项目投入2540万美元。同年，诺基亚公司、奥卢大学与芬兰国家技术研究中心合作开展了"支持6G的无线智能社会与生态系统"项目，该项目将投入超过2.5亿欧元的资金。

2019年3月，奥卢大学主办了全球首个6G峰会。2019年10月，基于6G峰会专家的观点，奥卢大学发布了全球首份6G白皮书，提出6G将在2030年左右部署，6G服务将无缝覆盖全球，人工智能将与6G网络深度融合，同时提出了6G网络传输速度、频段、时延、连接密度等关键指标。

3. 中国6G研究现状

我国的5G建设和应用处于全球领先水平，同样我国的6G研究也处于世界前列。

2019年11月3日，科技部会同国家发展和改革委员会、教育部、工业和信息化部、中国科学院、国家自然科学基金委员会在北京组织召开6G技术研发工作启动会，会议宣布成立国家6G技术研发推进工作组和总体专家组。其中，推进工作组由相关政府部门组成，职责是推动6G技术研发工作实施；总体专家组由来自高校、科研院所和企业共37位专家组成，主要负责提出6G技术研究布局建议与技术论证，为重大决策提供咨询与建议。

2019年6月，在工业和信息化部等部门的指导下，中国信息通信研究院牵头成立IMT-2030(6G)推进组，系统推进我国6G研究，开展6G愿景需求、关键技术频谱规划等研究，积极推进国际交流合作。IMT-2030(6G)推进组对国际开放，爱立信、三星、DoCoMo等都为成员单位。

2021年9月，IMT-2030(6G)推进组举办了“2021年6G研讨会——6G愿景展望”。本次研讨会是在5G建设不断发展，全球业界开始逐步聚焦6G愿景需求与技术创新的背景下举办的，具有超前性和建设性。在研讨会上，IMT-2030(6G)推进组发布《6G网络架构愿景与关键技术展望》白皮书并发起“面向DOICT融合的6G网络架构技术发展”倡议。作为推进组在6G网络架构领域的阶段性成果，白皮书提到网络技术创新将在6G阶段起到更为关键的作用，此外明确提出了面向DOICT融合的网络发展方向。研讨会围绕6G无线融合通信及新频段技术、6G新物理维度及技术研究、6G网络架构与技术等3个领域进行了10场技术主题研讨并发布了6份技术研究报告，助力各界进一步凝聚6G创新发展共识。研讨会确定6G推进的原则为有序衔接，5G成功商用是6G发展的基础，尊重移动通信发展规律，实现5G商用与6G研究的协调发展；融合创新，面向DOICT融合技术、多学科交叉技术研究；面向低中高频谱的高效利用；面向与卫星、高空平台等的融合；面向与社会、行业应用的协同创新；秉持开放共享、合作共赢的发展理念，维护全球统一的6G国际标准，加强国际交流与合作，共同营造全球6G健康发展环境。

2021年6月，中国移动成立未来研究院，将致力于6G基础研究。同年9月，华为发布《智能世界2030》报告。

5.3.2 6G网络演进驱动

从2020年开始，5G商用网在全球快速铺开，与前几代移动通信主要聚焦移动互联网应用场景不同，5G寻求的不仅是数据传输速率的提升，还有更广泛的应用场景，以及与众多垂直行业深度融合，以提升经济社会各行业各领域的数字化、信息化和智能化水平，构建“万物互联”的新时代。5G商用进一步提升了通信能力，不仅拓展了“人联”，更在千行百业的终端之间建立了“物联”，从个人、家庭延伸到经济社会各领域，种类繁多的泛在设备接入网络，所产生的海量数据将人与人、人与物、物与物紧密连接成一体，标志着移动通信实现了“万物互联”。

5G是“万物互联”的开端，随着5G与人工智能、大数据、边缘计算等新一代信息技术融合创新，5G与工业、医疗、交通、传媒等垂直行业融合应用发展，以及物联网应用范围的进一步深化和扩展，未来社会将步入数据驱动的时代，实现真实物理空间与虚拟网络空间的深度融合，更好地满足物联网的海量需求以及各行业间深度融合的要求。

6G将在5G基础上全面支撑全球的数字化转型，并实现“万物互联”向“万物智联”的飞跃。6G将实现比5G更强的性能，重点满足5G网络难以满足的应用场景和业务需求。随着经济社会的发展，新场景、新应用将不断涌现，需要为6G增加新的性能指标。例如，当前

的蜂窝移动通信网络仅仅覆盖了全球20%的区域，仍然有超过20亿用户无法接入网络，因此，6G将打造覆盖全球的天地空一体化网络。此外，高精度工业控制、纳米医疗机器人等应用对定位精度也提出了很高的要求。

多重因素驱动6G发展。一是未来新应用和新场景带来的新需求。5G商业化激发了人们对下一代移动网络的想象和期待。基于生产力和生产关系变革的新业务、新应用不断涌现，对网络数据速率、时延、可靠性、定位精度等性能需求可能超越5G极限。二是信息、通信和大数据技术的深度融合，驱动6G功能多维扩展，推动网络服务能力和运行效率全面提升。计算和存储等资源将从中心扩展到边缘，网络也将具备内生计算能力和资源感知与控制能力。边缘AI和分布式AI加速发展，促使网络设计考虑AI部署、支持AI应用。数据已成为生活和生产要素，网络设计需考虑数据安全与合规、数据分析与应用、数据安全流通等技术的应用。三是5G网络面临的问题和挑战，在设计6G移动网络架构时，应继承5G移动网络的成熟技术和理念，深刻吸取5G网络在系统设计、商业部署和运营经验等方面的教训。5G投资高、功耗高、运维难等挑战需在6G中得到有效解决。

1. 场景驱动

5G商业化激发了人们对下一代移动网络的想象和期待。基于生产力和生产关系变革所激发的沉浸式云XR(Extended Reality，扩展现实)、全息通信、感官互联、智能交互、通信感知、智慧内生、数字孪生、全域覆盖等新业务和新需求不断涌现，对网络数据速率、时延、可靠性、定位精度等性能需求都超越了5G极限。6G有望演变为一个万物智联平台。通过这个平台，移动网络可以连接海量智能设备，实现真实物理世界与虚拟数字世界的深度融合，神奇的“元宇宙”也将成为可能。

1）智能交互

智能交互场景大量应用。一方面，交互的形式将会变得智能，特别是人机交互将更加情景化、个性化；另一方面，智能作为技艺和经验的凝练，可以直接在人与人、人与机器、机器与机器之间交互，极大地提升学习效率和协同效率。

随着情感交互和脑机交互(脑机接口)等全新研究方向已取得突破性进展并得以应用，以及覆盖各行各业的各种传感器的大量应用，通信感知的融合加速了，这使得6G网络将支持目标的检测、定位、识别、成像等感知功能。

此外，越来越多的个人和家用设备、无人驾驶车辆、智能机器人等都将成为新型智能终端。情感思维的互通和互动中，智能终端产生主动/被动的智慧交互行为，大量传感器的存在以及其所探测的信息，6G网络的自学习、自运行、自维护以及大量智能终端的广泛使用，都需要大量的数据完成自练习、自学习。上述业务都要求6G网络支持对超大数据量的智能处理。

2）沉浸体验

扩展现实(XR)是虚拟现实(VR)、增强现实(AR)和混合现实(MR)的统称。6G场景下不仅有沉浸式的XR体验，还有云XR。将计算密集型的任务放置在云端，以降低终端设备的负载和能耗。终端设备则更多关注接入、续航和交互方面，如已经常见的语音交互和手势交互，以及不太常见的眼球交互、脑机接入后的意念交互等。

沉浸式云XR是以增强的AR/VR/XR(视觉)、全息(视觉)、通感互联(多感官)等形式提供感官体验的业务。沉浸式云 XR 技术中的内容上云、渲染上云、空间计算上云等将显著降低 XR 终端设备的计算负荷和能耗。随着终端能力变得更轻便、更沉浸、更智能，XR 技术将进入全面沉浸化时代。同时，随着无线网络能力、高分辨率渲染及终端显示设备的不断发展，未来的全息信息传递将通过自然逼真的视觉还原，实现人、物及其周边环境的三维动态交互，极大满足人类对于人与人、人与物、人与环境之间的沟通需求。

沉浸式云 XR 与全息的全面结合，将广泛应用于文化娱乐、医疗健康、教育、社会生产等众多领域，使人们不受时间、空间的限制，打通虚拟场景与真实场景的界限，实现沉浸式的业务体验。上述业务需要在相对确定的网络环境下，通过对 AI 资源的调度，满足超低时延与超高带宽及智能化的需求，为用户带来极致体验。

3）泛在连接

当前的通信以地面为主，但是地面环境复杂，比如高山、海洋甚至偏远无人区等，这些区域的建网成本高昂，运营商难以承受。从抗灾救援、科学考察、远洋货轮的宽带接入等角度出发，以及随着无人机、飞机等空中设备的增多，人们对通信的全域化诉求越来越强烈，6G 时代这一通信愿景需要得到网络的充分支持。

6G 网络将把应用场景从物理空间推动到虚拟空间。在宏观上，将实现满足全球无缝覆盖的“空—天—陆—海”融合通信网络，在微观上，满足不同个体的个性化需求，提供“随时随地随心”的通信体验，不仅可以解决偏远地区和无人区的通信问题，还能以类人思维服务于每位客户，实现智慧连接、深度连接、全息连接和泛在连接。

因此，除了地面网络，还需要高轨卫星网络、中低轨卫星网络、高空平台、无人机等在内的空天网络的相互融合，构建起全球广域覆盖的天地空一体化三维立体网络，为用户提供无盲区的宽带移动通信服务，这对 6G 网络架构的设计提出了新的挑战。

2. 网络技术驱动

数据技术(DT)、运营技术(OT)、信息技术(IT)和通信技术(CT)的全面融合将共同驱动网络变革和能力升级，助力社会各领域的数字化智能化发展。作为 CT 的重要呈现，移动网络已经充分引入了 IT，使 NFV、容器、SDN、基于 API 的能力开放等技术在系统中获得充分应用。OT 与 CT 的融合将成为移动网络发展的一个重要方向，通过增强网络能力实现高可靠、高可用、确定性和实时性，并为工业数字化转型助力。此外，DT 也将为网络演进注入新的活力，数字经济的发展基础是海量连接、数据采集以及建模和分析。移动网络与大数据、AI、区块链等技术结合，基于丰富的算法和业务特征构建数据模型，可以实现更加精准可信的数据服务，进一步推动网络演进。

1）AI 技术

随着新技术的不断突破与发展，新的应用场景将不断涌现，这对网络架构的支持能力和演进能力提出了现实而严苛的要求，如在网络规模、网络种类上同时向高度定制化(复杂化)和高度简化两个极限方向发展。应用于未来网络中的智能技术必须具备自身演化能力和较高程度的自我优化能力。未来 6G 网络要做到智慧内生，就不应只局限在利用 AI 解决网络自身的问题，而是对于行业数字化等第三方 AI 应用也能够提供更好的架构支持。因此，在未来架构中，需要定义架构级的内生 AI，实现网络自治、自演进、自优化，提供智能

基础能力并内生支撑各种类型的AI应用，实现从云AI向网络AI的转变。

2）安全技术

传统移动通信网络缺乏安全内生的设计，隐私泄露、中间人攻击、分布式拒绝服务攻击等顽固安全问题难以根治，同时网络安全与信息系统和业务应用各成体系，安全投入成本高，6G网络考虑到先前移动通信系统的局限性，将基于软件定义切片平台与边缘计算，充分利用人工智能与大数据挖掘的融合革新，来支持更多样化的应用场景与更高目标的性能要求，但这也使得网络安全形势发生了重大变化。网络逐渐边缘化、软件虚拟化导致网络安全边界逐渐模糊，加上量子计算机的攻击威胁，传统基于计算复杂度的密码学在安全上已存在极大的隐患。可以预见，6G面临的安全攻击也会更加多样性和智能化，因此，对于6G网络安全需要考虑如何在架构和标准维度形成共识，定义架构级的内生可信安全机制。

3）区块链技术

区块链是一个去中心化的数据库，由归属权各异的分布式数据库组成，并按照时间顺序，将数据区块以链式结构进行组织，并以密码学算法保证区块链上数据及行为记录的公开、安全、可追溯且不可篡改，具有公开透明、全程留痕、历史可溯、集体维护、智能执行等特点，可有效建立多方协作，促进资源高效配置，可支撑数字资产的高效流通及解决数字安全问题。

区块链是信任机制的革命，是一种不依赖第三方，通过自身分布式节点进行网络数据的存储、验证、传递和交流的一种技术方案，解决多方间的去中心化信任问题。借助区块链的不同技术特点，结合网络架构及关键技术的设计需求，可为数据安全可信、资源共享、隐私保护、网络架构去中心化等功能实现提供技术使能。

4）数字孪生技术

数字孪生综合运用感知、计算、建模、仿真、通信等技术，实现虚实映射与交互，正成为构建新一代数字基础设施的使能技术和中坚力量。6G时代，数字孪生技术将广泛地运用于智能制造、智慧城市、人体活动管理和科学研究等领域，使得整个社会走向虚拟与现实结合的数字孪生世界。同时，面对持续增加的业务种类、规模和复杂性，6G网络本身也需利用数字孪生技术寻求超越物理网络的解决方案。数字孪生不是一个单项技术，它是一系列数字技术的集成融合和创新应用。面向构建数字孪生世界的目标，数字孪生技术未来将进一步与DT、OT、IT和CT技术深度集成和融合，并促进相关领域的发展。

3. IP新技术驱动

作为组网和协议基础的IP技术将进一步演进，更多样化的接入场景，超越“尽力而为”的质量保障机制，使得IP组网技术成为6G重要的技术驱动力之一。

1）灵活化组网

6G网络将是多网互联、多场景并存的网络，工业网络、卫星网络的发展给目前蜂窝网的基础互联互通能力带来了新挑战。在产业互联网中，“万物互联”、海量IoT设备接入、工业IT和OT网络融合，需求各异、能力各异，需要灵活适配不同的组网需求。作为未来通信重要的基础设施，卫星互联网将为全球提供低成本互联服务，但是在卫星互联网中，卫

星节点有高度的动态性，现有的组网技术难以应对，需要定制新的路由转发体系。因此，未来网络需要通过“场景可定制”的互联互通技术，实现灵活、可定制信息互通。

2）确定性组网

工业控制网络的场景中，端到端时延要求的典型值约为1～10 ms。传统移动网络包含终端、无线接入网、核心网、传输网等各部分，传统的组网方法无法脱离3个网络域，但在极致网络性能要求的前提下，未来网络需要在支持尽力服务(Best Effort，BE)流量转发的同时，能够提供严苛数据流的端到端的有界时延以及极致的低“丢包率”，此外需要探索脱离现有端到端业务域拉通的新型组网方式，这对现有网络的转发和组网提出了挑战。

3）网络编程

为了提供更好的用户体验和更高的资源利用率，大型IT公司积极在数据中心网络中实践网络可编程技术(如P4等)，在转发设备上，根据业务需求，灵活加载不同的转发逻辑。6G网络架构中，也可以考虑探索基于IPv6转发平面的段路由(Segment Routing IPv6，SRv6)等网络可编程机制，来支持灵活的流量调优和业务编排，同时减少网络协议的数量，简化网络。

4）网络编排

面对未来网络多样化的组网方案，传统移动网络管理编排方式多依靠人工与自动化相结合，在网络部署的灵活性及有效性方面大打折扣，同时业务的时效性也对组网的时间周期提出了巨大的挑战。网络运维管理需要整合多方资源以实现管理系统的更新换代。

5.3.3 6G应用场景展望

6G通感一体化

6G未来将以5G提出的三大应用场景(大带宽，海量连接，超低延迟)为基础，不断通过技术创新来提升性能和优化体验，并且进一步将服务的边界从物理世界延拓至虚拟世界，在“人-机-物-境”完美协作的基础上，助力实现真实物理世界与虚拟数字世界的深度融合，构建万物智联、数字孪生的全新世界。

1. 数字孪生健康

当前网络条件下，数字技术对人体健康的监测主要应用于宏观身体指标监测和显性疾病预防等方面，实时性和精准性有待进一步提高。随着6G技术的到来，以及生物科学、材料科学、生物电子医学等交叉学科的进一步成熟，可以实现人体信息的全量采集，实时构建一个虚拟的“数字人”，即通过大量智能传感器(大于100个/人)在人体的广泛应用，对重要器官、神经系统、呼吸系统、泌尿系统、肌肉骨骼、情绪状态等进行精确实时的“镜像映射”，形成一个完整人体的虚拟世界的精确复制品，进而实现人体个性化健康数据的实时监测。利用该“数字人”，人们可以模拟病毒攻击人体的机理，并制订相应的预防方案；可以研究不同器官，比如探究人类大脑的工作原理；手术时，不仅可以辅助医生判定人体的目前情况，甚至可以预测患者在特定手术步骤后身体的可能变化，从而辅助医生诊断决策。通过追踪数字化身体各部分的运动与变化，可以更好地进行健康监测和管理，对人体病变等进行预测和提前干预，最大限度地提升人的生命质量。

2. 扩展现实(XR)

虚拟现实与增强现实(AR/VR)被业界认为是5G最重要的需求之一。影响AR/VR技术应用和产业快速发展的一大因素是用户使用的移动性和自由度，即不受所处位置的限制，而5G网络能够提升这一性能。随着技术的快速发展，可以预期在2030年左右，信息交互形式将进一步由AR/VR逐步演进至高保真扩展现实(XR)交互为主，甚至是基于全息通信的信息交互，最终将全面实现无线全息通信。用户可随时随地享受全息通信和全息显示带来的体验升级，视觉、听觉、触觉、嗅觉、味觉乃至情感将通过高保真XR被充分调动，用户将不再受到时间和地点的限制，以"我"为中心享受虚拟教育、虚拟旅游、虚拟运动、虚拟绘画、虚拟演唱会等完全沉浸式的全息体验。

3. 智慧城市群

随着数字时代的不断演进，通信网络成为智慧城市不可或缺的公共基础设施。6G具备满足未来智慧城市群的建设和绿色发展需求的能力。

作为城市群的基础设施之一，6G以陆地移动通信网络为核心，深度融合以地球同步轨道和中低轨道卫星通信为主的天基网络、以飞机和无人机通信为主的空基网络、以水声通信为主的海基网络以及以光纤、双绞线、同轴线为主的有线接入等多种方式。6G将无线和有线的多种媒介统一接入，使用户数据尽可能在底层实现交换，大幅缩短路由选择和交换所需的时间，从而减小不同接入网用户的端到端时延。

6G将采用统一网络架构，引入新业务场景，构建更高效更完备的网络。未来6G网络可由多家运营商投资共建，采用网络虚拟化技术、软件定义网络和网络切片等技术将物理网络和逻辑网络分离。AI将深度融入6G系统，在高效传输、无缝组网、内生安全、大规模部署、自动维护等多个层面得到实际应用。

4. 智慧工厂

利用6G网络的超高带宽、超低时延和超可靠等特性，可以对工厂车间、机床、零部件等运行数据进行实时采集，利用边缘计算和人工智能等技术，在终端侧直接进行数据监测，并且能够实时下达执行命令。6G中引入了区块链技术，智慧工厂所有终端之间可以直接进行数据交互，而不需要经过云中心，实现去中心化操作，提升生产效率。6G不仅限于工厂内，还可保障整个产品生命周期的全连接。基于先进的6G网络，工厂内任何需要联网的智能设备/终端均可灵活组网，智能装备的组合同样可根据生产线的需求进行灵活调整和快速部署，从而能够主动适应制造业个人化、定制化C2B(消费者到企业)的大趋势。智慧工厂将从需求端的客户个性化需求、行业的市场空间，到工厂交付能力、不同工厂间的协作，再到物流、供应链、产品及服务交付，形成端到端的闭环，6G将贯穿于闭环的全过程，并扮演着重要角色。

5.3.4　6G网络性能指标

6G网络将实现甚大容量与极小距离通信、超越尽力而为与高精度通信和融合多类通信。6G在峰值速率、用户体验速率、时延、流量密度、连接密度、移动性、频谱效率、定位能力、频谱支持能力和网络能效等关键指标上都相对于5G有了明显的提升，如表5.1

所示。

表 5.1 6G与5G关键指标的对比

指标	6G	5G	提升效果
速率指标	峰值速率：100 Gb/s～1 Tb/s 用户体验速率：1～10 Gb/s	峰值速率：10～20 Gb/s 用户体验速率：0.1～1 Gb/s	10～100 倍
时延指标	0.1 ms，接近实时处理海量数据时延	1 ms	10 倍
流量密度	100～10 000(Tb/s)/km^2	10(Tb/s)/km^2	10～1000 倍
连接密度	最大连接密度可达1亿个每平方千米	100万个每平方千米	100 倍
移动性	大于1000 km/h	500 km/h	2 倍
频谱效率	200～300 (b/s)/Hz	可达100 (b/s)/Hz	2～3 倍
定位能力	室外1 m，室内10 cm	室外10 m，室内几米甚至1 m以下	10 倍
频谱支持能力	常用载波带宽达到20 GHz，多载波聚合可实现100 GHz	Sub6G常用载波带宽可达100 MHz，多载波聚合可实现200 MHz；毫米波频段常用载波带宽可达400 MHz，多载波聚合可实现800 MHz	50～100 倍
网络能效	可达到200 bit/J	可达100 bit/J	2 倍

5.3.5 6G潜在关键技术展望

1. 潜在无线传输技术

1）新型频谱使用技术：资源丰富、使用高效

与5G相比，6G将实现10倍于5G的传输速率，因此需要更多的频谱资源。获得频谱的方式主要有两种。一是向更高频段扩展。当前5G已经可以支持高达52.6 GHz的毫米波频段，未来6G可能会拓展到太赫兹甚至可见光频段，通过频谱扩展，6G可以获得10 GHz以上的连续频谱资源，可有效缓解频谱资源紧张的状况。二是提高现有频谱利用率。6G不仅需要频谱资源更加丰富的高频频段，也需要覆盖性能更好的低频频谱资源，目前的移动通信系统采用的都是“专用”频谱分配模式，频谱利用率低，可以通过动态、高效的频谱资源管理来有效提升现有频谱利用率。

(1) 太赫兹通信：太赫兹指频率在0.1～10 THz的电磁波，具有极为丰富的频谱资源，目前主要应用于卫星间通信(太空中为真空状态，不受水分吸收影响，传输距离较远)。太赫兹通信不仅可以满足6G极高数据传输速率的频谱需求，也可以利用太赫兹频段波长极

短的特点，在环境侦测和高精度定位方面发挥重要作用。

(2) 可见光通信：利用可见光作为信息载体进行数据通信的技术，与传统无线通信相比，可见光通信具有超宽频带，并可兼具通信、照明、定位等功能，而且无电磁污染，可应用于飞机、医院、工业控制等对电磁敏感的环境。

(3) 高效频谱使用：动态频谱使用是有效提升现有频谱利用率的重要手段，通常包括动态频谱接入和智能频谱共享等方式。对于动态频谱接入，由于大量的授权频谱在时间和空间上均未得到充分利用，利用动态频谱接入技术，二级用户可以动态搜索空闲频谱波段，暂时利用它们来进行信息传输。对于智能频谱共享，可以实现不同制式网络根据自身业务状况，动态申请和释放频谱资源，从而大幅度提升整体频谱的利用率。

2) 高效无线接入技术：增强传统、拓展创新

在给定的频谱资源下实现更高的数据传输速率一直是每一代移动通信系统追求的目标。为获得更高的频谱效率，一方面可以通过多天线、编码调制、双工等传统技术持续增强来实现，另一方面要持续探索新的物理维度和传输载体，以实现信息传输方式的革命性突破，如轨道角动量技术。

(1) 编码调制技术的增强：编码调制是最基本的物理层技术，在未来 6G 无线通信系统中将继续发挥基础作用，与 5G、6G 信道编码相比，需要针对更加复杂的无线通信场景和业务需求进行有针对性的优化和设计，如超高吞吐量、超高移动速度、超高频段、超高可靠性以及面向物联网行业应用的极简化设计等。人工智能技术在无线通信中的应用也给信道编码研究提供了一种全新的解决方案，使其不再依赖传统的编码理论进行设计，通过学习、训练、搜索就可以找到适合当前传输环境的最佳的调制编码方式。

(2) 多天线技术的增强：多天线技术是提升频谱效率最有效的技术手段，当前的商用大规模天线产品已经可以做到 256 个天线单元。随着频段的提升，单位面积上可以集成更多天线单元，借助大规模天线，一方面可以有效提升系统频谱效率，另一方面，分布式超大规模天线有助于打破小区的界限，真正实现以用户为中心的网络部署，而且利用其超高的空间分辨率还可以实现高精度定位和环境感知。

(3) 新型双工技术：6G 系统中可能会使用新型双工技术，从而解除传统 FDD/TDD 双工机制对收发信机链路之间频谱资源利用的限制。新型全双工技术通过在收发信机之间共享频谱资源，可有效提升频谱资源利用率，在提高吞吐量的同时有效降低传输时延。

(4) 新物理维度：轨道角动量技术是目前业界比较关注的新物理维度。从电磁波的物理特性方面来看，电磁波不仅具有线动量，还具有角动量，其中线动量是当前传统电磁波无线通信的基础，而我们希望研究利用角动量作为无线通信的新维度。轨道角动量分为量子态轨道角动量和统计态轨道角动量。量子态轨道角动量是由发送端装置旋转自由电子激发轨道角动量微波量子，并辐射到接收端，接收端自由电子耦合微波量子将其转换为具有轨道角动量的电子，通过电子分选器后，特定的轨道角动量电子被检测并解调，提取出所携带的信息。量子态轨道角动量需要专门的发送和接收装置。统计态轨道角动量是使用大量传统平面波量子构造涡旋电磁波，利用具有不同本征值的涡旋电磁波的正交特性，通过多路涡旋电磁波的叠加实现高速数据传输，为移动通信提供新的物理维度。

2. 潜在网络架构技术

1）分布网络：集散共存、分布自治

为了满足多样化场景的业务要求，6G网络架构设计将由集中规划式向分布自治式转变，以此满足大规模组网下的海量连接和极致性能要求。6G时代将出现控制面时延小于1 ms、用户面时延小于0.1 ms的极致性能要求，大规模运营商的基站数量将达到千万量级。面向6G需求，集中式、人工管理的网络架构无法满足网络的性能和规模要求，需要通过集中+分布的协同组网，实现资源、路由、功能、业务层面的分布式管理，并实现自生长、自优化、自演进的网络自治，从而在大规模复杂组网环境下实现网络资源和网络能力的优化调度。因此，未来6G网络架构将会是集中控制式移动通信网络与开放式互联网相互融合的、集散共存的新型网络架构，如图5.3所示。

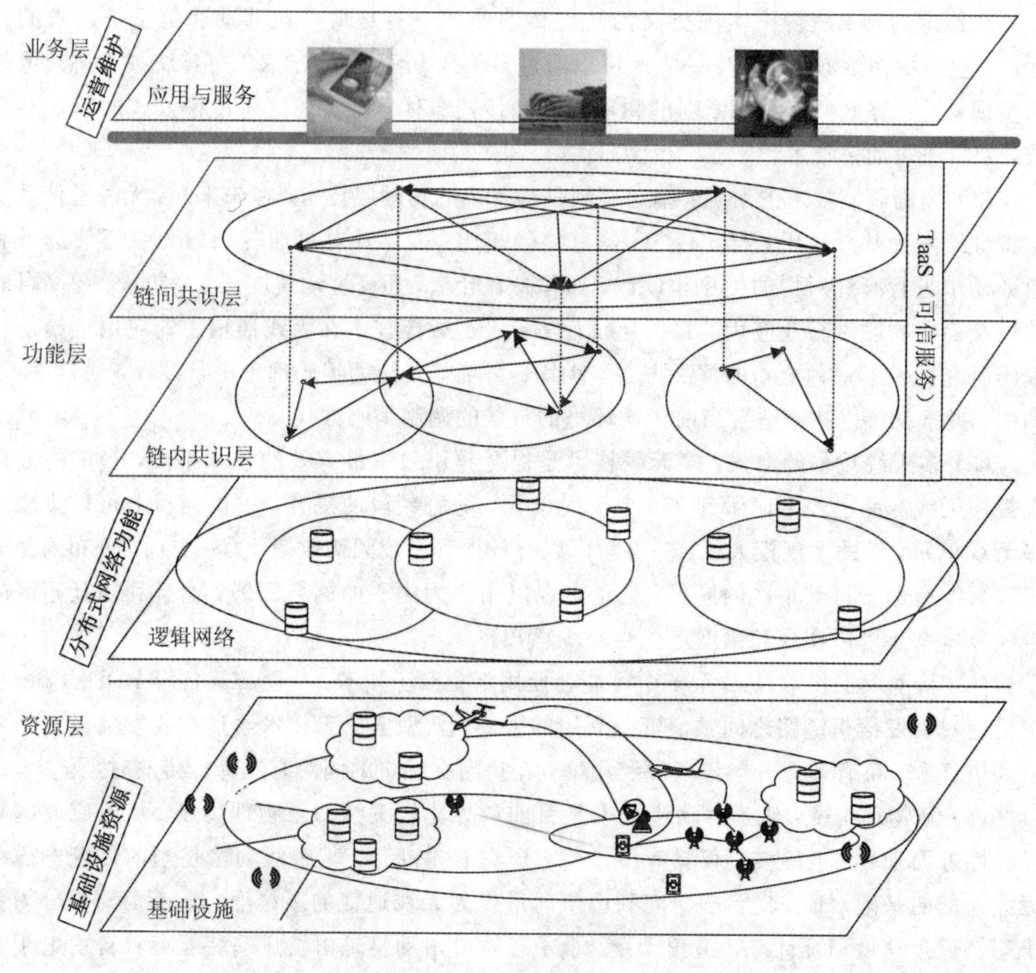

图5.3 分布式网络技术

2）融合组网：泛在连接、多网融合

6G网络提供满足全球无缝覆盖的“空—天—陆—海”融合通信网络，提供“随时随地随心”的通信体验，因此需要天基(高轨/中轨/低轨卫星)、空基(临空/高空/低空飞行器)等网络将与地基(蜂窝/WiFi/有线)网络深度融合，组成一张天地空一体化网络。它不仅能够实现人口常驻区域的常态化覆盖，而且能够实现偏远地区、海上、空中和海外的广域立体覆盖，满足地表及立体空间的全域、全天候的泛在覆盖需求，实现用户随时随地按需接入。天地空一体化网络体系结构面对陆海空等差异化的应用，引入统一的融合计算实现在同一架构下的多种空口技术融合，可实现终端无差别的网络接入，如图 5.4 所示。

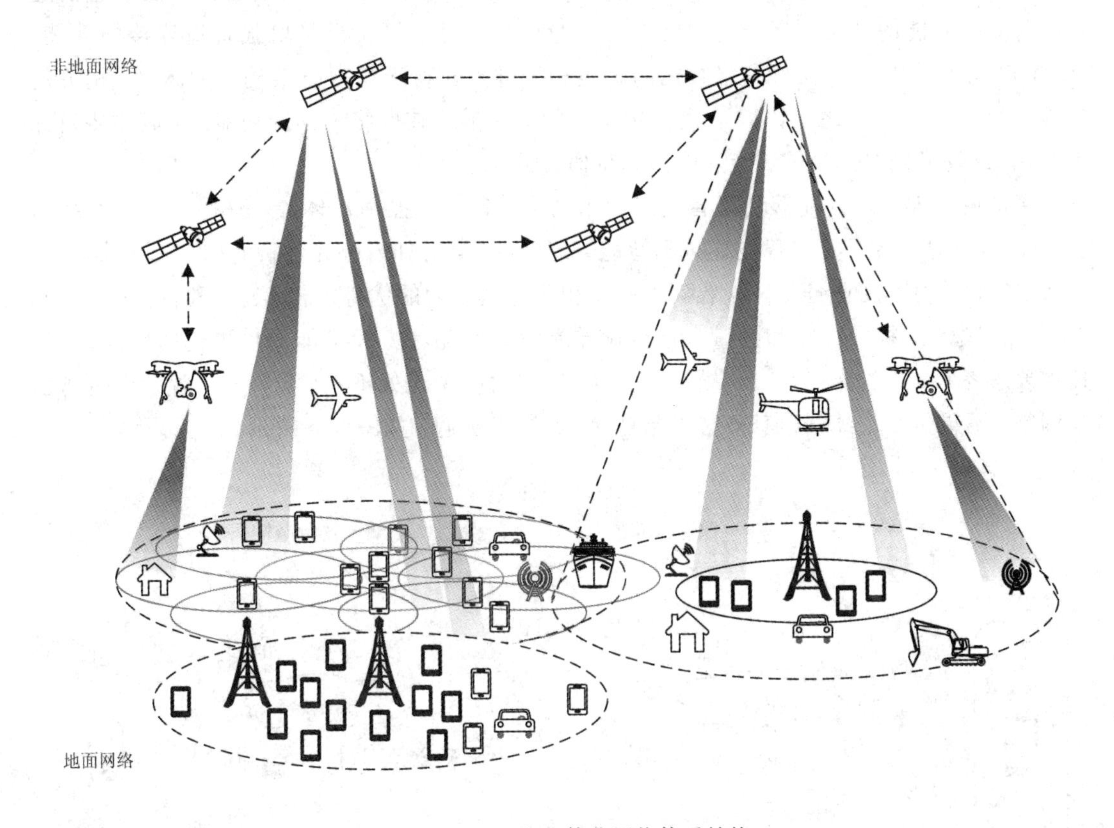

图 5.4　天地空一体化网络体系结构

此外，天基、空基和地基接入在不同环境和业务场景下各具优势。天地空一体化融合网络可以综合利用固网资源与卫星资源，并发挥其优势来扩展移动网络的覆盖范围，同时通过天基、空基和地基多接入的融合，提供更快的速率、更好的服务质量和更高的可靠性，为用户提供极致、可靠、连续的通信服务。

3）智慧内生：AI 构建网络、网络赋能 AI

人工智能在最近十年发展迅猛，在挖掘大数据样本的非线性规律，与环境交互的在线精准决策等领域快速超越了以人工为主的专家经验模式，在计算机视觉自然语言处理、机器人控制等领域取得了巨大的成功。

6G 网络需要满足未来 2B/2C 等智慧内生的基本需求，相比于之前的网络架构设计它存在以下几个方面的转变：

（1）从云化到分布式网络智能的转变。由于网络中数据和算力的分布特性，要求 6G 构建开放融合的新型网络架构，实现从传统的 Cloud AI 向 Network AI 转变。

（2）对上行传输性能加强关注的转变。和之前网络以下行传输为核心不同，智能服务将带来基站与用户之间更为频繁的数据传输，需要重点考虑上行通信的场景需求以便更有

效地支撑分布式机器学习运用。

(3) 数据处理从核心到边缘的转变。未来数据本地化的隐私要求、极致时延性能以及低碳节能等要求，要将计算带到数据侧，支持数据在哪里，数据处理就在哪里。

为了应对这些转变，新的网络架构以及相应的协议亟待提出，需要设计一套完整的连接+计算+智能的融合方案，实现网络的智慧内生，而不仅仅只是增强管道连接的性能。3GPP 定义了 NWDAF 支持网络数据的收集和处理，有利于在网络架构中引入 AI 相关的功能。AI 叠加在网络之上，AI 在网络中发挥的作用散落在网络不同的功能点，其主要目标是利用 AI 提升网络的性能、管理能力和价值。

新的网络架构对内能够利用智能来优化网络性能，增强用户体验，支持自动化网络运营，即 AI 构建网络，实现智能连接和智能管理；同时，对外能够为各行业用户提供实时 AI 服务、实时计算类新业务，即网络赋能 AI。相比于基于云的优势，集成连接和行业的 Cloud AI 在数据隐私、极致性能和海量数据传输导致的高能耗等方面都能提供更优的解决方案。这需要思考和重塑“端、管、云”模型，使得 6G 成为一个无处不在、分布式、智慧内生的创新网络，不再是一个纯“管道”，这可能是 6G 的真正机遇，如图 5.5 所示。

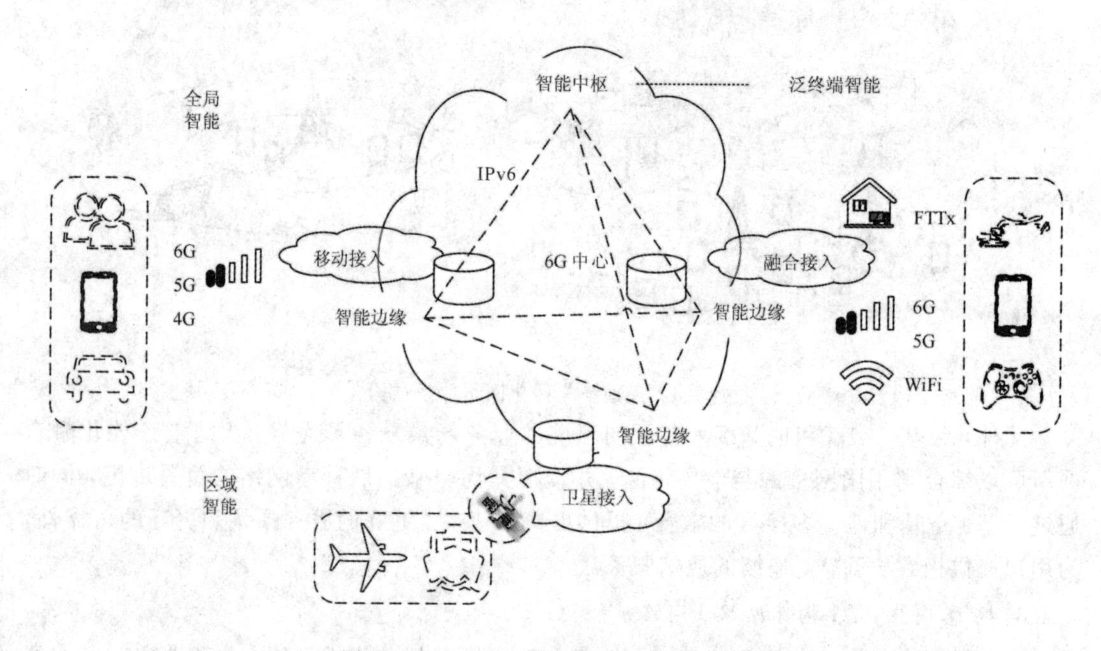

图 5.5 Network AI 的网络功能架构示例

4) 安全内生：预测危险、抵御攻击

人工智能将全方位赋能 6G 网络安全，通过 AI 技术有助于增强安全分析和决策能力，进而提升 6G 网络整体的安全能力。基于 AI 的安全内生机制使得 6G 网络具备主动免疫、自我演进、按需提供安全服务的能力，实现从“网络安全”到“安全网络”的转变。

6G 网络安全内生应具备以下特征：

(1) 主动免疫。基于可信任技术，为网络基础设施、软件等提供主动防御功能。

(2) 弹性自治。根据用户和行业应用的安全需求，实现安全能力的动态编排和弹性部署，提升网络韧性。

(3) 虚拟共生。利用数字孪生技术实现物理网络与虚拟孪生网络安全的统一与进化。

(4) 泛在协同。通过云网边端的智能协同，准确感知整个网络的安全态势，敏捷处置安全风险。

网络安全内生特性，如图 5.6 所示。

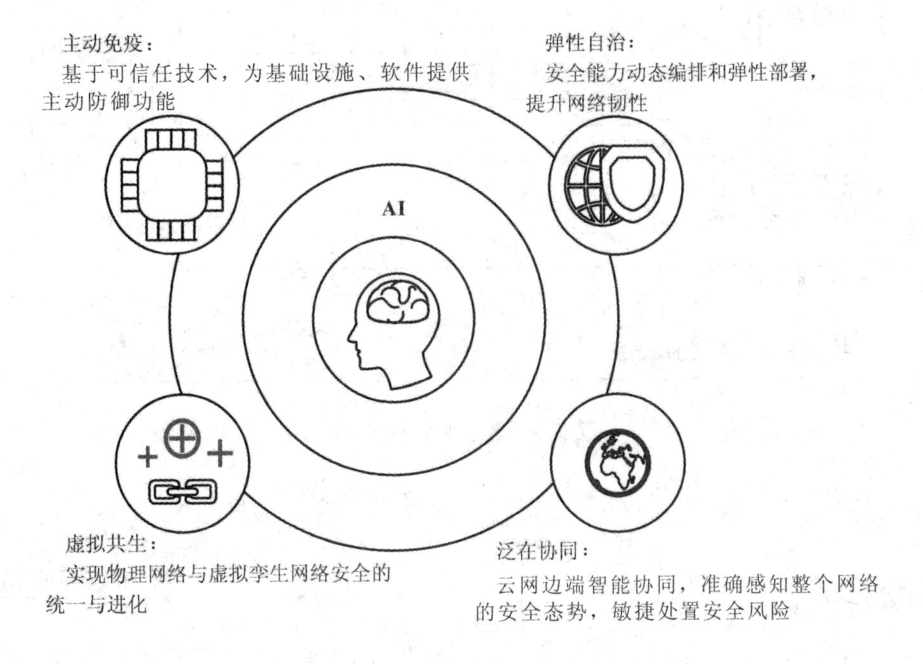

图 5.6　网络安全内生特性

5) 数字孪生技术：虚实结合、闭环控制

数字孪生是一种集成多物理、多尺度、多学科属性，具有实时同步、忠实映射、高保真度特性，能够实现物理世界与信息世界交互与融合的技术手段，目前已在智能制造、智慧城市、复杂系统运维等领域得到成功运用。

数字孪生将与 6G 技术紧密结合并相互促进。一方面，6G 技术对数字孪生技术而言，主要是为数字孪生的交互层提供超大容量、超低时延的数据与反馈信息，促使数字孪生技术得到更好的应用；另一方面，数字孪生技术也为 6G 关键技术的研究提供新的思路与解决方案。6G 时代，伴随着人工智能、大数据、云计算等技术的不断发展以及信息和感官的泛在化，数字孪生技术也将更广泛地运用于人体健康、家居生活和科学研究等领域，使得整个社会走向虚拟与现实结合的数字孪生世界。数字孪生网络架构如图 5.7 所示。

6) 算力网络技术：网络无所不达、算力无处不在

传统集约化的数据中心和智能终端的算力，可增长的空间有限。为了满足未来 6G 时代整个社会对信息处理的巨大算力需求，需要将大量闲散算力进行统一管理和调度，通过网络将闲散计算资源节点连接在一起，再通过网络的方式将计算资源提供给需要的应用和服务，供用户使用。因此，在 6G 时代，网络不再是单纯的通信网络，而是集通信、计算、存储为一体的信息系统，对内实现计算内生，对外提供计算服务，重塑通信网络格局，如图 5.8 所示。

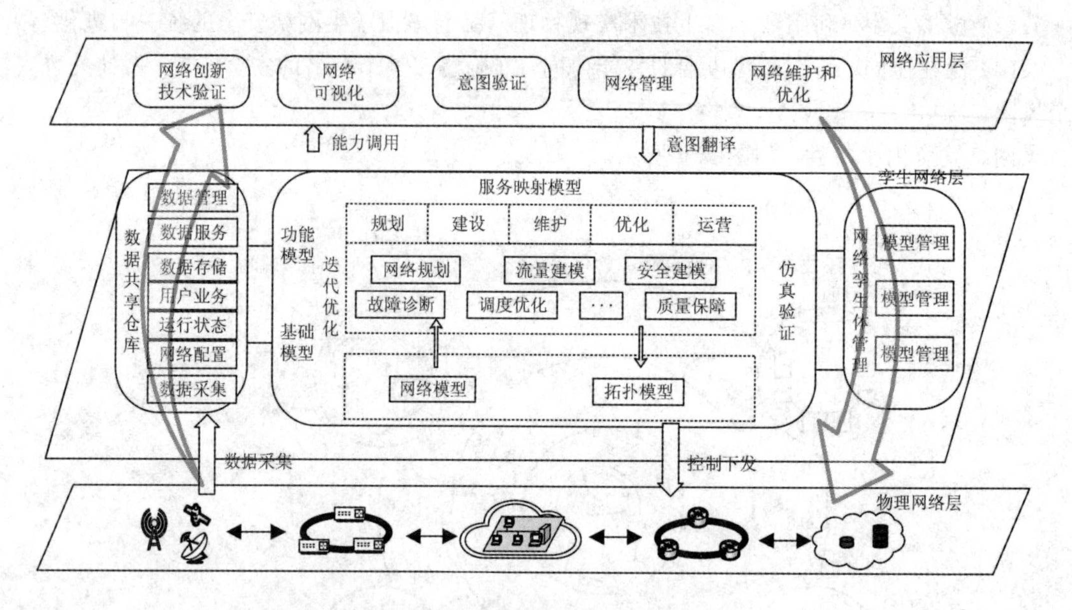

图 5.7　数字孪生网络架构

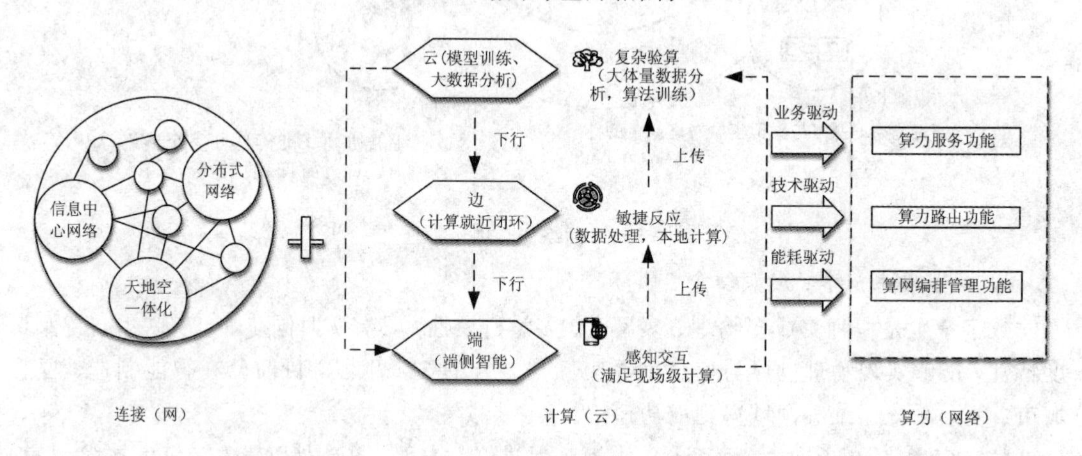

图 5.8　算力网络功能需求架构图

为了满足未来网络新型业务以及计算轻量化、动态化的需求，网络和计算的融合已经成为新的发展趋势。算力网络应具备算力服务、算力路由和算网编排管理功能，结合算网资源，即网络中计算处理能力与网络转发能力的实际情况和应用效能，实现各类计算、存储资源的高质量传递和流动。针对上述问题的共识，将成为推动 6G 算力网络技术快速成熟的关键。

3. 潜在通感融合技术

1）可编程网络技术：按需定制、敏捷灵活

随着通信网络支持的行业场景越来越多样化，网络架构和功能也变得越来越复杂，使网络演进和定制复杂化。为了使网络适应未来多变的需求，在 6G 网络中应通过引入端到端可编程网络技术，让网络更加智能和灵活，并且从网络架构本身进行根本性的改进，设计更加高适应性和灵活弹性的网络，如图 5.9 所示。

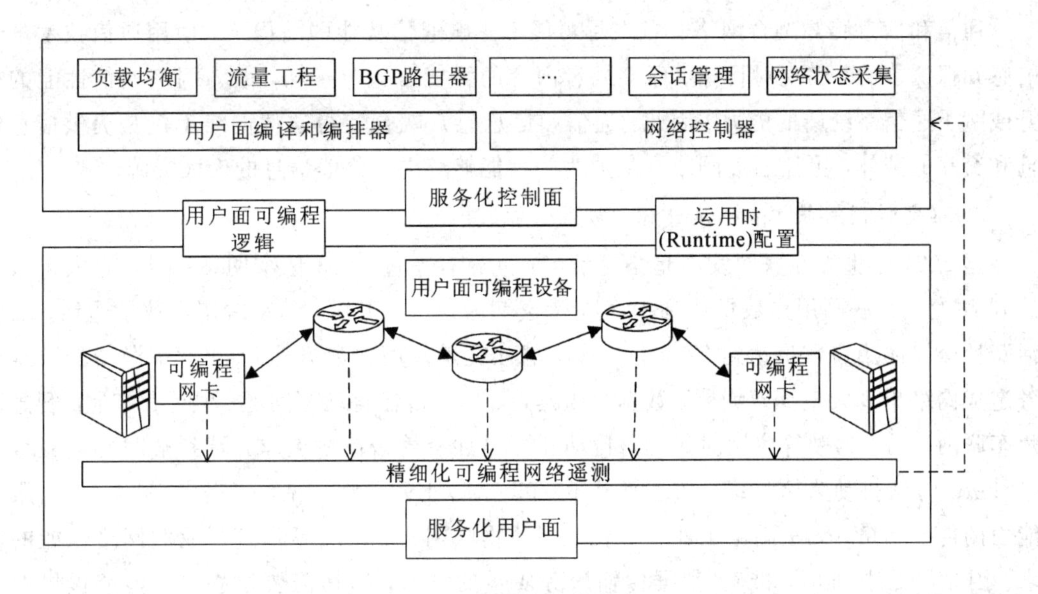

图 5.9 可编程网络技术

2）通信和信息感知融合网络：多维感知、赋能通信

通信感知一体化，不仅可以开辟全新的业务，赋予6G网络无时无刻、无处不在感知物理世界的能力，还可以提升智能体及智能体与系统间的信息交互能力，既能充分满足多维感官的交融互通，又能有效支撑通信能力的广域拓展，开启超越传统移动通信网络的应用空间，如图5.10所示。

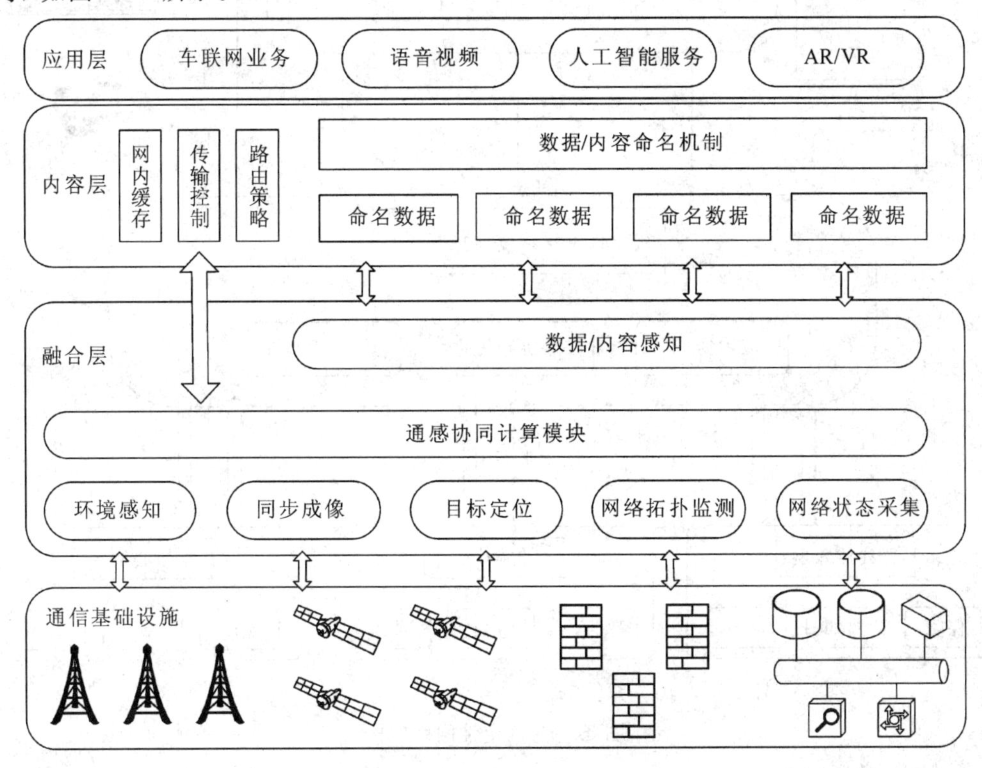

图 5.10 通信和信息感知融合网络

通信和信息感知融合网络具备在尽可能不影响通信功能的前提下，使用通信技术本身的感知探测能力，实现对目标、环境或者内容的智能自适应感知，助力网络通信性能的提升或赋予通信系统新的能力。因此，通信和信息感知融合使得通信网络不仅是提供信息传输和交互的载体，更让通信网络本身成为一种能够产出有价值信息的庞大资源。

3）确定性网络技术：确定传输、极致性能

据2021年世界互联网发展趋势显示，全世界有超过18.3亿个网站；全球总人口数量达到78亿，互联网用户数量达到48亿，渗透率为59%。其中，移动端用户数量达到51亿，活跃社交媒体用户数量达到37.8亿，移动端社交媒体用户数量达到38亿。激增的数据业务造成网络出现大量拥塞崩溃、数据分组延迟、远程传输抖动等问题。但远程控制、智慧医疗车联网、无人驾驶等应用对时延、抖动和可靠性有着极高的要求，端到端时延从微秒到毫秒级、时延抖动为微秒级、可靠性达99.999%以上。由此可见，仅提供“尽力而为”服务能力的传统网络，无法满足工业互联网、能源物联网、车联网等垂直行业对网络性能的需求。因此，面对“准时、准确”数据传输服务质量的需求，迫切需要建立一种能够提供差异化、多维度、确定性服务的网络，如图5.11所示。

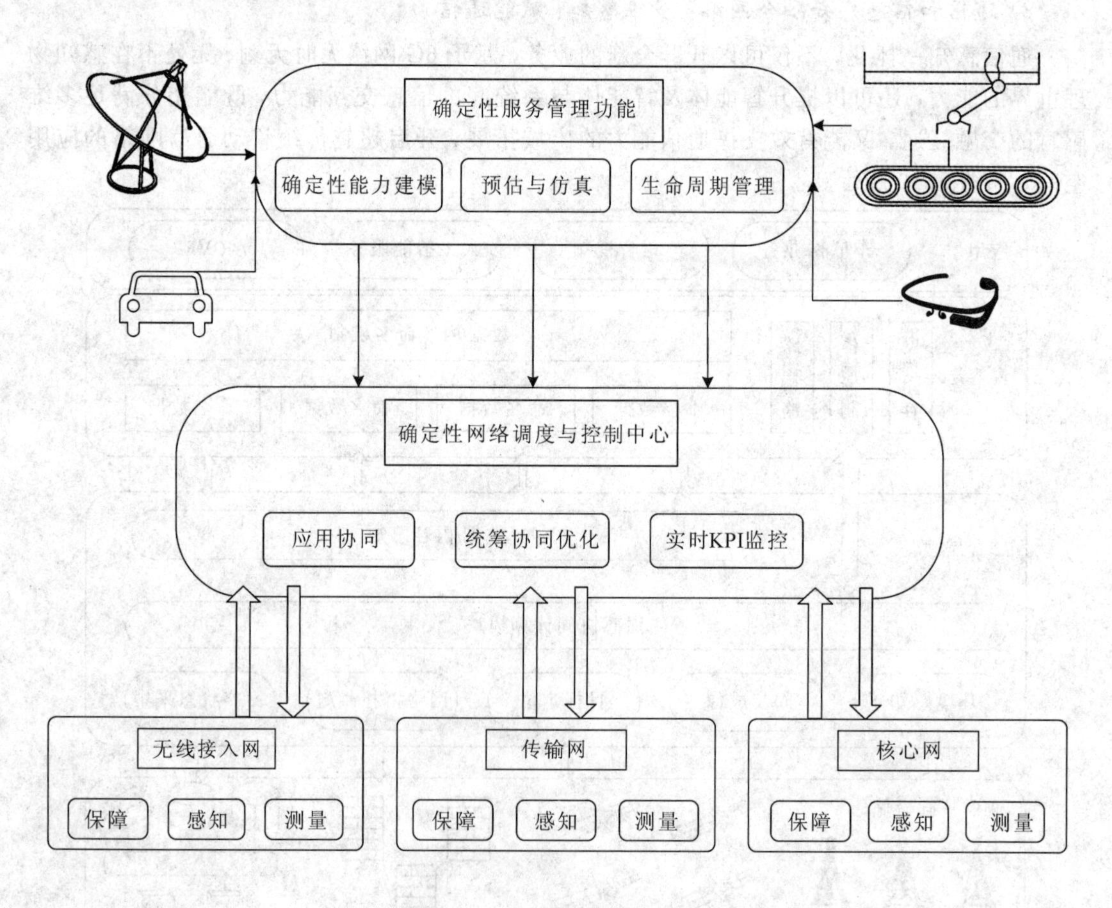

图5.11 确定性网络架构

4）可信数据服务：可信框架、智能增值

未来6G的生态系统将会产生、处理、消费海量的数据，包括从运营到管理，从网络到用户，从环境感知到终端等，还可能处理第三方的行业数据。这些数据将带来更加完善的智能服务，可以为运营商增值，但如何高效组织和管理这些数据也是一个新的挑战。同时，随着信息化技术的广泛应用，数据安全和隐私泄漏事故频发，人们越来越意识到隐私和数据所有权的重要性。各主要国家和组织也纷纷出台相关法律法规来规范数据的使用，明确用户对个人数据的控制权，数据主体应能够自主决定是否将个人数据变现、共享或提供给AI模型进行训练，如图5.12所示。

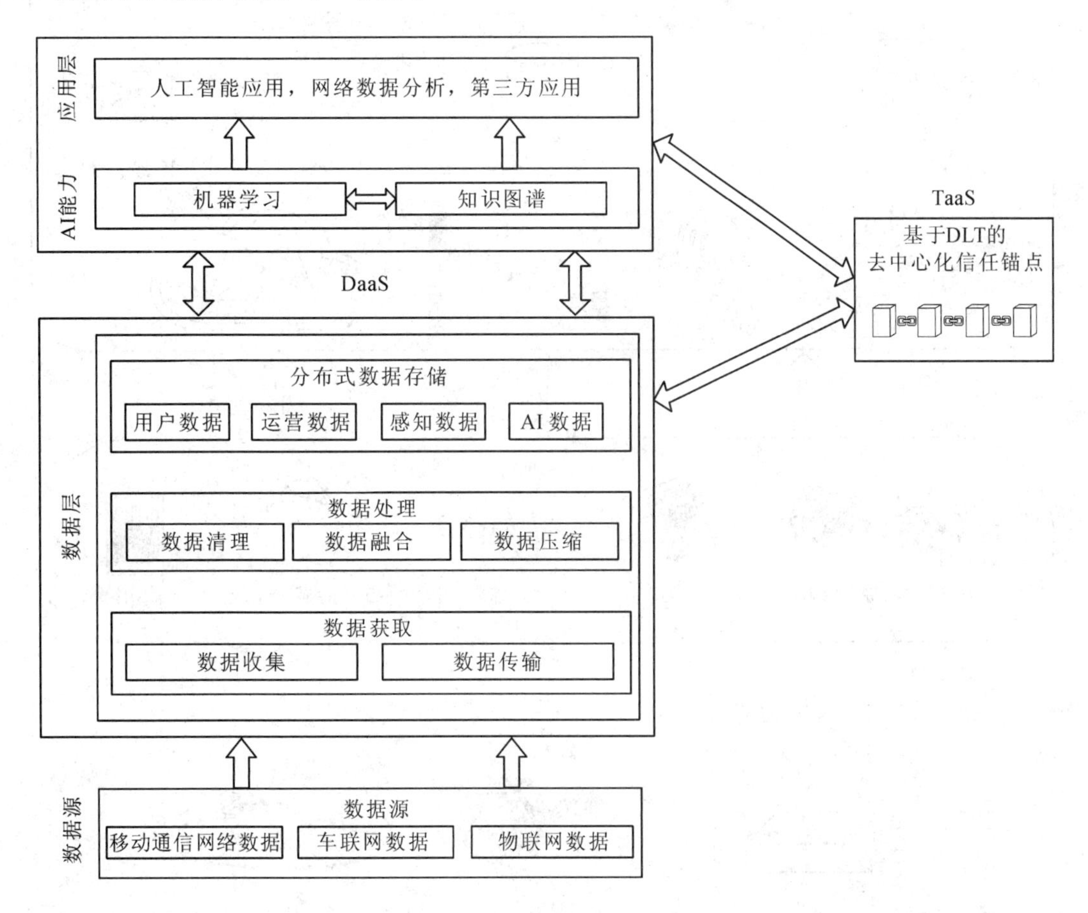

图5.12 可信数据服务框架

5）沉浸多感网络：多维通信、身临其境

沉浸多感网络技术可实现沉浸式云XR、全息通信、感官互联、智慧交互等业务应用的实时控制。沉浸多感网络逻辑架构如图5.13所示。根据应用层的需求，感知层完成视觉、听觉、触觉等多维度媒体信息的感知和编解码，网络层由分布式业务控制引擎完成媒体智能分发处理、多并发流协同、QoS智能感知和调度、沉浸多感网络路由等功能。为满足沉浸多感典型场景需求，6G网络需要支持新型媒体编解码、媒体智能分发处理、多并发流协同控制、QoS智能感知和调度、沉浸多感网络路由等潜在技术。

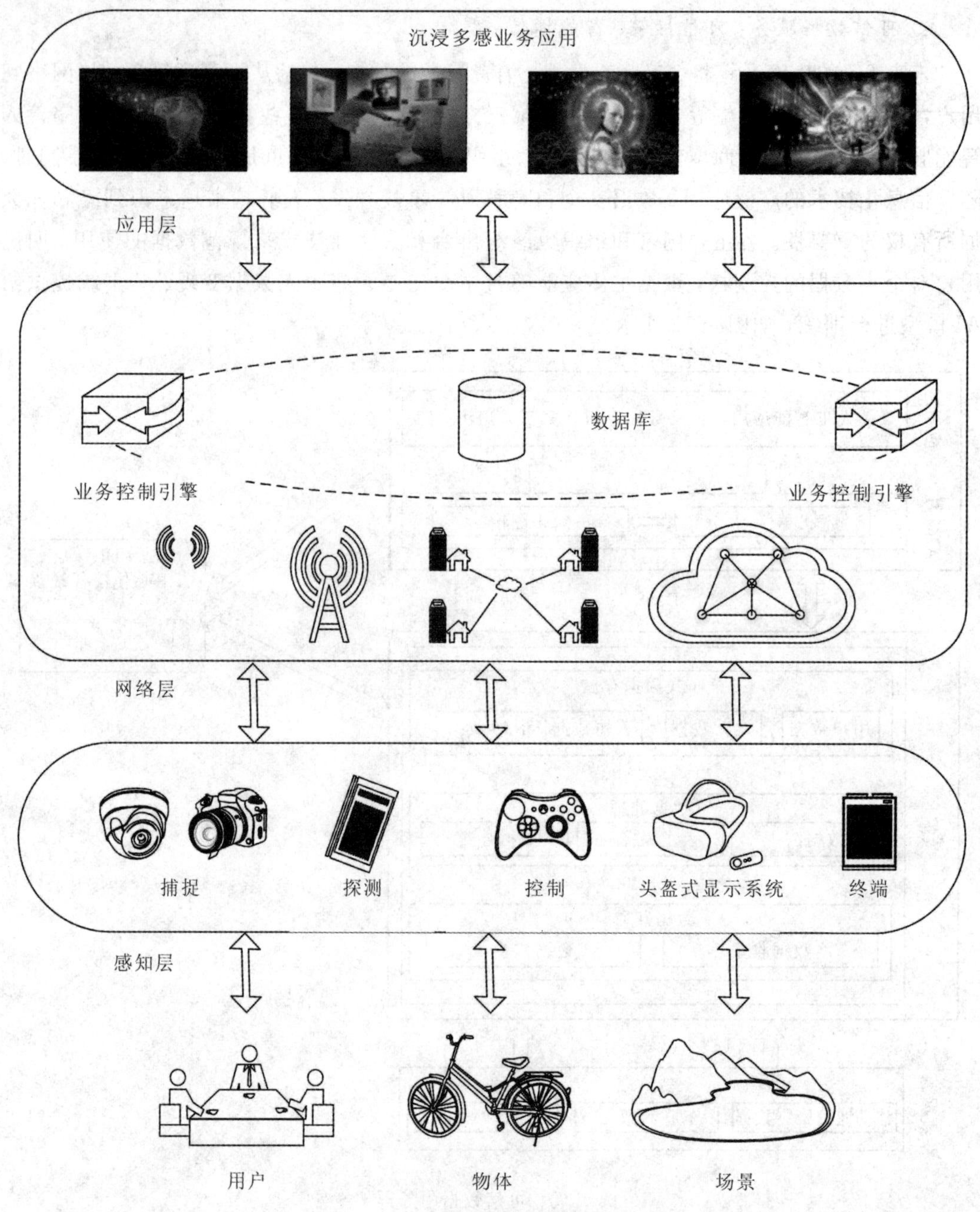

图 5.13　沉浸多感网络逻辑架构示意图

6）语义通信：语义驱动、万物智联

6G 网络将为用户提供沉浸式、个性化和全场景的服务，最终实现服务随心所想、网络随需而变、资源随愿共享的目标。随着脑机交互、类脑计算、语义感知与识别、通信感知一体化和智慧内生等新兴技术和架构的出现和发展，6G 网络将具备语义感知、识别、分析、理解和推理能力，从而实现网络架构从数据驱动向语义驱动的范式转变，如图 5.14 所示。

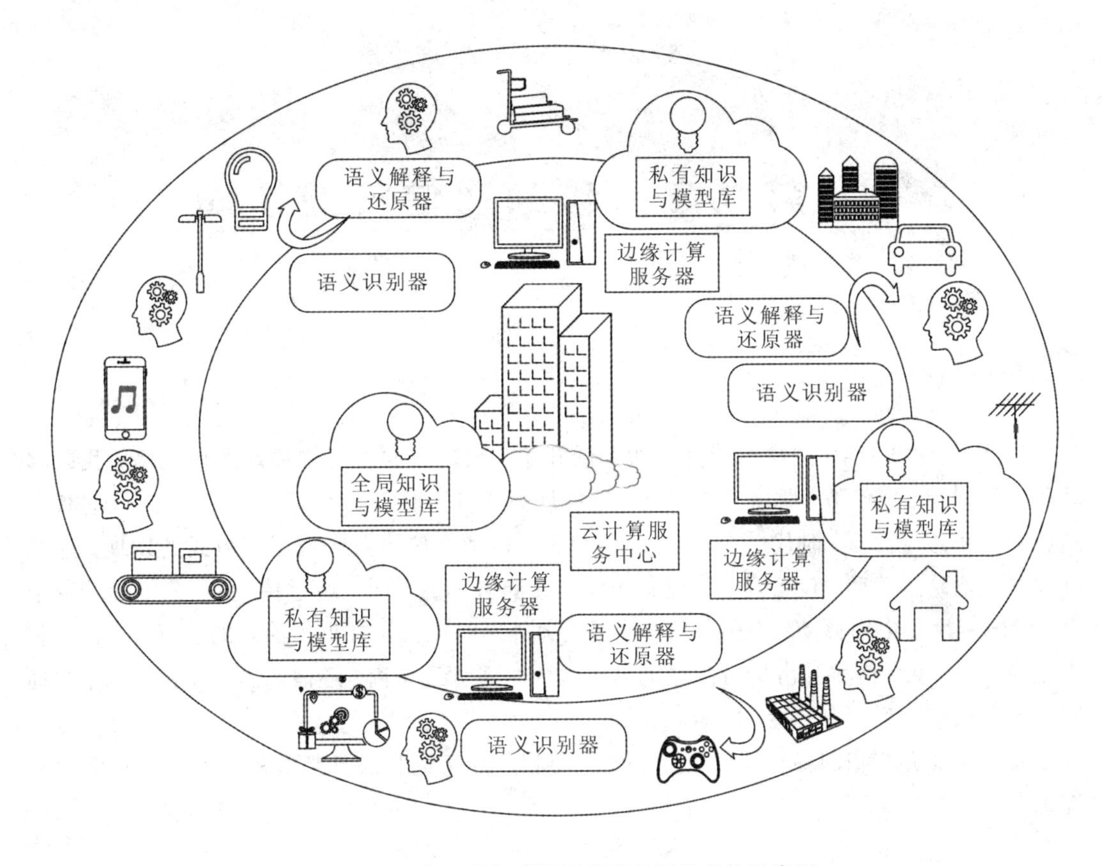

图 5.14 面向万物智联的语义通信网络架构示意图

【思考与练习】

1. 5G-Advanced 的驱动力和演进方向是什么？它有哪些关键技术？

2. 6G 的驱动力是什么？它有哪些可能的应用场景？

3. 6G 的性能指标相比 5G 在哪些方面有所增强？

4. 试从技术性能、应用领域等方面比较第六代移动通信系统与前面五代移动通信系统的区别，从中能得出什么结论？

5. 试根据所学内容展望 6G 时代移动通信技术发展的新趋势。

6. 结合 6G 移动通信技术的发展趋势和应用场景，谈谈由此带来的生产生活方式的变革。

第六章　移动通信行业认知

知识引入

从20世纪80年代的模拟蜂窝移动电话开始，到现在的第五代移动通信网络，我国移动通信超常规、成倍数、跳跃式地发展，发展规模令世人瞩目。从1G时代空白、2G时代跟随、3G时代突破、4G时代并跑、5G时代引领，移动通信行业实现了跨越式的发展。这些巨大的成就是运营商、设备商、工程服务商等共同努力的结果。通过持续40多年的培养孕育，我国诞生了中国移动、中国电信、中国联通等网络规模排在世界前列的运营商，也成长出了华为、中兴、信科等市场份额在世界领先的全业务设备商，还锻炼出了中国铁塔、中通服等各类通信工程服务企业。

本章主要介绍我国移动通信行业的发展历程、代表企业以及典型岗位需求等行业背景知识。

6.1　中国通信行业的发展

从20世纪80年代开始，经过改革开放40多年的发展，我国通信网络规模成倍扩张，已建成包括光纤、数字微波、卫星、程控交换、移动通信、数据通信等覆盖全国、通达全球的公用电信网。通信技术不断突破创新，在移动通信领域，我国自主研发的4G技术标准TD-LTE被国际电联确定为4G国际标准之一，5G时代无论是标准制定还是实验进程，我国都走在世界前列。

截至2022年3月，我国移动电话用户总数达16.6亿户，其中5G移动电话用户达4.03亿户；移动电话基站总数达1004万个，其中5G基站总数达155.9万个；固定互联网宽带接入用户总数达5.51亿户，其中1000 Mb/s及以上接入速率的固定互联网宽带接入用户达4596万户；全国互联网宽带接入端口数量达10.3亿个，其中光纤接入端口达到9.7亿个，具备千兆网络服务能力的10 G端口数达905万个；蜂窝物联网终端用户15.2亿户，蜂窝物联网终端用户规模快速接近移动电话用户；网络电视总用户数达3.6亿户。

截至2021年年底，我国华为公司面对欧美市场的“限入”及爱立信等公司的竞争，依然在全球电信设备市场份额中持续位居第一位。中兴通讯股份有限公司则在全球电信设备市场份额中位居第四位，其中在光网络市场份额增长方面位居全球第一。

6.1.1　新中国通信的奠基

1949 年 11 月 1 日，我国邮电部成立，标志着新中国有了统一管理全国邮政和电信事业的国家机构。在这一时期，邮政业务和电信业务是在邮电局统一办理的。

我国的电话交换机制造业起步比较晚，直到 1957 年才建立第一个自动步进制电话交换机制造厂，1958 年研制成功纵横制交换机，并且这两个交换机的技术水平相比国际水平还有很大的差距。

直到 1978 年，全国电话容量也仅 359 万门，用户数为 214 万，普及率仅达 0.43%，不及世界水平的 1/10。交换机自动化程度低，大部分县城、农村仍在使用“摇把子”，长途传输主要靠明线和模拟微波。

20 世纪 70 年代，国外程控交换机诞生后，我国在《1978—1985 年全国科技发展纲要》中将程控交换机研发列为 108 个重点科技发展项目之一。该规划是国家主导的，将研究任务落实到各科研院所，但在 80 年代并没有取得技术突破。

随着移动通信技术的日益成熟，手机逐渐在世界各地流行。20 世纪 70 年代，邮电部上海第一研究所、北京邮电通信设备厂(506 厂)、邮电部电信传输研究所就已开始研制小容量公用移动通信系统。到了 80 年代初，在上海、广州已向公众提供小容量公用移动电话业务。

20 世纪 80 年代，我国国内的所有通信设备都依赖进口，关键的核心技术都掌控在美、欧及日本等国家手中。当时通信业流行的一个概念叫“七国八制”，也就是说我国的电信设备市场上总共有来自七个国家的八种制式的机型或网络，分别是日本的 NEC 和富士通、美国的朗讯、加拿大的北电、瑞典的爱立信、德国的西门子、比利时的 BTM 以及法国的阿尔卡特。

6.1.2　稳步发展的通信行业

改革开放以后，随着社会经济的发展和人民对通信业务需求的快速增长，我国的通信业务出现了井喷式的增长。由于通信设备全部被国外厂商垄断，导致通信设备建设费用居高不下，20 世纪 80 年代对于普通消费者而言，在家里能装一部电话是非常有身份的象征，因为当时装一部固定电话的费用在几千元甚至上万元左右。

在当时情况下，国家确定了“引进、消化、吸收国外先进技术，提升国内企业自主研发、生产程控交换机能力”的政策。1991 年年底，国务院通过的《1994－2000 年科学技术发展规划和“八五”计划纲要》中再次将程控交换技术规划列为国家重点发展的电信技术，并启动了相关研发项目。

市场方面，20 世纪 80 年代到 90 年代，随着改革开放的深入，国民经济得到长足发展，对通信的需求大大增加，电信网络与设施的建设进入快车道，电信设备的大规模销售产生了足够多的利润，由此引起通信业务的不断扩张，促使大量的企业开始研究和发展国产电信设备。

国产程控交换机的突破是从解放军信息工程学院的“04 机”开始的。解放军信息工程学院从20世纪80年代后期开始跟踪程控交换技术，并与邮电工业总公司联合研制程控交换机。解放军信息工程学院计算机专家邬江兴和十几名研究人员大胆放弃了传统数字程控交换机的通信与控制设计思路，开创性地采用计算机技术与思维，吸取分布式计算架构的思路，采用逐级分布式体系结构，放弃2000门的容量规格，确定万门机的容量规格，终于研制成功万门数字程控交换机"HJD04"，即"04机"，如图6.1所示。这是我国第一个具有自主知识产权的程控交换机，标志着我国摆脱了程控交换机完全依赖进口和合资的情况，因此也被称为"争气机"。

图6.1 "万门机"HJD04

"04机"的研究成功，标志着"七国八制"长期垄断我国程控电话交换机市场格局的终结，从根本上扭转了我国电信网现代化建设受制于人的被动态势，时任国务院副总理的朱镕基评价说："在国有企业纷纷与外资合并或被收买兼并后，'04机'送来了一股清风。"1991年年底，邮电部及通信专家在洛阳对"04机"进行了严格的鉴定，结论是：设计新颖、性能可靠，达到国际先进水平。外国权威专家也认为"04机"的逐级分布式体系结构属于架构方面的原创，对程控交换技术的发展作出了贡献。"04机"获得了1995年国家科技进步奖一等奖。

"争气机"原型研制成功，使得国产交换机开始走向市场，也为华为、中兴等民营企业提供了不少懂程控交换机的开发人才，促使了"巨大金中华"在程控交换机上的群体突破。在看到"04机"研发成功的消息后，华为公司、中兴公司纷纷开始研发自己的局用交换机，并分别在1992和1993年设计出了自主研发的第一代数字程控交换机。

1995年3月2日，巨龙通信设备有限责任公司在北京注册成立，标志着1991年研发成功的"04机"开始进入真正的产业化阶段。巨龙在成立后短短3年内，累计总销售额高达100多亿元，销售超过1300万线。

1995年11月，中兴通讯自行研制的ZXJ10大容量局用数字程控交换机获原邮电部电信总局颁发的入网许可证，作为当时国内自行研制的三大主力机型之一，ZXJ10终局容量为17万线。在原邮电部组织的专家评审中ZXJ10被认定为"是目前能与国际一流机型相媲美的最好机型"。

同样是1995年，华为也推出了号称万门机的C&C08C型机，并在1996年推出了容量可达10万门的C&C08B型机。

也是在1995年，由原电子工业部第五十四研究所和华中科技大学（原华中理工大学）联合研制开发的EIM-601大容量局用数字交换机（简称EIM-601机）通过了部级鉴定，并成立了金鹏公司。

这样，巨龙、大唐、中兴、华为和金鹏五朵交换机领域的国产"金花"突破了国外厂商的重围，并渐成隐然对抗之势。时任邮电部部长吴基传在一次会议上，从巨龙、大唐、中兴、华为四家公司名称中各取前一个字，形象地称之为"巨大中华"现象。从此，"巨大中华"的美名不胫而走，逐渐成为我国通信设备制造业的代名词。后来加上金鹏，就成了"巨大金中华"，再加上后来成立的普天和烽火，就形成了20世纪90年代末我国最主要的国产通信设备厂商群："巨大金中华，烽火普天下"。

6.1.3　中国通信行业的腾飞

1. 国产厂商崛起

国内通信设备制造在程控交换机方面获得群体突破后，进入了快速发展时期。国外厂商的程控交换机由于基本都是20世纪70年代和80年代开发定型生产的，已基本稳定，因此国外厂商不会轻易去做改进和开发新的功能。而国产设备由于刚刚入网使用，需要时间磨炼，在稳定性上还不如国外产品，因此国内厂商就非常注重产品的功能，对客户在新功能和新需求方面积极响应，快速推出新功能，希望通过产品功能上的领先增加竞争力。

另外，由于中国厂商程控交换机突破都比较晚，因此在产品架构上具有一定的优势，无论是集成度还是用户容量规格，都要比国外厂家的程控交换机好。再加上中国厂商在成本上的天然优势，使得在1997年之后，国内通信网络新增交换设备中，国内厂商获取了大多数的份额。

在经历了20世纪90年代末的辉煌崛起后，国内厂商的发展境遇发生了分化。在1997年末1998年初，国内开始试验接入网，接入网产品成为交换市场的热点。由于接入网功能相对简单一些，技术复杂度也小一些，因此接入网的竞争主要就是看规模和成本。到1998年底1999年初，华为和中兴的业绩大幅增长，而金鹏、巨龙和大唐的业绩则落后了。在20世纪90年代后期，国内交换设备市场已经基本形成了华为、中兴和上海贝尔竞争的格局，接入网设备市场则是华为、中兴和UT斯达康竞争的格局。

由于技术革新，移动和数据通信产品替代老式的程控交换机慢慢成为通信业的主流产品。在这次电信业的关键转型期中，巨龙和大唐开始逐步衰落，而华为和中兴则后来居上，开始逐步从国内市场试水海外市场，并在短短的十年时间里，成为全球移动、数据、光通信、3G、NGN等领域的主要设备供应商，成为挑战全球电信巨头们最具进攻性的新兴力量。

实际上，当华为、中兴刚刚在程控交换机上有所突破的时候，这两家公司就已经组建了自己的国际化团队。在国产程控交换机逐渐成熟之后，他们纷纷开始扩大国际销售团队规模，形成了程控交换机的规模销售，逐渐打开了全球各大运营商的大门，在各个国家开始建立销售团队和子公司。

1995年，中兴第一次走出国门，参加日内瓦电信展(全球当时最大最著名的电信产品展览)。中兴选择销售试点的第一批国家是巴基斯坦、孟加拉国、越南和印尼。第一个签订的单子是在越南，第一个标志性的大单则是在1998年和巴基斯坦签订的金额为9700万美金的程控交换机销售合同，这也标志着中兴在国际市场真正开始突破。由于当时巴基斯坦的电信业几十年来一直依赖西方厂家，电信网上运行的都是当时国际电信巨头们的设备，如西门子、阿尔卡特、爱立信、NEC等，此次招标吸引了多达28家通信企业前来投标，中兴最终在5个标中都名列第一，顺利签订了合同。

而华为的交换机国际化，则是从香港开始的。1996年，华为的C&C08交换机就进入了香港和记电讯的网络，香港成熟的运营市场和苛刻的用户要求对华为提出了一个个新的挑战。为了适应狭小的机房，华为专门提供了壁挂式的远端模块；为了满足号码自由迁移的要求，华为提供了定制化的号码携带NP功能。最终，C&C08机在香港开设了20多个局点，覆盖了主要商业区的3000多座写字楼和香港机场，为亚洲动感之都的通信提供了有力保障。

紧接着，华为的C&C08机陆续进入了俄罗斯、巴西、印度、马来西亚、西班牙等国家和地区，并在俄罗斯、巴西设立了制造工厂。仅以俄罗斯为例，C&C08交换机就有150多万个端口部署在其全国的电信网络上。经过海外市场的洗礼，华为逐渐从一个交换机领域的后起之秀发展成为全球固网领域的主导厂商。截至2003年底，C&C08机在全球50多个国家的应用超过1.3亿端口，并且连续三年在全球新增市场上排名第一。

2007年是中国电信设备在全球崛起标志性的一年。这一年，华为以125.7亿美元的销售规模一举超越北电(109.5亿美元)，进军全球电信设备前五强，锋芒直逼思科(347亿美元)、爱立信(313亿美元)、阿尔卡特朗讯(279亿美元)和诺西公司(210亿美元)。与此同时，中兴也进入全球第八的行列，销售规模将近100亿美元。

进入21世纪后，电信技术获得快速发展，世界电信市场风起云涌，通信设备行业也开始不断洗牌，一些国际知名的电信设备制造企业在全球化的通信市场竞争中渐渐显现颓势，很多企业都纷纷破产或者兼并重组，而中国电信业的华为和中兴两家公司，却在全球化以及通信技术更新换代的过程中，不断成长壮大。

2006年，阿尔卡特公司与朗讯公司宣布合并，诺基亚公司与西门子公司将电信设备业务合并。2009年，北电网络公司申请破产。2010年，诺基亚西门子公司收购摩托罗拉公司的无线部门。诺基亚公司2013年收购西门子公司持有的诺基亚西门子公司的50%股份。2016年，诺基亚公司收购阿尔卡特朗讯公司。3G时代的9家主要的通信设备商只剩下了4家。到了2018年，通信设备市场华为、爱立信、诺基亚和中兴四家企业累计市场份额超过70%，呈四强争霸的格局。华为在全球电信设备制造商中排名第一，中兴排名第四。中国拥有全球最强大的电信设备制造能力。

2013—2018年间，华为在全球的市场份额从20%上升到29%，每年上升将近2个百分点，而中兴的市场份额也从7%稳步提升至10%，爱立信和诺基亚的市场份额则每年平均下降1%。

2019—2020 年间，华为和中兴在遭受以美国为首的西方国家不断打压的情况下，市场份额并没有下降，其中华为 2020 年的市场份额还提升至 30%。截至 2021 年年末，华为占全球通信设备市场 28.7%的份额，爱立信以 15%位居第二，接着是诺基亚(14.9%)、中兴(10.5%)、思科(5.6%)和三星电子(3.1%)。

2. 参与全球通信标准的制定

在 1G 和 2G 时代，全球移动通信标准的制定基本是由西方发达国家所把持的，包括中国在内的其他国家都无法与之竞争。

到了 3G 时代，随着国内移动通信产业的发展，中国意识到必须要在电信标准上有所作为。在 1997 年 4 月，国际电信联盟(ITU)向各国发出征集函，征集第三代移动通信(3G)技术标准时，我国政府指定大唐集团进行论证和筹备。1998 年 1 月，国内组织权威专家进行论证，召开了香山会议，最后决定在当年 4 月 30 日前向国际电信联盟提交 TD-SCDMA 标准(即中国版的 3G 技术标准)提案。

1999 年 6 月 29 日，中国邮电部电信科学技术研究院(大唐电信)向 ITU 提出 TD-SCDMA标准。该标准将智能无线、同步 CDMA 和软件无线电等当时国际领先技术融入其中，在频谱利用率、对业务支持灵活性、频率灵活性及成本等方面具有独特优势。在 1999 年 11 月召开的 ITU 芬兰会议上，TD-SCDMA 被确定为第三代移动通信无线接口技术标准。在 2000 年 5 月举行的 ITU-R 2000 年全会上，该标准获得最终批准通过。第三代移动通信技术标准包括由我国所制定的 TD-SCDMA、美国所制定的 CDMA2000 和欧洲所制定的 WCDMA 技术。由此改变了我国以往在移动通信技术标准方面受制于人的被动局面，减少甚至取消了昂贵的专利提成费，为国家带来了巨大的经济利益，彻底改变了过去只有运营市场没有产品市场的畸形布局，从而使我国获得与发达国家同步发展移动通信技术的平等地位，我国从通信领域的跟随者、单纯的设备制造者转变为了通信技术标准的制定者。

我国拥有自主知识产权的 TD-SCDMA 标准成为 3G 三大国际标准之一，实现了我国百年通信史上“零的突破”。但当时很多外国企业对 TD-SCDMA 标准的态度是不信任、不支持、不参与。因此我国在发展 3G 的时候，不得不从系统、终端、芯片、软件、仪器仪表等全产业链做起，这也为我国移动通信工业体系的建立打下了坚实基础。

到了 4G 时代，我国提出的 TD-LTE 标准再次成为国际标准，各方面指标都可以与欧洲提出的 FDD-LTE 标准相媲美。我国建成了全球最大的 4G 网络，仅 TD-LTE 基站数量就超过美国与欧盟的所有 4G 基站数量之和。在这一时期，我国的移动通信全产业链发展壮大：华为公司、中兴公司成为全球领先的移动通信设备供应商；中国电信、中国移动、中国联通走在全球运营商的前列；国产手机呈现百花齐放的局面，所占的市场份额不断提高。

随着 5G 时代的来临，基于 4G 时代打下的基础，我国在 5G 技术的不少领域都处于全球领跑地位。截至 2018 年 3 月，我国提交的 5G 国际标准文稿占全球的 32%，牵头标准化项目占比达 40%，推进速度、推进质量均位居世界前列。截至 2022 年，全球 5G 标准必要专利排名前 15 的企业中，我国占 7 家，专利数占比达 40%。

美国制裁华为事件

2019 年 5 月 15 日，美国商务部表示，将把华为及 70 家关联企业列入"实体清单"，今后如果没有美国政府的批准，华为将无法向美国企业购买元器件。

2019 年 5 月 21 日，谷歌公司在特朗普的要求下首先开始限制安卓系统和相关应用在华为手机上的使用。2019 年 5 月 28 日，华为向路透社记者指控联邦快递将两个从日本送往中国的包裹私自"转送"到了美国，并且意图转送另两个由越南送往其他华为亚洲办公室的包裹前往美国。

2019 年 6 月 25 日，美国参议院外交委员会将华为列为美国和其盟邦的国家安全威胁。2019 年 8 月 7 日，白宫宣布禁止美国政府部门购买华为的设备和服务。

2020 年 5 月 15 日，美国修改了对华为的制裁内容，制裁全面升级，所有使用美国技术的厂商，向华为提供芯片设计和生产都必须获得美国政府的许可，直接导致台积电、三星甚至国内的中芯国际都无法给华为制造先进制程的芯片。

2020 年 8 月 17 日，美国再次公布了针对华为新一轮的制裁措施，进一步限制华为使用美国技术的权限，同时将 38 家华为子公司列入实体清单。

2021 年 3 月，美国开展对华为的第 4 轮制裁，限制华为的器件供应商只要涉及美国技术的产品，就不允许供应华为 5G 设备使用，这导致华为余下的 5G 芯片只能当 4G 芯片使用。

2023 年 2 月，美国开展对华为的第 5 轮制裁，彻底切断美国供应商与华为之间的所有联系，禁止英特尔和高通在内的美国公司向华为提供任何产品，包括 4G、WiFi、人工智能、高性能计算及云计算等领域的产品。

思考：从美国制裁华为事件中可以得到什么样的启示？

核心技术是国之重器

互联网核心技术是我们最大的"命门"，核心技术受制于人是我们最大的隐患。一个互联网企业即便规模再大、市值再高，如果核心元器件严重依赖外国，供应链的"命门"掌握在别人手里，那就好比在别人的墙基上砌房子，再大再漂亮也可能经不起风雨，甚至会不堪一击。我们要掌握我国互联网发展主动权，保障互联网安全、国家安全，就必须突破核心技术这个难题，争取在某些领域、某些方面实现"弯道超车"。

核心技术要取得突破，就要有决心、恒心、重心。有决心，就是要树立顽强拼搏、刻苦攻关的志气，坚定不移实施创新驱动发展战略，把更多人力物力财力投向核心技术研发，集合精锐力量，作出战略性安排。有恒心，就是要制定信息领域核心技术设备发展战略纲要，制定路线图、时间表、任务书，明确近期、中期、远期目标，遵循技术规律，分梯次、分门类、分阶段推进，咬定青山不放松。有重心，就是要立足我国国情，面向世界科技前沿，面向国家重大需求，面向国民经济主战场，紧紧围绕攀登战略制高点，强化重要领域和关键环节任务部署，把方向搞清楚，把重点搞清楚。否则，花了很多钱、投入了很多资源，最后南辕北辙，是难以取得成效的。

核心技术是国之重器，最关键最核心的技术要立足自主创新、自立自强。市场换不来核心技术，有钱也买不来核心技术，必须靠自己研发、自己发展。我们强调自主创新，不是关起门来搞研发，一定要坚持开放创新，只有跟高手过招才知道差距，不能夜郎自大。

6.2 通信运营商

通信运营商是指提供固定电话、移动电话和宽带接入的通信服务公司。从世界范围看，有的通信运营商规模较小，可能只在一个城市内为用户提供某一类通信服务，例如专门的移动电话公司或宽带接入服务公司；有的通信运营商则规模很大，可以提供较为全面的通信服务，覆盖较大的区域，例如中国移动；有些通信运营商属于跨国运营商，在众多国家都提供多种通信服务，例如沃达丰。

中国电信运营商的变迁

通信运营商提供的通信业务由于直接关系国计民生，因此在所有国家和地区都属于政府重点管控行业，各国政府一般通过国有企业直接控制或者通过立法方式来间接控制。

6.2.1 中国通信运营商的成立

1. 国家邮电部经营时期

1949年11月1日，邮电部宣布成立。1951年9月25日，人民邮政和电信统一纳入邮电部，邮政和电信合并。

1980年以前，我国公共电信业一直由邮电部独家经营，邮电部是国家电信政策的制定者、执行者，同时又是电信业的经营者。长期以来，执行的是政企合一、邮电合营的体制，国家对电信企业的资费标准、行业准入有严格的控制。

随着改革开放和社会经济的发展，人们对通信业务需求的不断扩大，我国的通信业务出现了井喷式的发展。与此同时，西方发达国家迎来了移动通信的高速发展，GSM和CDMA相继问世。20世纪80年代，随着撒切尔夫人的改革，英国邮政脱离政府序列、组建国家邮政公司之后，世界各国邮政领域都开始了政企分开的改革。

在这样的国际背景下，我国的电信业改革序幕也逐渐拉开。1992年“十四大”提出建立社会主义市场经济体制后，我国政府发起建设国民经济信息化工程，并考虑通过建立其他的电信企业来结束邮电部的垄断。

1994年1月12日，吉通通信有限责任公司(吉通)由电子工业部发起成立，它主要是由电子工业部的一些大型国有企业参股组建，包括彩虹集团公司、中国电子信息产业集团公司、国投电子公司等。

1994年7月19日，中国联合通信有限公司(中国联通)经国务院批准，正式挂牌成立。它是由电子工业部(原机电部)、电力部、铁道部和中信集团等15家部级单位出资共同组建的。

中国联通的成立，标志着中国电信业打破了邮电部的垄断，进入一个新的阶段。

2. 通信类企业的成立

在成立联通、吉通公司的同时，邮电部内部也在不断地整合。1994年，邮电部成立移动通信局和数据通信局，同年3月，又将邮政总局、电信总局分别改为单独核算的企业局。

1998年3月，第九届全国人大第一次会议上，在原电子工业部和邮电部的基础上，成立了信息产业部，主管全国电子信息产品制造业、通信业和软件业，推进国民经济和社会生活信息化。随后电信业实现了政企分开，信息产业部负责电信行业监管，为随后一系列的电信产业改革奠定了最基本的体制基础。

1998年4月，信息产业部决定实现邮电分营，邮电局被划分为邮政局和电信公司，中国电信从政府机构脱离，政企实现分离，标志着相对公平竞争环境的确立。通过这次改革，打破了原来中国电信市场的垄断经营，形成了国有企业内部竞争、监管相对独立的制度框架。

1999年2月14日，国务院批准中国电信改革方案，原中国电信拆分成新中国电信、中国移动和中国卫星通信3个公司，寻呼业务并入联通。

1999年4月，由中科院、广电总局、铁道部、上海市政府四方出资，中国国际网络通信有限公司(小网通)成立。

2000年4月20日，中国移动通信集团公司(中国移动)正式成立。它是在分离原中国电信移动通信网络和业务的基础上新组建的重要国有骨干企业，专注于移动业务。

2000年5月17日，剥离了无线寻呼、移动通信和卫星通信业务的中国电信集团公司正式挂牌成立(中国电信)，负责固网服务。

2000年12月，中国铁道通信信息有限责任公司正式挂牌成立，它由铁道部控股、14个铁路局等共18家股东共同出资组建。2004年，该公司由铁道部交给国资委，更名为中国铁通集团有限公司(中国铁通)。

2001年12月，中国卫星通信集团公司成立(中国卫通)。

至此，中国电信市场形成了中国电信、中国联通、中国网通、中国移动、中国吉通、中国铁通和中国卫通7家运营商组成的竞争格局，业界称为“七雄确立”。

3. 通信运营商的重组

在中国电信业的第一次重组过程中，中国电信被拆分，寻呼、卫星和移动业务被剥离出去。寻呼业务(国信寻呼)最终给了联通。以卫星业务和移动业务为基础，分别成立了中国卫通和中国移动。

这次重组，是在中国申请加入世界贸易组织的大前提之下，为了构建竞争环境，做出的一系列改革。在当时，固定电话业务仍然是电信业务的主流，中国电信作为“七雄”中的基础电信运营商，拥有覆盖范围最广的固定电话网络，在固定电话业务市场上仍然是中国电信一家独秀。

2002年5月16日，中国电信业再次重组，中国电信的北方10省的分公司与小网通公司、吉通公司成立新的中国网通公司，南方21个省市分公司成立新的中国电信公司。

这次重组，产生了“北网通、南电信”，形成了6家基础电信企业的局面：中国移动、中国联通、中国电信、中国网通、中国铁通、中国卫通。

本次重组的原因主要是在中国电信市场形成力量相对更为均衡的竞争新格局，通过分

拆，中国电信和新网通公司可以相互进入对方区域，使得国内固定电话业务市场变为多家竞争的局面，分拆前后我国主要电信运营商业务收入占比如图 6.2 所示。

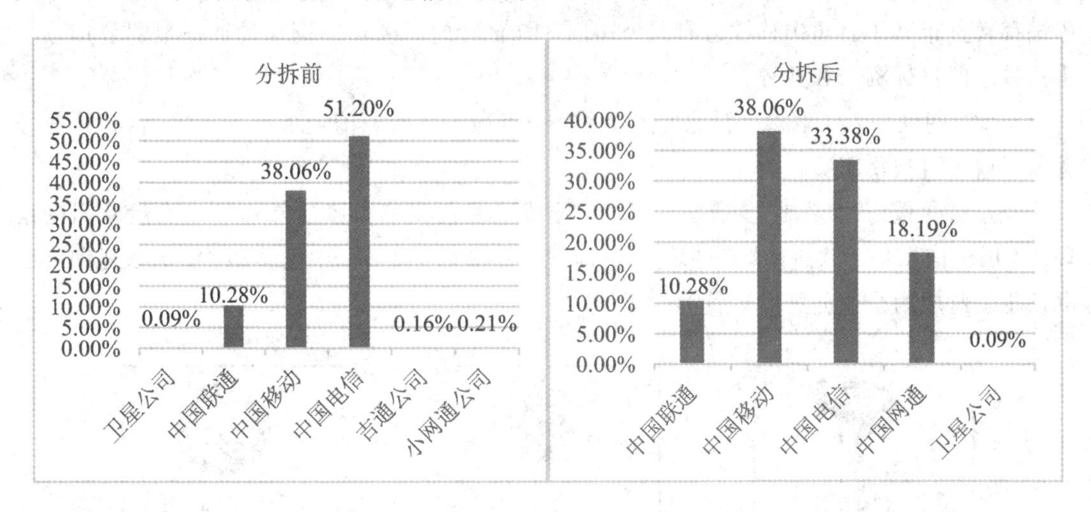

图 6.2　中国电信分拆前后我国主要电信运营商业务收入占比图

4. 三大全业务运营商

中国电信业经过政企分开、引入竞争以及两次重组后，国内电信体制改革取得了突破性进展，电信运营商相互竞争的市场格局也已基本形成，但原有的市场结构却并没有实质性改变，两大固网电信运营商在业务和区域上基本彼此独立，没有形成真正的竞争格局。而在移动通信领域，中国联通根本无力与中国移动抗衡，无法形成有效竞争。

随着移动通信的发展，固网运营商领地逐渐被移动运营商侵蚀，固网用户增长缓慢，移动网络对于固网的替代性增强，分业运营的局限性日益显现。

到了 2007 年，中国移动的净利润已经超过电信、联通、网通净利润之和，中国移动"一家独大"的局面正在形成，电信市场结构已完全失衡，而导致失衡的直接原因完全是由电信业的分业经营导致的。为了扭转这一局面，中国电信业开启了第三次重组。

2008 年 5 月 24 日，工业和信息化部、国家发改委和财政部联合发布《三部委关于深化电信体制改革的通告》，中国电信版图也由此迈入"新三国时代"：中国电信收购中国联通 CDMA 网(包括资产和用户)，同时将中国卫通的基础电信业务并入；中国联通与中国网通合并；中国铁通并入中国移动。

2008 年 6 月 2 日，中国电信 1100 亿收购联通 CDMA 网络。中国联通与中国电信订立相关转让协议，分别以 438 亿元和 662 亿元的价格向中国电信出售旗下的 CDMA 网络及业务。同日，中国联通上市公司宣布将以换股方式与中国网通合并，交易价值 240 亿美元。

2008 年 10 月 15 日，新联通正式成立，中国网通正式退出历史舞台。新公司定名为"中国联合网络通信有限公司"，中国联通香港上市公司名称由"中国联合通信股份有限公司"更改为"中国联合网络通信(香港)股份有限公司"。

2008 年 5 月 23 日，中国铁通集团有限公司正式并入中国移动通信集团公司，成为其全资子公司，保持相对独立运营。2009 年 11 月 12 日，铁道部与中国移动正式签署了资产划拨协议，将铁通公司铁路通信的相关业务、资产和人员剥离，成建制划转给铁道部进行管理。铁通公司仍将作为中国移动的独立子公司从事固定通信业务服务。2015年11月27日，中国移动宣布其子公司中移铁通有限公司以319亿元向母公司中国移动通信集团公司收购中国铁通的目标资产和业务。

至此，网通并入了联通，铁通并入了移动，卫通的基础电信业务并入了电信(其他业务并入了航天科技集团)。

经过这次重组，“六雄”变成了“三雄”，形成了目前我们大家所知道的三大运营商的格局。中国电信市场正式进入“三足鼎立”的时代，如图6.3所示。中国移动、中国联通和中国电信也就此成为全业务牌照运营商。

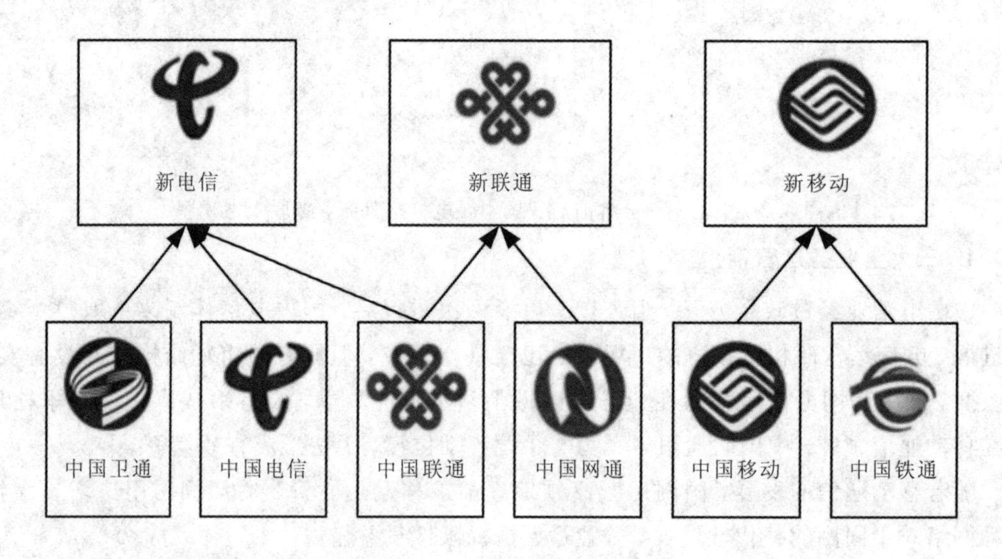

图6.3 国内运营商的“三足鼎立”

6.2.2 中国移动通信运营商

1. 中国移动

中国移动于2000年4月20日成立，是一家基于GSM、LTE和5G制式网络的移动通信运营商，现在是全球规模最大的通信运营商。2021年，中国移动营收8482.5亿元，净利润1159.37亿元，共计有移动客户9.57亿，占据了约58.14%的中国市场份额，稳居三大运营商之首。同时还有家庭客户1.7亿，集团客户900万，物联网终端连接7.5亿户。

中国移动在4G时代积极开展全球范围内专利布局工作，提交了上千件LTE专利申请，使我国TD-LTE的“技术专利化—专利标准化—标准产业化—产业国际化”四步走战略得以全面实现。中国移动牵头的“第四代移动通信系统(TD-LTE)关键技术与应用”荣获2016年度国家科学技术进步奖特等奖，标志着我国移动通信产业登上科技创新高峰。同时在我国5G整体战略引导下，积极制定5G技术研发策略，参与5G标准的制定，将更多“中国创新”融入5G标准。截至目前，中国移动已经成功将我国主导的TDD技术推动成为5G

系统的基础和主流。随着5G建设的加速，中国移动打造了200个5G龙头示范项目，助推多行业转型发展，在智慧工厂、智慧电力、智慧医院等多个行业实现规模拓展。

2. 中国电信

中国电信集团有限公司是国有特大型通信骨干企业，主要经营移动通信、互联网接入及应用、固定电话、卫星通信等综合信息服务，注册资本为2131亿元人民币，资产规模超过9000亿元人民币，年收入规模超过4900亿元人民币，连续多年位列《财富》杂志全球500强。

中国电信拥有全球规模最大的宽带互联网络和技术领先的移动通信网络，具备为全球客户提供跨地域、全业务的综合信息服务能力和客户服务渠道体系。截至2021年年底，中国电信的移动用户达到3.72亿户，占据了约22.6%的中国市场份额，其中5G用户达1.88亿户，渗透率50.4%，为三大运营商中最高，而移动电话、有线宽带、天翼高清、物联网、固定电话等各类用户总量达10.2亿户。

3. 中国联通

中国联合网络通信集团有限公司于2009年由原中国网通和原中国联通合并重组而成，公司在国内31个省(自治区、直辖市)和境外多个国家和地区设有分支机构，在境外建有130个业务接入点，拥有覆盖全国、通达世界的现代通信网络和全球客户服务体系。

中国联通主要经营固定通信业务、移动通信业务、国内外通信设施服务业务、数据通信业务、网络接入业务、各类电信增值业务和通信系统集成业务等。截至2021年年底，中国联通5G套餐用户达到1.55亿户，5G套餐用户渗透率超越行业平均值，达到48.9%，物联网终端连接累计超3亿户。

4. 中国广电

中国广电于2014年4月17日正式注册成立，负责全国范围内有线电视网络的相关业务，开展“三网”融合业务(三网是指电信网、广播电视网、互联网)，注册资本为45亿元，是我国有线电视网络的市场主体。

2016年5月5日，中国广播电视网络有限公司获得了工业和信息化部颁发的《基础电信业务经营许可证》，获准在全国范围内经营互联网国内数据传送业务、国内通信设施服务业务。

2019年6月6日，工业和信息化部正式向中国广电发放5G商用牌照。这一年，中国广电主要在探讨其5G发展的方向，曾先后提出要尝试采用最新的无线通信技术，调整现有广播技术制式，提供广播电视、应急广播等公益类服务，覆盖全部智能手机终端。另外，中国广电还提出5G与有线电视网络一体化发展技术路径，表示广电网络将建设成“有线+5G”的两网架构。

2020年，5G NR广播开始被中国广电在各种场合突出宣传。中国广电认为5G NR广播技术将是未来发展的主流，未来5G NR广播可在终端、业务形态及信号覆盖方面助力广播电视服务的重构和革新，真正地实现“终端通、人人通”。中国广电找到了与三大运营商差异化发展的突破口，即5G NR广播。

2021年8月31日，中国广电携手中国移动开展700 MHz 5G网络共建、共享的合作，在2022年建成覆盖广、性能优、体验好的700 MHz 5G精品网络。

中国广电的优势在于手握700 MHz频段，这是一个黄金频段资源，因为处于低频，所以覆盖效果很好，如果用来建网，非常节约资金。劣势在于中国广电当前主要营收相比三大运营商差距较大，并且正受到移动互联网的冲击，而通信行业市场化比较彻底，行业竞争非常激烈，即使是国企，三大运营商也在拼命赛跑，中国广电作为一个后来者，还有很长的路要走。

5. 运营商的业务竞争

2019年6月6日，工业和信息化部正式向中国电信、中国移动、中国联通、中国广电发放5G商用牌照，中国正式进入5G商用元年。2019年10月31日，三大运营商公布5G商用套餐，并于2019年11月1日正式上线5G商用套餐，这标志着我国正式进入5G商用时代。

5G作为移动通信领域的重大变革点，成为新基建的领衔领域，也是经济发展的新动能。我国重点发展的各大新兴产业，均需要以5G作为产业支撑。强有力的政策支持，为5G建设保驾护航。承担建设任务的基础电信企业开足马力，5G网络建设加速驶入"快车道"。

截至2022年第一季度，我国已建成了全球最大的5G网络，累计建设5G基站156万个，5G已覆盖全国所有地级市城区，以及超过98%的县城城区和80%的乡镇镇区。我国5G网络用户数达到了4.03亿，占到了全球5G总用户数的90%以上。

5G建设发展得如火如荼，运营商们的营收也大幅增长。数据显示，中国移动2021年营收8482.5亿元，同比增长10.4%；净利润1159.37亿元，同比增长7.5%；中国联通2021年营收3279亿元，同比增长7.9%；净利润144亿元，同比增长15%；中国电信2021年营收4396亿元，同比增长11.3%，净利润为259.48亿元，同比增长约24.5%。

6. 运营商的共建共享

中国目前在5G领域已处于世界领先，但也正是因为领先，导致很多技术都没有先例可以借鉴，只能不断地进行摸索。比如，目前在中国电信和中国联通两大运营商中采用的5G共建共享模式，在全球尚属首例，技术难度高，极具创新性和挑战性。

2019年9月9日，中国电信与中国联通签署《5G网络共建共享框架合作协议书》，宣告双方将合作共建一张5G接入网络，合力推进5G网络部署。

中国电信和中国联通开启了5G网络共建共享先河。自2019年正式达成共建共享协议以来，双方一方面合力推进5G网络部署，快速在全国31个省(市、自治区)开通5G共建共享，实现了50多个城市的5G正式商用；另一方面积极推进5G网络的技术演进，开通了全球首个5G SA共享基站。

在此过程中，中国电信与中国联通发挥互补的网络和频率资源优势，有效节约网络建设和运维成本。经测算，共享之后资本支出预计节省40%左右，运营成本每年节省35%左右。两家运营商节省5G建设投资预计将超过600亿元，真正意义上做到用最少的投资、在最短的时间里，快速形成5G网络覆盖能力。

截至2021年6月，中国联通和中国电信共建共享了全球首个规模最大的5G网络，双

方累计建设开通5G基站超过40万个，实现全国地级及以上城市、重点县城的5G覆盖，完成了合建“一张网”的目标。在共建共享模式下，5G建设速度翻倍、覆盖翻倍、带宽翻倍、容量翻倍、速率翻倍，大幅提升网络效能和投资效能。

然而，这些成绩来之不易。在开始阶段，中国联通和中国电信的5G共建共享就面临诸多难题：NSA阶段双方共建共享非常复杂，没有现成的解决方案；共建共享的NSA网络后续还要实现能向SA网络演进，没有现成完备的技术标准可用；之前在世界上从未有过两个规模可排到世界前十位的运营商要在全域范围内共建一张5G网络；等等。

在没有任何经验可借鉴的情况下，中国电信和中国联通大胆探索，在共建共享中实现5G建设中的多项创新：全球首创NSA共享技术，首创共享网络下的NSA向SA演进技术，首创5G共建共享的国际技术标准，解决了5G共建共享网络建设运营管理等各种问题。

值得一提的是，中国电信采用的终端自适应网络技术，解决了“4个脑袋，24条腿”(即4个核心网管1个基站，基站间互操作关系多达24个)的难题，在业界首次成功实现NSA共享向SA共享演进。

最终，双方成功实现了“一张物理网、两张逻辑网、4G/5G高效协同、独立运营”的目标，取得关键技术突破15项、发明专利31项，提交5G国际3GPP标准7项、CCSA行业标准7项，实现了优势互补，提高了发展效能。

中国电信与中国联通联合申报的“5G共建共享关键技术研究与产业化应用”项目获得2020年度“中国通信学会科学技术奖”一等奖。5G共建共享是中国运营商为全球5G发展贡献的中国式创新样板，为国际运营商打开了5G发展的新思路。

6.2.3　世界知名电信运营商

1. 美国电话电报公司(AT&T)

美国电话电报公司(AT&T)(LOGO见图6.4)是一家美国电信公司，创建于1877年，曾长期垄断美国长途和本地电话市场。美国电话电报公司在过去的140年里，曾经过多次分拆和重组。目前，美国电话电报公司是美国最大的本地和长途电话公司，是美国第二大移动运营商，其5G网络已覆盖美国2.5亿人，总部曾经位于得克萨斯州圣安东尼奥，2008年搬到了得州北部大城市达拉斯。2018年世界品牌500强排行榜发布，美国电话电报公司位列第5位。

图6.4　美国电话电报公司LOGO

2. 英国沃达丰公司(Vodafone)

英国沃达丰公司(LOGO见图6.5)是一家跨国性的移动电话运营商，是世界上最大的移动通信网络公司之一，总部设在英国伯克郡的纽伯利及德国的杜塞尔多夫，公司的客户群包括大约4.44亿的移动客户。沃达丰是英国最有价值的品牌，在全球27个国家均有投资，在另外14个国家与当地的移动电话运营商合作，联合运营当地的移动电话网络。

图6.5 英国沃达丰公司LOGO

沃达丰公司拥有世界上最完备的企业信息管理系统和客户服务系统，在增加客户、提供服务、创造价值上拥有较强的优势。其全球策略是涵盖语音、数据、互联网接入服务，并且提供客户满意的服务。

3. 美国威瑞森通信公司(Verizon)

美国威瑞森通信(LOGO见图6.6)是美国最大的无线通信业务提供商，截至2017年4月，其市场价值估计为1917.2亿美元，其销售额为1318亿美元(据《福布斯》)。在“2021全球最有价值电信品牌榜单”中位列第一位，其品牌价值达到688.90亿美元。威瑞森通信目前在150个国家都有电信业务。

图6.6 美国威瑞森通信公司LOGO

美国威瑞森通信是由美国两家原地区贝尔运营公司：大西洋贝尔和Nynex合并建立BellAtlantic后，又在2000年6月30日与独立电话公司GTE合并而成。公司正式合并后，Verizon一举成为美国最大的本地电话公司、最大的无线通信公司，全世界最大的印刷黄页

和在线黄页信息提供商，总部位于纽约。2015 年，美国威瑞森通信收购了美国在线 AOL，瞄准推动在移动视频和广告领域的增长。2017 年，威瑞森通信宣布收购雅虎核心的互联网资产。2020 年，威瑞森通信宣布收购视频会议平台 BlueJeans。

4. 德国电信公司(T - Mobile)

德国电信(LOGO 见图 6.7)是欧洲最大的电信运营商，全球第五大电信运营商，总部在德国波恩。公司足迹遍布 50 多个国家，在全球拥有 20 多万名员工。公司业务覆盖广泛，包括固网、移动通信、智能网络、IPTV 等，并为企业用户提供全方位的信息通信技术解决方案。

图 6.7　德国电信公司 LOGO

T - Mobile 是德国电信的子公司，专注于移动通信方面。该公司是世界上最大的移动电话公司之一，在全球拥有约 2 亿用户。

5. 日本电报电话公司(NTT)

日本电报电话公司(LOGO 见图 6.8)是日本最大的电信网络运营公司，公司几乎覆盖了所有的信息和电信技术，包括各类开发研究及咨询服务，新产品的销售，基于最新技术的系统及网络集成服务等方面。

图 6.8　日本 NTT 公司 LOGO

NTT 控股的 NTT DoCoMo 是日本最大的移动通信运营商，在日本国内拥有超过 6000 万的签约用户。

6. 日本软银公司

日本软银公司(LOGO见图6.9)是一家综合性的风险投资公司，主要致力IT产业的投资，包括网络和电信。其2019年的营业额在日本电信行业中排名第2位。软银集团经营电信行业的时间并不长，2004年收购了日本电信之后，才正式进军传统的电信业务领域。

图6.9　日本软银公司LOGO

6.2.4　电信运营商的发展方向

电信运营商在提供传统通信业务和为网络公司提供管道支撑以外，也在不断增加业务范围：

一是联合上下游提供商，搭建应用平台，开放应用服务接口。电信运营商利用其在产业链中的地位，联合硬件平台提供商、软件提供商、应用开发商等众多上下游厂商，搭建应用平台，满足客户信息化应用需求。运营商负责应用平台的运营、客户的接入、业务的推广、渠道的管理以及统一的客户服务。

二是基于IP技术，融合网络，提供融合应用。各大电信运营商的网络均从传统的电路交换网向基于IP技术的下一代网络转型，IP技术使得各种承载单一业务类型的纵向网络不断融合，向承载多种业务类型的水平分层网络发展。网络的IP化使得传统电信和互联网之间的界限被打破，出现了各种集成互联网技术和通信能力的IP智能终端。基于IP智能终端和融合的网络，电信运营商可以提供与客户的IT应用系统相关联的融合业务，如向客户提供融合语音、数据和视频的统一通信业务。

三是延伸网络，拓展网络应用，开发行业解决方案。信息化社会离不开网络，不仅人人通过各种终端访问网络，还有大量应用设备有联网需求。网络不仅要提供人-人通信、人-机通信，还要为各种应用系统和设备提供互联，实现机-机通信。电信运营商不仅提供个人、家庭、企业客户的接入网络，还可以进一步延伸网络，深入到家庭、企业、政府内部以及一些公共领域。

四是为政企客户提供网络、数据、业务系统等多种信息化服务。处于信息化社会的客户离不开信息化基础设施，客户信息化基础设施一般包括网络通信设施(如交换机、路由器、IP网络电话终端)、互联网硬件设施(如电脑、服务器)、互联网应用系统(如办公软件)、业务流程系统等，不同客户的信息化需求不同，信息化需求程度越高的客户需要的信息化基础设施

越多越复杂。对于大多数客户而言，这些设施的建设和运营管理不是其业务核心，但又需要投入非常大的人力和财力，这无疑是一种沉重的负担。而电信运营商是这方面的专家，可以为客户的信息化基础设施提供从建设前的规划咨询到建设实施中的系统集成以及建设后的运营管理等多种信息化服务，使得客户从中解放出来，专注于核心业务领域。

五是基于自身网络、业务系统提供信息化服务。电信运营商的传统强项是提供网络通信应用，但是客户往往还需要各种附加的服务和关联的业务系统。电信运营商可以依托自身的网络和业务系统，通过与网络通信捆绑等方式向客户提供业务系统以及附加在这些网络和业务系统上的信息化服务，包括增值的网络和IT服务，以满足客户的整体解决方案需求。

这些新的业务都要求电信运营商不断创新商业模式，提升信息化、互联网等领域的能力，这符合当前电信、互联网、广电等行业融合发展的趋势。

6.3 通信设备制造商

中国电信设备制造商的发展历程

通信设备制造商为基础通信运营商及内容(应用信息)服务商提供通信设备和软件系统，为终端用户提供各种终端应用设备，在整个通信产业中起着重要作用，对通信传输及应用至关重要。

随着中国移动通信产业的发展，中国的通信设备制造商慢慢从弱小一步步发展壮大起来，使得国内的电信基础设备从“七国八制”到“巨大金中华，烽火普天下”，我们耳熟能详的“华为”“中兴”逐步变成了世界通信设备产业的领头羊。

6.3.1 华为公司

华为(LOGO见图6.10)成立于1987年，总部位于广东省深圳市龙岗区。华为是全球领先的信息与通信技术(ICT)解决方案供应商，专注于ICT领域，坚持稳健经营、持续创新、开放合作，在电信运营商、企业、终端和云计算等领域构筑了端到端的解决方案优势，为运营商客户、企业客户和消费者提供有竞争力的ICT解决方案、产品和服务，并致力于实现未来信息社会、构建更美好的全连接世界。2013年，华为首超爱立信，成为全球第一大电信设备商，排名《财富》世界500强第315位。目前，华为的产品和解决方案已经应用于全球170多个国家，服务全球运营商50强中的45家及全球1/3的人口。

图6.10 华为LOGO

2020年8月10日，《财富》公布世界500强榜(企业名单)，华为排在第49位。2020中国民营企业500强第1名。

6.3.2 中兴公司

中兴通讯股份有限公司(LOGO见图6.11)成立于1985年，总部位于位于广东省深圳市南山区科技南路55号。中兴是全球领先的综合通信解决方案提供商，是中国最大的通信设备上市公司。主要产品包括：2G/3G/4G/5G 无线基站与核心网、IMS、固网接入与承载、光网络、芯片、高端路由器、智能交换机、政企网、大数据、云计算、数据中心、手机及家庭终端、智慧城市、ICT 业务，以及航空、铁路与城市轨道交通信号传输设备。

在经历了 2018 年美国制裁事件后，中兴克服困难，成功扭亏为盈。2020 年 3 月，中兴发布 2019 年度报告，全年实现营业收入 907.37 亿元，比上年同期增长 6.11%；实现归属于上市公司股东的净利润 51.48 亿元，比上年同期增长 173.71%。

图 6.11　中兴通讯 LOGO

2021 年 7 月，2021 年《财富》中国 500 强排行榜发布，中兴通讯股份有限公司排名第 105 位。

6.3.3　爱立信(瑞典)

爱立信(Telefonaktiebolaget LM Ericsson)(LOGO 见图 6.12)于 1876 年成立于瑞典首都斯德哥尔摩。从早期生产电话机、程控交换机发展到今天，已成为全球知名移动通信设备商，爱立信的业务遍布全球 180 多个国家和地区，是全球领先的提供端到端全面通信解决方案以及专业服务的供应商。

图 6.12　爱立信 LOGO

在 20 世纪 80 年代，得益于移动通信的兴起，爱立信凭借技术优势获得更多的市场份额。20 世纪 90 年代，全球通信业进入了高速增长的数字时代。这一时期爱立信的业务重心由固定电话向移动通信系统转移，并在 GSM/GPRS 网络时代里获得了巨大成功。拥有 2G/GSM 领域 40%的市场份额和 2.5G/GPRS 近 50%的市场份额，爱立信在当时成为不可置疑的通信业领导者。

在 3G 和 4G 时代，得益于长期以来建立的技术优势和占据的市场份额，爱立信一直稳居电信基础设备商的头把交椅。但在 2013 年被华为公司超越，跌至第 2 位，在 2016 年又被重组后的诺基亚超越，排名跌至全球第 3 位。

6.3.4　诺基亚(芬兰)

图 6.13　诺基亚公司 LOGO

诺基亚(Nokia Corporation)(LOGO 见图 6.13)是一家总部位于芬兰埃斯波，主要从事移动通信设备生产和相关服务的跨国公司。诺基亚成立于 1865 年，以伐木、造纸为主业，逐步向胶鞋、轮胎、电缆等领域扩展，后发展成为一家手机制造商，以通信基础业务和先进技术研发及授权为主。

在 20 世纪 80 年代，得益于移动通信的兴起，诺基亚发展迅速。到了 20 世纪 90 年代，诺基亚重点发展手机业务，整体手机销量和订单剧增，公司利润大增。从 1996 年到 2010 年左右，诺基亚作为塞班系统下最好的手机品牌，移动终端的市场份额一直稳坐世界头把交椅，为当时的全球第一大手机品牌。当年的诺基亚 1100 系列(图 6.14 左所示)手机在全

球狂卖超过2.5亿部，这个纪录至今仍未被打破。即使是苹果公司史上最畅销的iPhone 6系列(图6.14右所示)，也只能仰望。

图6.14　诺基亚1100系列手机(左)及iPhone 6系列(右)

得益于对塞班系统的开发使用，诺基亚坐上了手机“老大”的位置，并占据近10年之久，但也由于对塞班系统的固守，导致未尽早进入智能手机领域。在安卓系统大行天下之时，诺基亚迟迟未开发自己的智能手机，导致一蹶不振。

2014年，诺基亚将自己的手机业务卖给了微软，自己专注通信设备制造和方案解决，走上了漫长的复兴之路。

2015年，诺基亚以156亿欧元的交易价收购阿尔卡特朗讯，双方期待通过抱团重组，达成扭亏为盈，期待成为5G时代的领导者。

2016年，重组后的诺基亚超越爱立信，全球排名升至第2位。

6.3.5　其他通信设备制造商

1. 中国信科

2018年7月20日，武汉邮电科学研究院和电信科学研究院联合重组，成立了中国信息通信科技集团，并正式揭牌运营。电信科学研究院的核心企业是大唐电信科技产业集团，而武汉邮电科学研究院的核心企业是烽火科技集团，因此，两家的重组意味着中国通信产业又一家“巨无霸”企业横空出世。新成立的中国信息通信产业科技集团有限公司注册地在湖北武汉中国光谷，注册金额达300亿元，员工总数达3.8万，资产总额逾800亿元，年销售收入近600亿元。

中国信科整合大唐电信与烽火科技的优势，重点围绕5G技术和产业发展，推进移动通信技术、光纤通信技术、数据通信技术和集成电路技术等方面的深度融合，旨在发展成为在信息通信领域科技水平高、产业规模大、综合实力强的国际一流公司，有望成为国内第三家“有线＋无线”综合通信解决方案提供商。

大唐电信(LOGO见图6.15)作为国内具有自主知识产权的信息产业骨干企业，已形成集成电路设计、软件与应用、终端设计和移动互联网四大产业板块。大唐移动是大唐电信科技产业集团的核心企业，是我国拥有自主知识产权的第三代移动通信国际标准TD-

SCDMA 的提出者、核心技术的开发者及产业化的推动者。大唐移动致力于 TDD 无线通信技术(及后续技术)与应用的开发，专注于 TDD 无线通信解决方案与物联网、移动互联网多网协调发展的融合。

大唐移动作为 TD 系统设备主流供应商之一，协同合作伙伴占据了中国 TD-SCDMA 设备市场 30%的份额，为全国 20 余个省份的移动运营商提供高质量的 TD 网络解决方案和综合服务。在中国移动建设全国 TD-SCDMA 网络的过程中，大唐移动与中国移动紧密合作进行了数百项创新课题研究，为 TD-SCDMA 系统的完善、多场景的应用发展以及网络的持续优化发挥了中坚作用。

图 6.15　大唐电信公司 LOGO

大唐移动面向国内和国际市场，全力推动 TD-SCDMA 及其后续演进 TD-LTE 产业化进程。目前，大唐移动自主开发的 TD-LTE 产品与解决方案，已在全球多个国家开展商用准备，并与全球主流的电信运营商实施全球化的发展战略。

烽火通信(LOGO 见图 6.16)是国际知名的信息通信网络产品与解决方案提供商，是中国科技部认定的国内光通信领域“863”计划成果产业化基地和创新型企业。烽火通信长期专注于通信网络从核心层到接入层整体解决方案的研发，掌握了大批光通信领域核心技术，其科研基础和实力、科研成果转化率和效益居国内同行业之首，参与制定国家标准和行业标准 200 多项，涵盖光通信各个领域。烽火通信是目前国内集光通信领域三大战略技术于一体的科研与产业实体，先后被国家批准为“国家光纤通信技术工程研究中心”“亚太电信联盟培训中心”“MII 光通信质量检测中心”“国家高技术研究发展计划成果产业化基地”等，在推动我国信息技术的研究、产业发展与国家安全方面具有独特的战略地位。

2. 中国普天公司

中国普天信息产业股份有限公司是国务院国有资产监督管理委员会管理的中央企业，主营业务为通信制造业、行业电子信息应用、广电通信与信息化等。中国普天历经百年历史，从邮电工业起步，在不同历史阶段为国家通信事业和信息产业的发展壮大作出了巨大贡献。中国普天坚持自主创新，持续拓展产业空间，着力提升产业可持续发展能力，不断推进企业由制造、服务向整体解决方案提供商转型。

图 6.16　烽火通信公司 LOGO

作为国家创新型高新技术骨干企业，中国普天是推动中国信息产业飞速发展的实践者和主力军。中国普天大力发展通信、行业电子和广电三大主导产业，全面提升企业核心竞争力，目前拥有 5 家上市公司共 31 家子公司，净资产超过 100 亿元，在京津冀经济圈、长江三角洲、珠江三角洲以及中西部地区均建立了重要的技术研发和产业制造基地，产品和服务遍及全球 100 多个国家和地区。

3. 三星(韩国)

三星(Samsung)是韩国最大的跨国企业集团。其旗下的子公司三星电子主要涉及电子、

通信领域。从 20 世纪到 21 世纪初，三星电子在通信领域主要专注于通信终端设备方面，其主要的优势产品包括存储芯片、屏幕及手机终端，在基础电信设备方面几乎没有涉及。2010 年以后，得益于其在 4G/5G 空口技术方面的研发，以及欧美电信设备企业的衰落，三星的电信设备领域得到了长足的发展。

在技术上，三星已拥有一定的技术优势，据欧洲电信标准协会(ETSI)统计的数据显示，在 4G/5G 标准方面，持有 4G 核心专利数量排名前三位的依次是高通、三星、华为，持有 5G 新空口专利数量排名前三位的依次是华为、爱立信、三星。这表明三星在 4G/5G 核心技术上所拥有的技术优势，为它研发电信设备提供了支撑。如图 6.17 所示，在 2019 年的 5G 手机方面，三星出货量仅次于华为。

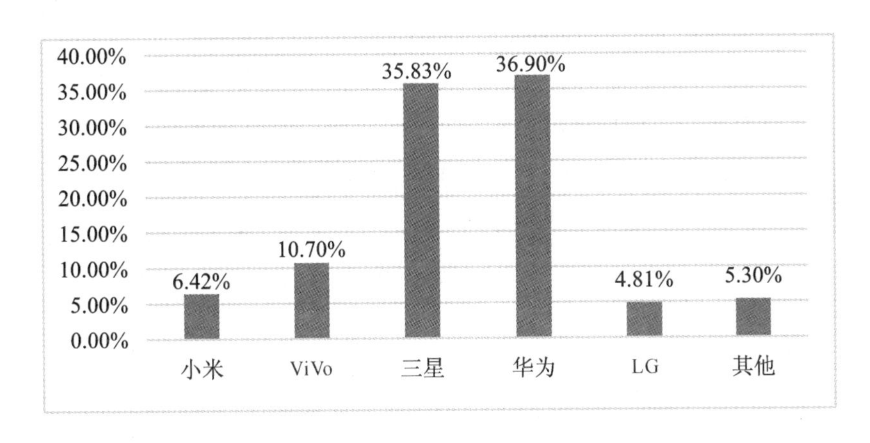

图 6.17　2019 年全球 5G 手机厂商市场份额

对三星有利的条件是，当下美国市场因为种种因素导致中国电信设备商难以进入，而爱立信和诺基亚两大电信设备商又备受诟病：两者在服务方面做得不够好，电信设备过于昂贵等，这为三星在美国电信设备市场获得一席之地提供了有利的条件。另外，除了美国市场之外，三星在其他欧美国家如澳大利亚等市场也有这种有利因素。

不利于三星的是，当前全球最大的电信设备市场——中国市场，三星难以进入。在欧洲电信设备市场三星虽然已取得突破，但是面对华为、爱立信、诺基亚这些“巨头”它能否持续突破尚存在疑问，而且三星的电信设备并未经过大规模商用的考验，在大规模投入使用后是否会出现问题仍有待观察。

在服务方面，三星也远不如目前的四大电信设备制造商，而服务恰恰对于电信运营商来说是非常重要的部分。华为之所以能在海外市场持续获得电信设备大单，除了在价格方面拥有优势之外，就是在服务方面远比爱立信和诺基亚做得好。三星如何在服务方面追赶这些电信设备商也是它需要面对的问题。

4. 思科(美国)

思科公司(Cisco)是一家总部位于美国的全球领先网络解决方案供应商，主要专注于数据网络通信产品。其制造的路由器、交换机和其他设备承载着全球 80%的互联网通信。

由于思科公司主要专注于数据网络通信方面，因此在有些统计排名中，并不将其归入电信设备制造商的行列。在全球基础电信设备制造领域，目前只有华为、爱立信、诺基亚和中兴这四家公司拥有生产电信设备领域所有分类产品的能力。

5. 那些消失的设备商

阿尔卡特公司(Alcatel)是法国的一家电信设备制造商，创建于1898年，总部设在法国巴黎。阿尔卡特曾是电信系统和设备以及相关的电缆、部件领域的世界领导者。在2015年被诺基亚整体收购。

朗讯科技公司(Lucent)是美国的一家电信设备制造商，总部位于美国新泽西州的茉莉山，曾经是无线网络设备、光传输网络设备的佼佼者。在2006年，与阿尔卡特合并。

北电网络(Nortel Networks)是加拿大的一家电信设备制造商，曾是光网络、GSM/UMTS、CDMA、WiMAX、IMS、企业通信平台等领域的世界领先供应商。2001年遭受互联网泡沫的冲击，从顶尖电信设备商的行列中退出，于2009年破产。

摩托罗拉(Motorola)是美国的一家电信设备制造商，主要从事芯片制造、电子通信设备制造，曾是无线网络和手机终端的世界领导者。目前已基本退出移动设备业务，在2011年将手机业务卖给谷歌，在2014年，其手机业务又被谷歌转卖给了中国联想公司。

国际电信公司重组整合的过程如图6.18所示。

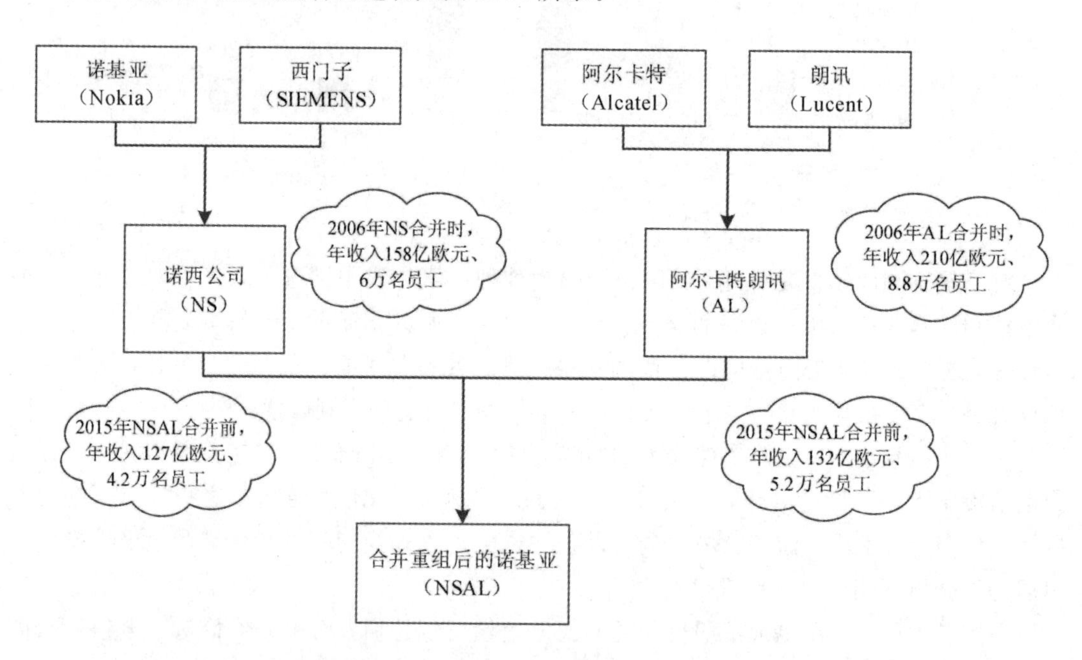

图6.18　国际电信设备商的重组图

6.3.6　电信设备制造商的发展方向

1. 我国电信设备制造商的发展方向

经过40多年的发展，我国通信设备制造业坚持技术引进和自主研发相结合，产业链逐步完善，创新能力明显提升，形成了较为完整的产业体系，涌现出一批具有全球竞争力的通信设备制造企业。

我国骨干通信设备制造企业之所以能够在众多行业中脱颖而出，是因为国内庞大的市场需求和持续增强的产业整体实力，也得益于企业持续的创新投入、有活力的经营机制和企业家精神的充分发扬。

国内产业体系持续完善为企业壮大构建了良好的产业生态。我国通信设备制造业从少数企业崛起，到构建横跨底层技术、纵贯端管云的一体化产业布局，形成了较为完整的产业体系。我国通信设备制造产业把握产业贸易分工协作的机遇，不断优化发展环境，凭借综合制造优势，在通信设备、手机、个人电脑、可穿戴设备等整机领域，形成极强的制造能力和价格竞争优势，带动了一批企业跻身全球前列。

但从产业整体来看，我国仍然存在着行业关键技术能力缺失、国内立法保障有待优化、一些企业活力不足等问题，制约着企业保持竞争优势。同时，外部环境的深刻变化也给我国通信设备制造企业带来了严峻挑战。产业关键技术能力缺失，主要体现在核心部件的国产化、自有化低，这已成为制约我国通信设备制造企业进一步做强做优甚至生存发展的关键问题。我国整机制造快速发展，带动了上游技术不断提升，但在芯片、功放、高速光器件、服务器 CPU、操作系统等关键领域仍与国外有较大差距。

造成这些行业关键技术能力缺失的原因有多个方面。

第一，我国自主创新起步较晚，相关领域的基础研发水平较世界一流有明显的代际差距，关键技术“从 0 到 1”的突破需要大量资金、资源和时间投入。

第二，相关配套企业过分追求短期效益，忽视长期的产业培育和过渡性技术的扶持，部分关键技术领域“从 1 到 10”的产业化程度不足，无法形成规模效应。

第三，我国信息通信制造领域高端技术人才总量短缺，结构不合理，领军人才匮乏。

因此，需要整合产学研力量，实现核心技术的突破发展。关键核心技术的突破不能仅靠个别通信设备制造企业，需要全社会共同努力，尤其是要加强高端人才培养、加强基础性研究，整合产学研各方力量，通过继承学习、开放合作、自主创新相结合，突出关键共性技术、前沿引领技术、颠覆性技术创新，加快 5G、物联网、云计算、人工智能、产业互联网等领域的技术研发。

另外，我国需要打造安全可控的产业生态，应着眼通信设备制造业的元器件全视图，构建以可替代为目标、以国产化为方向、安全可控的全产业链体系。我国要在各个电子元器件上都有布局，做到“卡不死”、有替代，实现产业安全与发展同步推进。同时，也要充分考虑信息通信产业已是全球化体系的事实，没有哪一个国家能够全部自主，加强国际合作，合纵连横，更好地应对外部环境的不确定性。

2. 电信设备制造商的发展趋势

产业创新将推动信息通信业纵向耦合、横向融合发展步入新阶段。电信领域一直以来都是国民经济各行业中技术变革与应用创新最为活跃的领域。移动互联网出现以后，产业升级的速度明显加快，与 PC 操作系统和芯片升级的速度相比，移动智能终端操作系统和芯片的更新周期达到 0.5～1 年，速度加倍。云操作系统商用化逐渐成熟，正引发互联网数据中心新一轮的技术升级换代；物联网进入实质发展阶段，产业体系初步形成，大数据从概念炒作进入探讨发展期，驱动数据产业链萌动成型，围绕互联网应用开发的创新也层出不穷，满足用户多方面的信息需求。因此，转型升级、生态竞合将成为信息通信业持续增长的前提和基础。技术的不断更新及与市场的有效融合将成为电信设备制造商能否更好发展的关键所在。

通信设备制造行业属于充分竞争的行业，市场化程度较高。由于其客户主要为通信运营商及主设备商，客户行业垄断地位较强。通信运营商在集采过程中占据主导地位，对行业内提供通信设备的企业资质遴选较为严格，目前行业内已经形成了多家具有较强综合竞争力的产品供应商。因此，相比以前，市场准入门槛较高，而伴随运营商对产品质量、标准、价格等各方面要求的不断提高，以及集采规则的不断变化，行业整合趋势越来越明显。由于未来市场增长空间较大，不排除上下游其他企业参与到市场竞争的可能。

6.4 通信工程服务企业

电信关联服务类企业是电信行业的重要组成部分，是电信工程建设和业务服务的主力军。目前国内在电信工程建设服务领域包括以中国铁塔、中通服为代表的国有大型工程服务企业，也有以杰赛、润建为代表的通信服务类上市企业，还有以中移设计院、广东省通信设计院为代表的通信工程设计类企业。

6.4.1 通信工程服务类公司

1. 中国铁塔

中国铁塔股份有限公司(LOGO见图6.19)是在落实“网络强国”战略、深化国企改革、促进电信基础设施资源共享的背景下，由中国移动通信集团有限公司、中国联合网络通信集团有限公司、中国电信集团有限公司和中国国新控股有限责任公司出资设立的大型国有通信铁塔基础设施服务企业。公司主要从事通信铁塔等基站配套设施和高铁地铁公网覆盖、大型室内分布系统的建设、维护和运营。

图6.19 中国铁塔公司LOGO

在中国铁塔公司成立之前，各大运营商投入大量资金用于基础设施建设，重复投资问题突出，网络资源利用率普遍偏低，通信光缆利用率仅为1/3左右。运营商之间资源共享的呼声随之而起。

2014年7月11日，铁塔公司成立的消息终于落地。三大运营商中国移动、中国联通和

中国电信共同签署了《发起人协议》，分别出资 40.0 亿、30.1 亿和 29.9 亿元人民币，在中国通信设施服务股份有限公司中各持有 40.0%、30.1%和 29.9%的股权。

2014 年 7 月 15 日，中国通信设施服务股份有限公司正式成立，注册资本 100 亿元。2014 年 9 月 11 日，“中国通信设施服务股份有限公司”进行了工商变更登记手续，正式更名为“中国铁塔股份有限公司”。

2014 年 11 月 5 日，铁塔公司全部完成地市分公司和 31 个省级分公司部门负责人的选聘工作，基本完成从总部到省、市三级公司的组建。

2020 年 3 月 18 日，中国铁塔股份有限公司发布了 2019 年业绩报告。报告显示，中国铁塔 2019 年实现营收 764.28 亿元，同比增长 6.4%；实现盈利 52.22 亿元，同比增长 97.1%，盈利能力快速增强。其中，塔类业务营收 714.06 亿元，同比增长 4.1%；室分系统业务收入 26.58 亿元，同比增长 46.1%；跨行业即能源经营业务收入 20.80 亿元，同比增长 70.2%。

铁塔公司的经营范围包括通信铁塔的建设、维护、运营；基站机房、电源、空调配套设施和室内分布系统的建设、维护、运营及基站设备的维护。铁塔公司采取“三低一保”策略，即铁塔公司价格租赁低于国际同类公司，低于当下市场公共价格，低于三家互联互通、共建共享的价格，但要保证能够覆盖成本。

铁塔公司的成立，使得各大运营商可以以很少的成本快速部署无线基站，进而能集中精力发展主营业务，有利于促进资源节约和环境保护，也有利于降低行业的建设成本，最终惠及广大电信用户。

2. 中通服

中国通信服务股份有限公司(简称中通服)脱胎于中国电信，由中国电信集团、中国移动通信集团、中国联通集团三大电信运营商控股，是国内最大的电信基建服务集团，拥有中国通信行业所有的最高等级资质，是业内唯一连续三年获得“国家优质工程金质奖”的公司。

中通服在全国范围内为通信运营商、媒体运营商、设备制造商、专用通信网及政府机关、企事业单位等提供网络建设、外包服务、内容应用及其他服务，并积极拓展海外市场。简而言之，就是为电信网络提供从图纸设计到施工建设、后期维护、管理服务等的“一条龙”服务。

中通服是中国最大的电信基建服务集团，国内三大运营商既是其大客户又是其大股东，拥有超过 100 家专业子公司，提供涵盖客户价值链的一系列专业服务，业务遍及全球数十个国家和地区。

20 世纪 50 年代，全国各地在进行邮电通信的基本建设项目时，一些承担这些项目的施工企业经邮电部审查核定成立，通常叫“XX 省邮电工程公司”“XX 省邮电工程局”等，目前各省市中的“XX 省电信工程有限公司”“XX 省通信建设有限公司”等正是当年传承下来的。这类邮电部各工程局旗下的施工企业，一直是国家通信建设的主力军，完成过多项重点通信工程的建设。

从 1997 年开始，各地通信建设企业结束了计划经济时期管理模式，全面进入市场。国内电信运营商在经历了几轮重组后，原中国邮电部大量与通信网络运营无关的产业被划归

于中国电信集团。中国电信集团为了提升经营水平和效率，将这些产业剥离重组，在此基础上成立了各省的电信实业公司。

2006年8月30日，中国电信集团在重组上海、广东、浙江、福建、湖北和海南6省市的实业重点业务资产的基础上发起设立中国通信服务股份有限公司，简称中通服，并于同年12月8日在香港成功上市，成为国内通信行业第一家在香港上市的生产性服务类企业。2007年8月31日，中国通信服务收购江苏、安徽、江西、四川、重庆、湖南、贵州、云南、广西、陕西、甘肃、青海和新疆等13省(自治区、市)的实业重点业务资产，实现中国电信实业重点业务资产的整体上市。2008年4月7日，中国通信服务宣布以5.05亿元收购中国通信建设集团公司的全部股权，这使得中国通信服务的业务覆盖范围进一步扩展到了北京、天津、辽宁等华北、东北地区以及非洲等海外地区。中国电信集团公司持有其超过50%的股份。

2009年，为进一步整合客户基础，加强与中国移动和中国联通的关系，中通服的控股股东中国电信完成向中国移动和中国联通股份转让所持有的中通服股份。股份转让之前，中国电信持有中通服65.47%的股份，转让完成之后，中国电信、中国移动以及中国联通将分别持有中通服52.60%、8.78%以及4.09%的股份。

在行业整体疲软、通信服务单价下降的压力下，中通服的各种业绩数据仍然可谓一枝独秀。2016年中报显示，中通服在2016年上半年营收同比增长12.3%，其中电信基建服务收入同比增长20.3%，毛利同比上升4.2%，现金流充沛，自由现金流与去年同期相比大幅增长。事实上，查阅从上市以来的所有数据显示，中通服的营收、利润几乎保持逐年攀升。

3. 中国通建

中国通信建设(中国通建)，全称中国通信建设集团有限公司，系原中国通信建设总公司经公司制改建而成，其原本的业务区域集中在华北、东北地区，由这些区域的通信建设公司合并而成，在2008年中国通信建设集团有限公司整体并入中通服，目前是中通服旗下重要的子公司之一。

如今，中国通信建设已发展为以工程总承包为平台，集咨询、设计、施工、监理、维护和进出口贸易等诸多业务于一体的大型通信建设综合性企业，其旗下包括12家分公司、8家控股子公司、5家境外全资子公司等。

在工程施工方面，中国通建拥有包括中通一局、二局、三局、四局、北京局在内的多家工程类子公司。此外，中国通建还曾参与编制多项由国家原邮电部、原信息产业部、工业和信息化部、住房和城乡建设部主持制定的通信建设行业施工技术标准、规范和定额，并具有通信工程施工总承包一级资质。

在咨询设计方面，中国通建旗下的中国通信建设集团设计院有限公司具有完备的从业资质和专业设置，持有工程咨询、工程勘察、工程设计、信息网络集成等甲级资质证书，曾参与编制通信行业主管部门授权的工程设计规范、标准。

在工程监理方面，其旗下的北京诚公通信工程监理股份有限公司，作为甲级通信工程监理企业，多年来承担了电信运营商干线光缆传输系统、移动通信、通信管道工程、网络优化、综合布线等多项工程监理。

6.4.2　通信工程设计类公司

1. 中移设计院

中国移动通信集团设计院有限公司是中国移动通信集团有限公司的直属专业公司，是中国移动研发机构之一的“网络规划与设计优化研发中心”。公司发展历史可以追溯到1952年，历经邮电部北京设计所、邮电部北京设计院、中京邮电通信设计院、信息产业部北京邮电设计院、京移通信设计院有限公司，2001年正式划归中国移动通信集团公司。

中国移动通信集团设计院有限公司是国家甲级咨询勘察设计单位，具有承担各种规模信息通信工程、通信信息网络集成、通信局房建筑及民用建筑工程的规划、可行性研究、评估、勘察、设计、咨询、项目总承包和工程监理任务的资质。

中国移动通信集团设计院有限公司，先后完成了一大批全国性的通信骨干网工程和新技术首例工程的设计任务，为中国通信网络的建设发展提供了强有力的技术支持和保障。

2. 广东电信设计院

广东省电信规划设计院有限公司成立于1984年，系原邮电部首批7家甲级勘察设计单位之一。

从建设宽带中国到网络强国到数字中国，广东电信规划设计院在智慧服务征程中参与创造了多个国内第一，如：通信领域的国内第一个2.5 G光纤传输工程、TD-SCDMA网络、LTE网、5G试验网及最大宽带骨干网等。其代表工程包括信息化领域的PUE(电源使用效率)值创国内最低的雄安超算中心、6次蝉联世界第一的国家超级计算广州中心“天河二号超算”、国内首个可防止常规打击的最安全数据中心“腾讯隧洞数据中心”等。

3. 中讯邮电咨询设计院

中讯邮电咨询设计院有限公司(CITC)原名邮电部设计院，1952年创建于北京，1999年更名为信息产业部邮电设计院，2002年更名为中讯邮电咨询设计院，2006年4月，与中国联合通信有限公司进行重组，成为其全资子公司。2008年9月，改制更名为“中讯邮电咨询设计院有限公司”。

50多年来，中讯邮电咨询设计院有限公司承担了多个中国第一项通信高新技术工程的设计，完成了中国通信骨干网70%以上的咨询设计项目，完成了中国各大通信运营企业的长途交换网、智能网、汇接网、信令网、GSM网、CDMA网、卫星通信网、长途传输网、本地网、数据网、邮政综合计算机网等项目的总体方案和工程设计，业务涵盖通信领域所有专业，为我国信息和通信事业的飞跃发展作出了重要贡献。

6.5　移动通信产业工作岗位认知

6.5.1　电信运营企业工作岗位介绍

国内的电信运营商主要以三大运营商——中国移动、中国联通、中国电信为代表，还包括比如中国铁塔这样的大型通信铁塔基础设施服务企业等等。这些企业中与通信类、电子信息类等专业相关的工作岗位主要涉及的都是专业技术类岗位，主要包括以下几类：

(1) 网络监控维护：负责本地网络集中监控与运行维护、网络及业务数据配置、故障全程调度管控和现场维护工作支撑；负责交换、数据、传输网络设备数据集中制作；负责本地核心网络设备综合化维护的具体工作；负责各类网络分析报告的编写；负责对网络建设项目的建议、施工配合和工程验收。

(2) 计算机中心应用维护：主要负责处理计费账务及其他综合业务，主要分为IT基础系统运维及计费业务管理。

(3) 无线维护：负责各级无线网络的运行维护和质量提升；负责城区基站、室内分布、直放站等设备的维护；负责本地无线网络的网络分析和网络优化工作；配置无线网络项目的建设。

(4) 网络管理：负责本地网络运行维护管理；负责本地网络运行质量，对网络运行质量进行检查；负责网络资源调配和调度工作；负责与设备企业人员进行技术对接；负责网络维护成本管控、故障应急处理等。

运营商网络运维工程师典型岗位要求

工作内容：

1. 负责移动通信核心网CS/PS/IMS、信令网、资源池、NFV、5G等领域的工程设计、勘查、维护工作。

2. 负责移动通信核心网CS/PS/IMS、信令网、资源池、NFV、5G等领域的网络规划、技术方案等技术咨询工作。

3. 负责新技术跟踪、专业科研。

任职要求：

1. 通信专业本科以上学历，从事过通信设计工作，具有相关工作经验优先。

2. 了解移动通信及计算机网络系统相关专业知识和技术发展动态。

3. 具有求真务实、吃苦耐劳、团结协作的精神，善于沟通，文字和语言表达能力强。

思考：针对该岗位需求信息，思考自己未来课程学习以及能力培养的规划。

6.5.2 电信设计院工作岗位介绍

国内的电信网络设计规划和大规模电信工程建设项目的设计工作都是由各地各级的电信设计院完成。它们的主要工作内容包括电信网络总体规划、电信工程勘察、设计、咨询、造价评估及总承包；建筑工程勘察、设计、咨询；技术开发、技术转让、技术咨询、技术服务；通信技术培训；承包境外通信工程及境内国际招标工程；承包上述境外工程的勘测、咨询、设计和监理项目等。

电信设计院的工作岗位主要以设计岗位为主，包括网络规划、核心网络、传送网络、数据网络、无线通信、运营咨询、技术经济、IT运营支撑、通信电源、管道线路和建筑设计。

电信设计院网络规划设计典型岗位要求

工作内容：

1. 设计方向：从事通信网络建设相关的咨询、规划、可研、方案、设计等工作。

2. 政企咨询方向：从事面向行业信息化应用的相关规划、咨询、调研、方案设计及项目交付等工作。

任职要求：

1. 熟练使用办公及相关工具软件。

2. 具有较强的自学能力与实践能力、语言表达能力、文档编写能力。

3. 具有良好的团队协作精神，善于沟通。

4. 责任心强，能吃苦耐劳，能适应频繁出差。

思考：针对该岗位需求信息，思考自己未来课程学习以及能力培养的规划。

6.5.3　电信设备制造企业工作岗位介绍

电信设备制造企业的工作岗位包括研发类、技术支持类、市场类等。这里提及的电信设备制造企业主要以主流设备商为主。

1. 研发类岗位

电信设备制造企业一般按照产品类别设置不同的研发部门，因此根据不同的电信产品会有不同的研发岗位。研发类岗位包括系统架构设计人员、软硬件开发人员、软硬件测试人员等。

电信设备可包括移动通信终端、核心网设备、无线设备、传输设备等。

通信终端的岗位包括：移动通信终端硬件研发；移动通信终端硬件测试；移动通信终端电子线路设计；移动通信终端操作系统软件开发；移动通信终端应用软件开发。

无线产品的岗位包括：无线产品研发工程师；无线产品测试工程师。

电信设备制造商嵌入式工程师典型岗位要求

工作内容：

1. 电路原理图设计、PCB Layout、样品硬件测试、前期生产指导。

2. 单片机软件编写、功能调试、算法设计及测试。

3. 编写设计方案书、研发测试报告、使用说明书、软件流程图等文档。

4. 新产品设计开发、老产品维护升级。

任职要求：

1. 本科及以上学历，电子、自动化、通信相关专业毕业。

2. 一年以上硬件、软件设计经验，有电子设计竞赛经验的应届生亦可。

3. 熟悉电路原理图设计、PCB Layout、单片机外围电路硬件设计。

4. 熟悉51、AVR、ARM等处理器内部架构，熟练掌握相关开发环境进行资源配置、软件功能调试。

5. 熟悉整个项目的流程，从立项到硬件设计、器件选型、成本评估、软件调试、研发测试、资料整理输出、定型量产等有一定的了解。

6. 有良好的硬件设计规范、模块化设计分明，有良好的软件设计规范、编程思路清晰。

7. 有一定的英语阅读能力，能看懂芯片数据手册，并对芯片相关功能灵活应用。

8. 有STM32、FPGA应用经验者优先考虑，有Modbus、CANopen应用经验者优先考虑。

9. 具有良好的沟通能力和团队合作精神。

思考：针对该岗位需求信息，思考自己未来课程学习以及能力培养的规划。

电信设备制造商射频工程师典型岗位要求

工作内容：

1. 参与5G无线射频硬件/模块开发，承担射频、毫米波、微电子相关研究，包含射频电路设计、滤波器设计、天线及相控阵开发、宽带高效功放开发、电磁仿真、射频半导体，射频前端工艺等，主导单板射频前端器件选型、原理图设计到SDV测试的完整研发过程，满足功能、性能、成本、质量等多维度需求的研发设计。

2. 独立完成硬件/模块生产及网上问题分析定位、外购件选型和产品化设计。

任职要求：

1. 微波、电磁场、电子信息、通信、微电子等相关专业本科及以上学历。

2. 扎实射频基础知识，理解电磁场、射频元器件、高速电路、半导体理论、光学原理、通信基础相关理论。

3. 具备以射频类电路设计、功放、天线、滤波器的开发及调试的实践经验者优先。

思考：针对该岗位需求信息，思考自己未来课程学习以及能力培养的规划。

电信设备制造商手机系统工程师典型岗位要求

工作内容：

1. 负责Android系统软件的定制和优化。

2. 参与进行系统软件需求分析和设计，并撰写相应的设计文档。

3. 负责Android系统框架的开发和修改。

4. 负责示例代码、系统测试程序的开发和维护。

5. 协助、指导应用软件工程师完成基于Android的应用开发工作。

任职要求：

1. 本科以上学历，电子/计算机/通信等相关专业。

2. 熟悉Java语言，有Android系统架构相关工作经验。

3. 熟悉Android Framework工作原理，熟悉Android系统架构。

4. 具有较强学习能力、良好团队合作意识、解决分析问题能力以及良好沟通能力。

思考：针对该岗位需求信息，思考自己未来课程学习以及能力培养的规划。

2. 技术支持类

技术支持类的岗位可以根据产品线来进行区分，比如分为核心网技术支持、无线技术支持、网络优化、传输技术支持等，也可以通过负责的具体环节和内容来区别，比如可分为售前技术支持(给客户讲解产品指标和做解决方案，有时也将其归到市场类)，售后技术支持(系统安装调试、升级、故障排查)，运维支持(系统维护、培训局方等)。

电信设备制造商售前技术支持典型岗位要求

工作内容：

1. 讲解和演示代码检测工具、静态分析工具。
2. 负责用户技术培训、技术支持。
3. 协助销售人员拟定项目方案。
4. 负责公司内部的产品技术培训。
5. 配合投标中技术部分的相关工作。
6. 分析同类产品竞争对比分析研究。
7. 负责和其他厂商的技术接口，学习消化产品相关的技术文档。

任职要求：

1. 计算机、软件工程、通信相关专业，本科及以上学历。
2. 对计算机网络、通信网络系统等相关领域有一定的技术储备或工作经验。
3. 具有较强的学习能力，能够快速学习并掌握新产品和新的知识。
4. 具有良好的项目技术方案编写能力，能熟练阅读英文文档。
5. 有较强的客户服务意识及团队合作精神。

思考：针对该岗位需求信息，思考自己未来课程学习以及能力培养的规划。

3. 市场类

由于电信设备的技术性较强，市场人员也需要具备一定的技术功底，因此市场类岗位有时也会标注要求相关通信或电子信息专业的学生。

电信设备制造商客户经理典型岗位要求

工作内容：

1. 负责所属市场的客户公关、日常拜访、公关策划与实施等。
2. 负责所属市场的销售、回款及各项业绩指标完成。
3. 负责配合售前/售后服务工作，提高客户满意度。
4. 负责进行市场信息的收集分析和汇总。

任职要求：

1. 计算机、通信、电子、信息自动化等相关专业本科以上学历。
2. 敬业，学习能力强，爱好广泛。
3. 较强的组织策划能力，对市场的敏锐度及公关能力，熟悉大项目运作机制。
4. 善于分析问题，抓住关键点，具备团队协作精神，有较强的协调和表达能力。

思考：针对该岗位需求信息，看看这些要求与哪些课程中学习的内容相符合？

6.5.4 电信工程服务企业工作岗位介绍

电信工程服务企业主要通过运营商或设备制造商来承接一些电信工程项目，提供包括电信工程项目的施工建设、软硬件调测、网络运维等工程服务，相当于承载了一部分运营商和设备商的技术支持类岗位的工作内容，降低运营商和设备商的人力成本。

电信工程服务企业的工作岗位以技术支持类为主，一般也是按照产品类别进行设置的。由于人力成本原因，运营商和设备商的这类岗位呈减少态势，其缺口主要是由电信工程服务企业来填补，这类企业也是通信类相关专业的一个主要就业方向。

电信工程服务系统运维典型岗位要求

工作内容：

1. 负责分公司服务器、网络及存储等资源的管理和分配。
2. 负责系统及终端的日常维护和巡检工作，协助处理系统软硬件和网络故障。
3. 负责撰写运维技术文档，统计整理运维数据。
4. 负责配合处理本部一级应用上线发布。
5. 负责与呼叫业务相关的语音设备及系统安装、配置、升级、运营维护与管理。
6. 其他相关工作。

任职资格要求：

1. 计算机技术、通信、软件工程等专业本科及以上学历。
2. 具备基础的计算机网络能力，熟悉常见的网络设备用途、网络操作命令。
3. 具备基础的计算机软件编程能力，能够完成简单运维脚本或者小程序设计开发。
4. 具备基础的数据库能力，能够对数据库进行基础维护和操作。
5. 有良好的学习能力，能够快速学习新的技能和知识。

思考：针对该岗位需求信息，思考自己未来课程学习以及能力培养的规划。

电信工程服务网络优化典型岗位要求

工作内容：

1. 熟悉LTE原理，负责一般VOLTE问题处理。
2. 负责网络评估/测试、网络规划、工程服务、一般和专项网络优化等。
3. 承担LTE网络优化的工作，对日常测试出现的问题点及问题路段进行分析解决。
4. 处理一般客户投诉，给出合理的优化建议及解决方案。

任职要求：

1. 计算机技术、通信、软件工程等专业本科及以上学历。
2. 了解华为设备硬件结构，了解设备告警信息，熟练掌握设备无线功能参数在不同场景下的使用。
3. 有华为中级认证或集团中级以上认证人员优先。
4. 具备较好的沟通、协调及学习能力，接受出差和驻点。

思考：针对该岗位需求信息，思考自己未来课程学习以及能力培养的规划。

6.6　看不见硝烟的战争——移动通信标准之争

移动通信标准之争

国际电信标准是电信行业的“灯塔”和“指南针”，国际电信标准的制定权是掌控电信产业主导权的关键，是国家核心竞争力之一。谁掌控了电信标准的制定，谁就拥有了电信行业的话语权，就可以掌控电信行业的大部分利润。

移动通信技术标准之争贯穿了移动通信标准领域的整个发展时期，是国家之间技术能力和国际地位的体现。中国在移动通信标准领域经历了“1G空白、2G跟随、3G参与、4G同步”再到“5G领先”，取得了巨大的成功，也面临着巨大的挑战。

6.6.1　美欧争霸时期

在20世纪80年代，第一代移动通信技术(1G)开始出现。1G的代表，包括美国的AMPS、北欧的NMT、英国的TACS、日本的JTACS和西德的C-Netz等。虽然技术上看起来百家争鸣，但其实是以美国、欧洲和日本3个地区为主。它们技术实力雄厚，并且相互竞争，而包括中国在内的其他国家和地区，在当时都没有参与权。

到了2G时代(20世纪90年代初)，欧洲推出了GSM(全球移动通信系统)，而美国不甘示弱，推出了CDMA。2G时代的通信标准竞争，变成了美国和欧洲之间的角力。日本虽然也推出自己的PDC技术，但基本上没有形成竞争力。

欧洲主推的GSM标准和美国主推的CDMA标准互不相让，前者的支持者以诺基亚、爱立信等欧洲企业为主，后者的支持者有美国高通和朗讯。前者是欧洲电信企业的百年底蕴，后者是美国企业的新兴代表，双方从标准制定、行业话语权、专利申请各个角度展开竞争。

GSM毕竟起步早，且当时的主流电信设备商大都在欧洲，是市场主流，因此GSM在2G时代优势明显。据统计，GSM在2G时代的市场份额在80%以上，因此，虽然CDMA在技术上更加先进，但第一回合，欧洲完胜。

到了3G时代(21世纪初)，通信传输速率渐渐提升，带宽和容量的需求进一步提高。CDMA解决方案在技术上的优势开始突显，而CDMA的专利被高通牢牢掌握，欧洲阵营成立3GPP组织，想要最大程度地绕过高通的CDMA专利，推出以WCDMA为核心技术的UMTS标准。

6.6.2　中国参与时期

1. 中国加入

在欧洲和美国为3G标准较劲时，我国也意识到必须要在电信标准上有所作为，1997年4月，国际电信联盟向各国发出征集函，征集第三代移动通信(3G)技术标准，我国政府指定大唐集团进行论证和筹备。

1998年1月，国内组织权威专家进行论证，召开了香山会议，最后决定在当年4月30日前向国际电信联盟提交TD-SCDMA标准(即中国版的3G技术标准)提案。然而，当时

中国在3G方面的专利数量离国际电信联盟要求的数量差了一半，不足以发起国际电信标准的申请。于是我国与西门子合作，买进西门子的技术专利，赶上了申请3G国际标准的末班车。

1999年6月29日，中国邮电部电信科学技术研究院（大唐电信）向ITU提出TD-SCDMA标准。该标准将智能无线、同步CDMA和软件无线电等当今国际领先技术融于其中，在频谱利用率、对业务支持灵活性、频率灵活性及成本等方面具有独特优势。

2. 联美抗欧

在讨论3G国际标准过程中，欧洲的WCDMA标准比美国的CDMA2000标准优势明显。欧洲也由此产生了一个设想：打破美标和欧标并行的老局面，在3G时代将WCDMA确立为唯一的国际标准，将美国挤出标准制定圈。于是，美国决定联合中国抱团阻止欧洲一家独大，让中国的TD-SCDMA跟美国的CDMA2000一同进标准。在1999年11月召开的国际电信联盟（ITU）芬兰会议上，中国所制定的TD-SCDMA、美国所制定的CDMA2000和欧洲所制定的WCDMA技术共同被确定了第三代移动通信无线接口技术标准。随后在2000年5月举行的ITU-R 2000年年会上，该标准获得最终批准通过。

中国拥有自主知识产权的TD-SCDMA标准成为3G三大国际标准之一，实现了我国百年通信史上“零的突破”，改变了我国以往在移动通信技术标准方面受制于人的被动局面，为国家带来了巨大的经济利益，彻底改变了过去只有运营市场没有产品市场的畸形布局，从而使我国获得与发达国家同步发展移动通信技术的平等地位，从通信领域的跟随者、单纯的设备制造者转变为了通信技术标准的制定者。另外，由于当时很多外国企业对TD-SCDMA标准的态度是“不信任、不支持、不参与”，因此，我国在发展3G时，不得不从系统、终端、芯片、软件、仪器仪表等全产业链做起，这也为我国移动通信工业体系的建立打下了坚实基础。

3. 联欧抗美，力挫WiMAX计划

3G的三大国际标准建立后，美国发展的情况并不是很好。由此，美国又制定了另一种3G标准：WiMAX。与传统3G不同，WiMAX构建在IP网络环境上。英特尔公司与摩托罗拉公司共同向WiMAX项目注资9亿美元，美国运营商又注资30亿美元。如此大手笔的投入，WiMAX一经面世就光芒四射。这是美国依托强大的计算机产业试图对欧洲电信业发起的一次冲击。

美国的新标准遇到的第一个难题是没有频率。因为全球统一频率划分是由国际电信联盟负责的，必须申请成为基础性的国际电信标准后才能得到全球频率。也就是说，美国必须让WiMAX挤进3G国际电信标准，否则一切免谈。国际电信联盟曾公告全世界，3G标准提交的最后时间是1998年6月30日，而美国新标准制定完成的时间已经是2007年了。然而，美国硬是通过政治手段打开了国际电信联盟关闭的大门。通过召开专题会议，使WiMAX成为世界第四个3G国际电信标准，并如愿得到了全球频率。

WiMAX横空出世，对外宣称是3.5G技术，有英特尔、IBM等巨头力挺，有国际电信联盟的全套手续，显现出了随时准备逆袭的势头。在学术领域，研究WiMAX的论文呈爆发之势，而WCDMA论文数量则明显下降。很多国家也加快了对WiMAX的推广。北电将传统3G业务出售给阿尔卡特，孤注一掷地全面转向WiMAX。除中国大陆之外的亚洲成了

WiMAX 的试验田，日本、韩国、马来西亚、菲律宾等国家都部署了 WiMAX。

WiMAX 的搅局，令欧洲和中国很不安。当初为了跻身 3G 标准，中国跟美国联合抗欧。现在，则转变成了中国跟欧洲联合抗美。欧洲和中国加紧了抵制，欧洲电信商不生产 WiMAX 设备，WiMAX 的通信基础设备就无法保证供应，使用体验越来越差，而中国则不开放全球最大的电信市场，WiMAX 的应用量就被切走了一大块。

于是，WiMAX 慢慢就支撑不住了。澳大利亚最早部署 WiMAX 的运营商在国际会议上痛斥 WiMAX。2010 年，WiMAX 标准的最大支柱英特尔撑不住了，宣布解散 WiMAX 部门。当初孤注一掷转向 WiMAX 的加拿大北电公司破产了。马来西亚、菲律宾、韩国等亚洲国家纷纷从 WiMAX 转向 TD－LTE 制式(中国主推的一种 4G 网络模式)。

6.6.3　中国引领世界

1. 4G 时代，中国成为规则的制定者之一

面对人们日益增长的新兴通信业务的需求，如视频聊天、在线观影等，3G 网速显然很乏力。而 4G 核心技术之一的正交频分复用(OFDM)技术逐渐成熟，传输速率是 CDMA 的 10 倍以上，同时还绕开了高通的 CDMA 专利，这无疑是个一箭双雕的历史机遇。

而从 WiMAX 的惨败中，中国也意识到，光做产品和品牌难免受制于人，只有制定规则才能真正地立于不败之地。于是，在得知欧洲采用 FDD 制式之后，中国立刻开始主攻不同双工模式的 TDD 制式，最终做出了 TD－LTE 标准。这是第一个中国主导的、具有全球竞争力的 4G 标准，各方面指标都可以与欧洲提出的 FDD－LTE 标准相媲美。凭借这个标准，中国拉拢了印度、日本甚至美国的一些运营商。

2017 年，中国建成了全球最大的 4G 网络。中国的 TD－LTE 基站有 200 万个，占全球 4G 基站的 40%，数量超过美国与欧盟的所有 4G 基站数量之和。全球支持 TD－LTE 的终端有 4200 多款，支持 TD－LTE 的手机则有 3200 多款。

4G 时代，在 TD－LTE 标准的推动之下，中国的全球通信地位更上一层楼，实现了在通信标准层面上的弯道超车，成为全球通信规则的制定者之一。中国的移动通信全产业链得以发展壮大：华为公司、中兴公司成为全球领先的移动通信设备供应商；中国电信、中国移动、中国联通走在全球运营商的前列；国产手机品牌如华为、小米、OPPO 等迅速发展，呈现百花齐放的局面，开始与全球手机巨头三星、苹果同台竞技，所占的市场份额不断提高。

2. 5G 时代，中国引领世界

在经历了“1G 空白、2G 跟随、3G 参与、4G 同步”后，到了 5G 时代，中国已经成为电信业的领导者。中国是推进 5G 最积极的国家，没有之一。

基于 4G 时代打下的基础，中国在 5G 技术的不少领域都处于全球领跑地位。在 5G 相关的各种国际电信组织里都有中国专家的身影。目前，全球 5G 标准必要专利排名前 15 位的企业中，中国占 7 家，专利数占比达 40%。另外，中国的三大运营商计划建造全球最大 5G 网络。5G 的未来在中国。

3. 新的挑战

5G 时代的到来，带给中国的除了引领世界的机遇，也有新的挑战。其中最大的挑战来

自于美国对中国电信产业的抵制。

美国电信业在1G时代是领先的，但从2G到3G，美国却整整落后了两个时代，4G赶超机会本来渺茫，但随着智能手机的横空出世，美国同样也迎来了弯道超车的转折点。苹果推出了iOS操作系统，Google推出了安卓操作系统，如今全球大部分智能手机都运行于iOS和安卓系统。iOS系统和安卓系统打败了2G时代的诺基亚，也彻底打败了3G时代的日本I-MODE模式(一种基于移动互联网技术的电话服务)。诺基亚手机没落了，日本通信产业链全线败退，NEC、东芝、三洋退出手机领域，索尼、夏普、京瓷、松下市场份额大幅下滑，留给NEC和富士通等电信设备的市场也只是极小的份额。

美国花了两个时代一路追赶，有过深刻的教训，也尝到了甜头，他们不愿错过5G时代这一大好机遇，已多次表示要争夺全球5G领导地位。美国认为，5G时代是建立在无线基础设施上的一次史无前例的创新时代，5G将连接工厂、汽车、无人机等万物，并在万物互联的基础上加速机器学习和人工智能部署。谁能领导5G，谁就站在了未来的信息时代的制高点。

美国目前的困难在于朗讯、摩托罗拉、北电等美系设备商已全军覆灭，尽管美国还有高通、思科等通信巨头，但他们只提供芯片和路由器，并不提供无线设备。

5G时代的中美竞争与2G时代的美欧标准之争并不相同，2G时代崛起的诺基亚和爱立信所在的国家不过都是人口不到1000万的小国，所以才需要欧盟联合共同来推出GSM，而如今中国不仅拥有领先的设备商，还有全球规模最庞大的移动网络、最大的市场和最丰富的移动互联网服务。若在5G时代首先激发出创新生态，并像4G时代的iOS和安卓一样迅速扩散全球，形成规模经济，必将大大提升中国的国际竞争力和影响力，这是美国绝对不愿意看到的。于是，美国开始以各种安全理由为借口阻止中国5G的发展。

伴随通信技术的升级，制定标准的难度和复杂性不断上升，有实力或条件参与竞争的国家和地区数量整体呈下降趋势。移动通信标准和技术日益成为现代产业发展的关键驱动力，抓住变革契机可以获得极大的发展。移动通信标准竞争的背后是产业主导权和技术控制权之争，更是国家间利益的博弈。

【思考与练习】

1. 移动通信产业包括哪些类型的企业和组织？

2. 中国的电信运营商、设备制造商是如何发展壮大的？从中可以得到什么启示？

3. 在移动通信标准领域，中国从一个旁观者，成为目前的领导者，取得了巨大的成功，也面临着巨大的挑战。结合本章学习的内容以及收集的资料，谈谈自己的看法。

4. 从国际电信设备制造商近20年的发展变迁中，能得到什么启示？

5. 结合本章的学习内容和收集的资料，为应对日益激烈的市场竞争，谈谈中国电信产业还需要在哪些方面加强自身建设。

附录　英文缩略词中文对照

3GPP(3rd Generation Partnership Project)	第三代合作伙伴计划
3GPP2(3rd Generation Partnership Project 2)	第三代合作伙伴计划 2
5QI(5G QoS Identification)	5G 业务质量标识

A

AAA(Attestation Authentication Accounting)	认证授权和计费服务器
AAU(Active Antenna Unit)	有源天线处理单元
AMC(Adaptive Modulation and Coding)	自适应调制编码
AMF(Access and Mobility Management Function)	接入和移动性管理功能
AMPS (Advanced Mobile Phone System)	高级移动通信系统
API(Application Programming Interface)	应用程序编程接口
AR(Augmented Reality)	增强现实
ATM(Asynchronous Transfer Mode)	异步传输模式
AUC(Authentication Center)	鉴权中心
AUSF(Authentication Server Function)	鉴权服务功能

B

BBU(Building Base band Unit)	室内基带处理单元
BS(Base Station)	无线基站
BSC(Base Station Controller)	基站控制器
BTS(Base Transceiver Station)	基站收发信台

C

C-RAN(Cloud-Radio Access Network)	基于云计算的无线接入网
CDMA(Code Division Multiple Access)	码分多址接入
CN(Core Network)	核心网络
CS(Circuit Switched)	电路交换
CU(Centralized Units)	集中式单元
CWDM(Coarse Wavelength Division Multiplexing)	稀疏波分复用

D

DBS(Distributed Base Station)	分布式基站
DRAN(Distributed Radio Access Network)	分布式无线接入网

DU(Distributed Unit)　分布式单元
DWDM(Dense Wavelength Division Multiplexing)　密集波分复用

E

EIR(Equipment Identity Register)　设备识别寄存器
eMB B(enhanced Mobile Broadband)　增强型移动宽带
eNodeB(Evolved Node B)　演进型 Node B
EPC(Evolved Packet Core)　演进分组核心网
EPS(Evolved Packet System)　演进的分组系统
ESN(Electronic Serial Number)　电子序列号
EUTRAN(Evolved Universal Terrestrial Radio Access Network)　演进的通用陆基无线接入网

F

FCC(Forward Control Channel)　前向控制信道
FDD(Frequency Division Dual)　频分双工
FDMA(Frequency Division Multiple Access)　频分多址接入
FM(Frequency Modulation)　模拟调频
FR(Frequency Range)　频率范围
FVC(Forward Voice Channel)　前向话音信道

G

GGSN(Gateway GPRS Support Node)　GPRS 网关支持节点
GMSC(Gateway Mobile Switching Center)　网关移动业务交换中心
GPRS(General Packet Radio Service)　通用分组无线业务
GSM(Global System for Mobile Communications)　全球移动通信系统
GSMA(GSM Association)　全球移动通信系统协会

H

HARQ(Hybrid Automatic Repeat reQuest)　混合自动重传请求
HLR(HOME Location Register)　归属位置寄存器
HSS(Home Subscriber Server)　归属用户服务器

I

IMSI(International Mobile Subscriber Identity)　国际移动用户识别码
IP(Internet Protocol)　网络协议
IPRAN(IP Radio Access Network)　IP 化的移动回传网
ISDN(Integrated Services Digital Network)　综合业务数字网
ITU(International Telecommunication Union)　国际电信联盟

L

LTE(Long Term Evolution) 长期演进系统

M

ME(Mobile Equipment) 移动设备
MEC(Multi - access Edge Computing) 多接入边缘计算
MGW(Media Gateway) 媒体网关
MIMO(Multiple Input Multiple Output) 多输入多输出
MIN(Mobile Identification Number) 移动标识号
MME(Mobility Management Entity) 移动性管理实体
mMTC(Massive Machine Type Communications) 大规模机器通信
MS(Mobile Station) 移动台
MSC(Mobile Switching Center) 移动交换中心
MSCS(Mobile Switching Center Server) 移动交换中心服务器
MSTP(Multi-Service Transport Platform) 多业务传输平台

N

NEF(Network Exposure Function) 网络开放功能
NFV(Network Functions Virtualization) 网络功能虚拟化
NMT(Nordic Mobile Telephone) 北欧移动电话
Node B(The Base Station in WCDMA systems) 节点 B、WCDMA 系统的基站
NOMA(Non-Orthogonal Multiple-Access) 非正交多址
NPN(Non Public Network) 非公共网络
NRF(NF Repository Function) 网络存储功能
NSS(Network Switching Subsystem) 网络子系统
NSSF(Network Slice Selection Function) 网络切片选择功能

O

OAM(Operation,Administration and Maintenance) 操作、管理和维护
OFDM(Orthogonal Frequency Division Multiplexing) 正交频分复用
OSS(Operation Support Systems) 操作支持系统
OTN(Optical Transport Network) 光传送网络

P

PCF(Policy Control function) 策略控制功能
PCRF(Policy Control and charging Rules Function) 策略控制与计费规则功能
PDH(Plesiochronous Digital Hierarchy) 准同步数字体系
PDSN(Packet Data Serving Node) 分组数据服务节点

PGW(Packet Data Network Gateway) 分组数据网络网关
PS(Packet Switched) 分组交换
PSTN(Public Switched Telephone Network) 公共电话交换网络
PTN(Packet Transport Network) 分组传送网

Q

QoS(Quality of Service) 服务质量
QPSK(Quadrature Phase Shift Keying) 正交相移键控

R

RCC(Reverse Control Channel) 反向控制信道
RNC(Radio Network Controller) 无线网络控制器
RPE-LTP(Regular Pulse Excitation-Long Term Prediction) 规则脉冲激励长期预测编码
RRU(Remote Radio Unit) 射频拉远单元
RVC(Reverse Voice Channel) 反向话音信道

S

SC-FDMA(Single-carrier Frequency-Division Multiple Access) 单载波频分多址
SDH(Synchronous Digital Hierarchy) 同步数字体系
SDN(Software Defined Network) 软件定义网络
SDMA(Space Division Multiple Access) 空分多址接入
SGSN(Serving GPRS support Node) GPRS 服务支持节点
SGW(Serving Gateway) 服务网关
SIR(Signal to Interference Ratio) 信号干扰比
SIC(Serial Interference Cancellation) 串行干扰抵消
SLA(Service Level Agreement) 服务等级协议
SMC(Short Message Center) 短消息中心
SMF(Session Management Function) 会话管理功能
SPN(Slicing Packet Network) 切片分组网

T

TACS(Total Access Communication System) 全球接入通信系统
TCO(Total Cost of Ownership) 总体使用成本
TDD(Time Division Dual) 时分双工
TDM(Time Division Multiplexing) 时分多路复用
TDMA(Time Division Multiple Access) 时分多址接入

TD-SCDMA(Time Division-Synchronous Code Division Multiple Access)	时分同步码分多址
TS(Time Slot)	时隙

U

UDM(Unified Data Management)	统一数据管理
UE(User Equipment)	用户设备
UIM(User Identity Model)	用户识别模块
UMTS(Universal Mobile Telecommunication Systems)	通用移动通信系统
UPF(User Plane Function)	用户面功能
URLLC(Ultra-Reliable Low-Latency Communications)	高可靠低时延通信
USIM(Universal Subscriber Identity Module)	全球用户识别卡

V

VLR(Visitor Location Register)	漫游位置寄存器

W

WAP(Wireless Application Protocol)	无线应用协议
WCDMA(Wideband Code Division Multiple Access)	宽带码分多址
WDM(Wavelength Division Multiplexing)	波分多路复用

X

XR(Extended Reality)	扩展现实

参考文献

[1] 章坚武. 移动通信[M]. 5版. 西安：西安电子科技大学出版社，2017.
[2] 丁奇，阳桢. 大话移动通信[M]. 北京：人民邮电出版社，2019.
[3] 宋铁成，宋晓勤. 移动通信技术[M]. 北京：人民邮电出版社，2018.
[4] 陈金鹰. 通信导论[M]. 北京：机械工业出版社，2019.
[5] 赵珂. LTE与5G移动通信技术[M]. 西安：西安电子科技大学出版社，2020.
[6] 周彬，穆颖，刘扬. 移动通信技术[M]. 西安：西安电子科技大学出版社，2021.
[7] 周圣君. 5G通讯讲义[M]. 北京：人民邮电出版社，2021.
[8] 张传福，等. 5G移动通信系统及关键技术[M]. 北京：电子工业出版社，2018.
[9] 朱晨鸣，等. 5G：2020后的移动通信[M]. 北京：人民邮电出版社，2018.